水韭科	松叶蕨科

中华水韭 （国家一级重点保护野生植物）	松叶蕨 （浙江省重点保护野生植物）
水蕨科	红豆杉科

水蕨 （国家二级重点保护野生植物）	南方红豆杉 （国家一级重点保护野生植物）
红豆杉科	桦木科

榧树 （国家二级重点保护野生植物）	天台鹅耳枥 （国家二级重点保护野生植物）

睡莲科	毛茛科

睡莲
（浙江省重点保护野生植物）

短萼黄连
（国家二级重点保护野生植物）

毛茛科

天台铁线莲（浙江省重点保护野生植物）

蜡梅科	樟科

夏蜡梅
（国家二级重点保护野生植物）

天目木姜子
（浙江省重点保护野生植物）

紫堇科

全叶延胡索

（浙江省重点保护野生植物）

槭树科

天目槭

（浙江省重点保护野生植物）

狝猴桃科

大籽猕猴桃

（国家二级重点保护野生植物）

瑞香科

倒卵叶瑞香

（浙江省重点保护野生植物）

杜鹃花科

华顶杜鹃

（国家二级重点保护野生植物）

爵床科

菜头肾

（浙江省重点保护野生植物）

茜草科

香果树
（国家二级重点保护野生植物）

忍冬科

浙江七子花
（国家二级重点保护野生植物）

水鳖科

水车前
（国家二级重点保护野生植物）

百合科

荞麦叶大百合
（国家二级重点保护野生植物）

百合科

华重楼
（国家二级重点保护野生植物）

兰科

台湾独蒜兰
（国家二级重点保护野生植物）

葡萄科

秀丽葡萄

唇形科

浙江琴柱草

百合科

条叶百合

霉草科

多枝霉草

禾本科

大花楔颖草

莎草科

天台薹草

石竹科

华顶卷耳（新种）

蔷薇科

华顶悬钩子（新种）

小叶苔科

日本小叶苔（浙江新记录）

白发藓科

短枝白发藓（浙江新记录）

虎耳草科	蔷薇科

虎耳草
（观赏植物）

金樱子
（药用植物）

松科	忍冬科

马尾松
（树脂植物）

东南茜草
（药用植物）

菖蒲科	山茱萸科

石菖蒲
（观赏植物）

四照花
（野果）

杜鹃花科	大戟科

乌饭树
（野菜）

乌桕
（油脂植物）

伞形科	大戟科

鸭儿芹
（野菜）

油桐
（油脂植物）

蔷薇科	荨麻科

掌叶覆盆子
（色素植物）

苎麻
（纤维植物）

菩提树

七叶树

夜香木兰（夜合）

地涌金莲

石蒜

曼陀罗

莲花

昙花

茶

睡莲

牡丹

菊花

茉莉花

栀子

文殊兰

棕榈

刨花润楠

无患子

构树

毛芽椴

榕树

笔管榕

苏铁

梅

桃

忍冬

菖蒲

艾蒿

单刺仙人掌

吉祥草

罗汉松

短叶罗汉松

佛甲草

罗汉竹

金钱松

竹柏

荷花玉兰

红山茶

石榴

云锦杜鹃

柿

方竹

木芙蓉

紫薇

龙爪槐

紫藤

银杏

闽楠

香樟

浙江楠

紫楠

乌药

枸杞

天台高等植物
调查研究

主编 张忠钊 谢文远 梁国新

ZHEJIANG UNIVERSITY PRESS
浙江大学出版社

图书在版编目（CIP）数据

天台高等植物调查研究 / 张忠钊，谢文远，梁国新
主编. -- 杭州：浙江大学出版社，2024. 11. -- ISBN
978-7-308-25395-6

Ⅰ. Q949.4

中国国家版本馆 CIP 数据核字第 20241YW714 号

天台高等植物调查研究

张忠钊　谢文远　梁国新　主编

责任编辑	季　峥　伍秀芳
责任校对	蔡晓欢
封面设计	十木米
出版发行	浙江大学出版社
	（杭州市天目山路 148 号　邮政编码 310007）
	（网址：http://www.zjupress.com）
排　　版	杭州星云光电图文制作有限公司
印　　刷	浙江临安曙光印务有限公司
开　　本	787mm×1092mm　1/16
印　　张	14.75
插　　页	10
字　　数	374 千
版 印 次	2024 年 11 月第 1 版　2024 年 11 月第 1 次印刷
书　　号	ISBN 978-7-308-25395-6
定　　价	168.00 元

《天台高等植物调查研究》
编委会

前　言

生物多样性是人与自然和谐相处的基础。

——许智宏

　　当你漫步在绿树成荫的始丰溪湿地公园，或流连于花团锦簇的华顶森林公园，抑或是站在视野开阔的大雷山顶，你是否注意过周围的植物，是否想过它们有属于自己的名字？汉代，阮肇和刘晨在天台发现了有谷皮（构树）、桃、葛、芜菁、芝麻等植物；到了宋代，苏颂记载了天台有天寿根（土茯苓）、黄寮郎（花椒簕）、催风使（紫金牛）、千里急（宝铎草）、百棱藤（菟丝子）、清风藤等植物；近代的植物分类学家则在天台开展了更大范围的调查和研究，发现了更多植物的种类，其中还有一些新分类群，比如天台铁线莲、华顶杜鹃等。尽管前人已经有了很多发现，但是天台到底有多少种植物呢？

　　为了更好地解决这个问题，天台县在"绿水青山就是金山银山"发展理念的指引下，决定在"十四五"开局之年启动"天台县野生植物本底调查"。这项调查能系统地回答天台县到底有多少种植物、这些植物的名称是什么、它们在哪里以及有哪些用途等基础性问题。只有解决了这些问题，我们才能真正了解天台县的植物资源，更好地开展资源的保护和利用，实现人与自然和谐共生。

　　通过一年多的野外调查和资料收集，调查组基本摸清了天台县高等植物的种类与分布，遂编撰《天台高等植物调查研究》一书。书中收录了天台县野生及常见栽培植物275科1088属2609种（包括种下分类单位，下同），包括苔藓植物29目58科101属180种、维管植物217科987属2429种。苔藓植物中，藓类植物有15目34科76属145种；苔类植物有12目22科23属33种；角苔植物有2目2科2属2种。维管植物中，蕨类植物有36科67属157种；裸子植物有9科23属43种；被子植物有172科897属2229种。天台植物科、属、种分别占全省高等植物科、属、种的80.9%、57.8%、44.8%。书中记录了1个新物种——华顶悬钩子，以及228种天台分布新记录植物，包括中国分布新记录1种、浙江分布新记录5种、台州分布新记录116种、天台分布新记录106种。

　　本书系统梳理了天台县近现代植物采集史，分析了植物区系、植物安全、植物资源等方面的内容。天台县有珍稀濒危植物71科125属152种。其中，重点保护野生植物有66种，包括国家一级重点保护野生植物2种、国家二级重点保护野生植物35种、浙江省

· 1 ·

重点保护野生植物 29 种；其他珍稀濒危植物有 86 种。入侵植物有 25 科 39 属 52 种，其中，危害严重植物有 10 种。天台县有观赏植物 1039 种、野菜 548 种、野果 147 种、药用植物 1315 种、纤维植物 152 种、油脂植物 218 种、色素植物 129 种、芳香植物 167 种、鞣质植物 110 种、树脂植物 33 种。

天台以佛宗道源、山水神秀著称，是佛教天台宗发祥地、道教南宗创立地。通过调查天台县佛教植物，分析独特的汉化佛教植物意象体系，有助于读者从侧面深入了解中国传统文化。据调查，天台县有佛教植物 54 科 89 属 115 种。它们根据功能不同，可分为佛缘植物、佛事植物等 8 大类。

本书是天台县高等植物调查与研究的系统总结，是浙江省首部县域野生植物本底调查的专著，具有开创性、探索性、前瞻性。然而，植物数据繁复庞杂，一些调查方法和数据处理技术尚在探索之中，许多工作有待进一步完善，加之该地区历史资料有限，书中难免有疏虞之处，恳请各位批评指正。

本书在编写过程中得到浙江农林大学暨阳学院李根有教授、天台县林业特产局谷昌瑾高级工程师、丽水市林业科学研究院王军峰高级工程师等专家的大力支持，在此一并表示感谢。

编者

2024 年 5 月

目　录

第1章　自然地理概况

地理位置和行政区划

天台县位于浙江省东中部,介于东经 $120°41'24''\sim121°15'46''$,北纬 $28°57'2''\sim29°20'39''$。东连宁海、三门,南邻仙居、临海,西毗磐安,北接新昌。东西长 54.7km,南北宽33.5km。土地总面积 $14.32\times10^4hm^2$,土地结构大体是"八山半水分半田"。其中,丘陵山地 $11.60\times10^4hm^2$,占 81.69%;河谷平原(山脚线下平原)$2.05\times10^4hm^2$,占 14.34%;河流库塘 $0.55\times10^4km^2$,占 3.97%。

全县划分为 3 个街道、7 个镇、5 个乡,374 个行政村、21 个社区。距省会杭州 223km,距宁波 143km,距临海 64km。

1.2 历史沿革

天台县历史悠久,新石器时代就已有人类聚居。春秋战国时,天台为东瓯越地;秦时,为东越地,属闽中郡;西汉时,为回浦县,属会稽郡;东汉时,属章安县。三国时,吴分章安,置南始平县,属临海郡,这是本县建县之始。晋武帝太康元年(公元 280 年),改称始丰县。隋唐年间,一度并入临海县。唐太宗贞观八年(公元 634 年),分临海,复置始丰县。唐高宗上元二年(公元 675 年),改名为唐兴县。五代后梁时,改唐兴县为新兴县。至吴越时,始称天台县。后唐、后晋时,先后改名为唐兴、台兴县。北宋太祖建隆元年(公元 960 年),复名为天台县,沿袭至今。

天台县因天台山得名,两宋时仍属台州,元时属台州路,明清时均属台州府,辛亥革命后属会稽道。1927 年取消道制,直属浙江省。不久,省县之间又设政督区,天台属第七行政督察专员公署。

1949 年 5 月 24 日,浙东人民游击纵队解放了天台城,天台县的历史揭开了新的一页。同年 6 月,中共浙江省委决定,成立中共天台县委、天台县人民政府,初属台州专区。1954 年,台州专区撤销,天台划属宁波专区。1957 年,台州专区复设,天台复归。1958 年 12 月,台州专区再次撤销,天台又划归宁波专区。1962 年,台州专区复设,天台重属台州专区。1970 年,台州专区改称台州地区,天台属之。1994 年,台州地区改称台州市,天台属之,直至今日。

1.3 地形地貌

天台地质构造单元属于"浙闽地盾"华夏陆台背斜的东翼部分"三海断裂带"(镇海—宁海—临海)的西侧。构造形态以断裂形变为主,褶皱构造发育不明显。在多组断裂构造体系中,以东北—西南向的新华夏系构造和西北—东南向构造交叉发育,地貌上表现为由以上2组构造控制而形成的山地和构造盆地。东北部为中生代燕山运动形成的范围较大的花岗岩侵入体,地貌上为中山;西南部为中生代上侏罗纪的火山岩系,以凝灰岩等中酸性火山岩为主,有少量花岗岩侵入体成块状镶嵌其间,高度比东北部山地低;西北和东南部则为以侏罗纪火山岩系为主的低中山和低山区;中部天台盆地即位于以上2组断裂的交汇处,由白垩纪火山岩系及部分沉积岩系组成,部分地区上覆第四纪松散堆积物。

天台的地形地貌受地质构造的影响,山系盘亘,溪流切割,形成中山、低中山、低山、丘陵、河谷平原及台地等地貌类型。根据构造、岩性及地貌类型的组合情况,可划分为东北华顶中山区、西北里石门低中山区、西南大雷中山区、东南赤峰低山丘陵区、中部台地平原区五个地貌区。全县最高海拔1229.4m,在西南大雷中山区的大雷山山顶;最低海拔17m,在中部台地平原区的福溪街道杜谭村。

1.4 气候

天台属中亚热带季风湿润气候区。由于四周高山环抱,中间为河谷盆地,因而天台具有山地气候和盆地气候的地方性气候特征。全县气候总的特点是:夏季酷热,冬季严寒,四季分明,热量充足,降水较多,光照充裕。由于地形地貌各异,山脉盘亘,山上山下气候有别,天台垂直气候差异明显。

天台2008—2022年,年平均气温17.7℃,年平均最高气温23℃,年平均最低气温13.8℃,极端最高气温41.9℃,极端最低气温-8.1℃。天台冬季(12月至翌年2月)平均气温6.5℃,春季(3—5月)平均气温16.1℃,夏季(6—8月)平均气温27.1℃,秋季(9—11月)平均气温18.8℃,春、秋季气温与年平均气温接近,夏季热,冬季冷。≥10℃的活动积温为5291.8℃·d,与黄岩、临海相似,高于三门。

天台降水充裕,雨季集中,地域差异明显。2008—2022年,年平均降水量为1548.4mm,2019年最多(2050.6mm),2009年最少(1236.1mm)。年平均日降水量≥0.1mm的降水日数为160.2天,占全年天数的43.8%,变幅128～187天。同一年度降水的季度和月度分配很不均匀。3—9月的降水量占全年的80.0%,其中有3个明显的雨季:3—4月降水量占全年降水量的17%;5—6月降水量占全年降水量的30%;7—9月降水量占全年降水量的33%。年平均有霜日34.4天,年际变化大,最多62天(1962—1963年),最少19天(1997—1998年)。河谷盆地年平均无霜期234天,年变幅207～259天。初霜日大多在11月中旬,最早出现在10月22日(1979年),最迟出现在12月1日(1967年)。终霜日大多在3月下旬后期至4月上旬中期,最早出现在2月27日(1981年),最迟出现在4月11日(1971年)。

　　天台灾害性天气有台风、暴雨、干旱、冰雹、大风、低温冷害、大雪、冰冻等。天台靠近浙江中部沿海,受台风影响较为频繁,每年 5—11 月都有可能受台风影响,最大的台风一般集中在 7—9 月。暴雨多出现在 5—6 月的"梅雨"和 7—9 月的"台风雨""雷阵雨"季节,日降水量≥50mm 的暴雨平均每年出现 3.5 次,日降水量≥100mm 的特大暴雨平均每两年半出现一次,日降水量≥150mm 的特大暴雨平均每 10 年出现一次。7—8 月,天台受太平洋副热带高压的控制,天气炎热,蒸发量大于降水量,"伏旱"发生频繁。按连续无雨 30 天为有旱年的标准,天台平均两年一遇"伏旱",往往造成早稻后期高温逼熟和影响晚稻插秧。局地性的冰雹 2020 年至 2024 年 3 月共出现过 4 次,结合历史数据,平均为两年一遇,大部分分布在山区、半山区及靠近沿山一带,多出现于 3—8 月,以 3—4 月最多。天台受 3 月下旬至 4 月上、中旬的"倒春寒"影响较大,约三年一遇;5 月下旬至 6 月上旬的"五月寒",平均两年一遇;9 月中旬至 10 月中旬的"秋季低温",平均两年一遇。大雪、冰冻是天台冬季比较严重的气象灾害,平均两年一遇,80% 出现在 2 月上、中旬,个别年份的极端最低温度 −8.1℃,土壤的冰冻层可达 10cm。在海拔 800m 以上的低中山,常出现雨凇、雪凇,对林木、毛竹生长造成一定的影响。每年冬季短时间的冬融过程加强了土壤的风化作用。

1.5　水文

　　天台县溪流分属椒江、曹娥江、白溪、清溪、海游港 5 个水系。始丰溪为县内最大溪流,自西向东贯穿天台盆地,发源于磐安县大磐山南麓,主流全长 132.7km(境内长 68.5km),流域面积 1610.0km² (在天台境内流域面积 1111.5km²)。始丰溪在天台境内有支流 40 多条。其中,三茅溪源出新昌县里呇村,从其西南流入天台县境内,主流长 26.5km,流域面积 157.5km² ;苍山溪源出三合镇马家线岗头,主流长 22.0km,流域面积 163.0km²。

　　天台县多年平均水资源量 $12.90 \times 10^8 m^3$。全县小型以上水库共有 73 座,总库容 $2.865 \times 10^8 m^3$。其中,大型水库 1 座,总库容 $1.79 \times 10^8 m^3$;中型水库 4 座,总库容 $0.67 \times 10^8 m^3$;小型水库 68 座,总库容 $0.405 \times 10^8 m^3$。天台河流众多,纯属山区性溪流,流域面积较大的溪流有 20 条。

　　天台地下水资源总量为每年 $1.6 \times 10^8 m^3$。由于地质构造被北北东向、北东向、东西向、南北向和北西向 5 组断裂构造所控制,地下水的分布、储量与之息息相关。天台含水岩组和地下水类型有 3 种,分别为第四纪松散堆积物地层孔隙潜水、红层裂隙潜水、基岩裂隙潜水。

1.6　土壤

　　天台县的土壤分红壤、黄壤、岩性土、潮土和水稻土 5 个土类,红壤亚类、黄壤亚类、钙质紫色土等 10 个亚类,黄筋泥、红泥土、红黏土、山地黄泥土、紫砂土等 37 个土属,红泥土、黄泥土、清水砂、山地黄泥田等 95 个土种。其中,红壤是天台县分布面积最广的 1 个土类,占全县土壤总面积的 58.10%,主要分布于 800m 以下的低山、丘陵,包含红壤、黄红壤、侵蚀型红壤 3 个亚类;黄壤分布在海拔 800m 以上的低中山,是发展林业生产的重要土壤资源,该土类仅1个黄壤亚类;岩性土分布在天台盆地边缘的低山、丘陵,占全县土壤总面积的3.73%,包含钙质紫色土、玄武岩幼年土2个亚类;潮土分布在河流谷地区各大溪流两岸,可以划分为洪积泥砂土、清水砂、培泥砂土和泥砂土4个土属;水稻土是天台县很重要的农业土壤资源,分布于河谷平原及丘陵山区的山垄、坡岗上,占全县土壤总面积的16.97%,根据渍水的类型和程度,划分为渗育型水稻土、潴育型水稻土、潜育型水稻土3个亚类。

 1.7 植被

天台县境内植被属中亚热带常绿阔叶林北部亚地带,浙闽山丘甜槠、木荷林植被区,天台山、括苍山山地岛屿植被片。主要建群种:乔木有樟科、冬青科、槭树科、山茶科、山矾科、金缕梅科、木兰科和壳斗科;灌木有杜鹃花科、忍冬科、蝶形花科、蔷薇科、紫金牛科、茜草科等。森林植被可划分为常绿阔叶林、常绿落叶阔叶混交林、针阔混交林、暖性针叶林、温性针叶林、竹林、山顶苔藓矮曲林、灌丛等植被类型。在人类长期的活动影响下,原始植被绝大部分已经消失。目前,除耕作地区外,多为次生林和人工栽培的用材林、经济林。

1. 山地丘陵区植被

天台的山地丘陵区植被多为天然次生林与人工林(林、果、茶),乔木林与灌木草本混合。植被的垂直地带性分布明显。

海拔300m以下的丘陵,乔木层建群种主要以马尾松为主,常见的有柏木、枫香树、苦槠、杉木,基本上是人工林。竹林也广泛分布,并有柑橘、枇杷、杨梅、青梅、桃、油桐、樟、悬铃木、乌桕等经济林和用材林。灌木有檵木、映山红、乌饭树、山胡椒、柃木属、野蔷薇。草本以芒萁占优势。

海拔300~800m的低山,自然植被与人工植被混生。主要有常绿阔叶林、落叶阔叶林、针阔混交林、暖性针叶林、竹林。该海拔段树木种类繁多,植被覆盖度不一。常绿阔叶林多为次生林,建群种或优势种有青冈、木荷、甜槠、紫楠、红楠、冬青、白栎等;落叶阔叶林有枫香树、油桐、檫木、拟赤杨、杭州榆、浙江七子花等;暖性针叶林主要有马尾松,灌木有白栎、柃木属、野鸦椿、映山红、化香等;人工植被主要有杉木林及茶、油茶、柿、板栗等经济林木。沟谷、坡岗垦种水稻、番薯、玉米等作物。

海拔800m以上的低中山,以天然次生林为主,兼人工栽培的森林类植被。主要有针叶林、常绿落叶阔叶林、山地矮林和山地灌草丛。乔木有黄山松、柳杉、云锦杜鹃、香果树、玉兰、天台鹅耳枥等;灌木有白檀、胡枝子、杜鹃、野山楂、盐肤木等;草本植物有芒、莎草科、地榆、桔梗等。部分垦种马铃薯、玉米等旱粮及萝卜、番茄等高山蔬菜。

2. 河谷平原区植被

天台农业耕作历史悠久。河谷平原区原生植被全被破坏,垦为农田。现有植被以人工栽培植被为主,有明显的季节性。普遍种植麦、稻、玉米、大豆、油菜及绿肥等粮、油、肥类作物,还有日常生活所需的蔬菜、瓜果。目前,天台县的农业主要以种植业为主,包括水稻、小麦、油菜、果树等,种植业在天台县有重要地位。在四旁呈散生状种植香樟、水杉、乌桕、苦楝等,沿溪两岸及山麓栽植柑橘、桃、梨、枫杨、垂柳、桑、芦竹等落叶阔叶经济林和防护林。

1.8　矿产

　　天台县境内有已知矿产 18 种,有 64 处产地(不含普通砂石类矿),可分为燃料矿产、金属矿产、非金属矿产、建筑材料矿产及矿泉水等五大类。矿产资源的特点总体上是:燃料矿产贫乏;金属矿产短缺;非金属矿产种类虽不多,却有其特色,其中珍珠岩、地开石、沸石是天台的特色矿种,饰面石材、萤石具有较大的开发远景和较好的经济效益。

　　天台县范围内现有采矿权的企业共计 8 家,其中 6 家可开采普通建筑用石料,1 家可开采银铅锌矿,1 家可开采萤石矿;具高风险探矿权的企业有 11 家,具低风险探矿权的企业有 4 家,高风险探矿权集中在萤石和铅锌等金属矿。

第2章　调查简史

2.1 调查概况

2.1.1 近代外国植物学家的采集调查

18世纪初期起,随着杭、甬等地通商口岸的开放,大批外国人相继到浙江采集植物标本,天台也成为外国人采集植物标本的地区。如德国传教士、汉学家花之安(E. Faber),德国植物学家林普雷希特(H. W. Limpricht),日本学者御江久夫(H. Migo)和伊藤洋等均来过天台采集植物标本,特别是花之安在天台采集了大量物种,其中有江南卷柏、腺蜡瓣花、白花龙、滴水珠等新物种。

2.1.2 近代我国植物学家的采集调查和资源研究

18世纪初到20世纪初,都是外国人来我国采集植物标本后,将它们拿到国外标本室进行研究。20世纪20年代开始,我国的一批植物学家才自主开展植物标本采集和分类研究。1920年,南京高等师范学校(东南大学前身)胡先骕带队从杭州出发,坐船经舟山到临海,开启了国人专业采集浙江植物的序章,于8月初抵天台螺溪、天台山等地采集植物标本。其后,钟观光分别在1921年、1930年和1933年到天台赤城、石梁、寒风阙、天台山、琼台、石门坎等地进行广泛和系统的采集,开启了大规模系统采集植物标本的篇章,其间采集到的新种有天台蹄盖蕨。1924年5月,金陵大学秦仁昌(R. C. Ching)在天台山一带采集大量标本,采集到的新种有浙江尖连蕊茶、天目地黄等。

1922年8月,中国科学社生物研究所在南京成立,下设动物部和植物部。植物部在1926年由中华教育文化基金董事会提供经费支持后,即派员到浙江和四川采集植物标本。其间,在天台的主要采集人有耿以礼、胡先骕、贺贤育、裴鉴、陈诗等。他们采集到了大量的新分类群植物,如天台铁线莲、天台鹅耳枥、木姜叶冬青、卷毛长柄槭等。

1935年,国民政府实业部组织成立浙赣闽林垦调查团,钟补勤任林垦调查专员,负责采集各地重要树木标本,以供林政及林学参考。5—6月,钟补勤在天台山华顶、铜壶、方广等地采集标本,记录的标本有秀丽槭、水马桑、华东泡桐、大叶冬青、南京椴、合轴荚蒾、宜昌荚蒾、庐山小檗、水榆花楸、毛鸡爪槭等。

其间,金陵大学焦启源等也陆续来天台开展植物调查,并采集标本。

2.1.3　中华人民共和国成立后的资源调查和区系研究

中华人民共和国成立后,党和政府十分重视科学文化与经济建设,陆续组织力量进行了规模空前的植物资源考察调查,采集了大量植物标本。相关研究资料迅速增加。

1.区域植物资源调查

(1)植物资源普查

1958—1960 年,浙江省科委组织成立"浙江省野生资源植物普查队",在各地的配合下进行了一次大规模的调查采集工作。其中,对天台的调查于 1959 年开展,由杭州植物园章绍尧带队,省内外主要参与单位和人员有江苏省中国科学院植物研究所左大勋、佘孟兰、袁昌齐、王铁僧、刘守炉、岳晋三、杨学运,杭州植物园章绍尧、贺贤育、毛宗国、姚昌豫,浙江省林业科学研究所林协,杭州大学方云亿及学生,浙江省立卫生实验院阙良寿、金联城等,以及天台当地的科技人员、民工等(该调查组后来又参加了 1960 年药用植物调查)。调查区域主要在天台山一带的镬塘岗、狮子岩、东茅蓬、华顶、黄经洞、方广寺、狮子岩、大同溪、天柱峰、下辽等。其间采集了大量标本。

1982 年,由浙江省植物学会申报的浙江省科技计划重大项目"植物资源调查研究及《浙江植物志》编著"立项,并组成由杭州大学牵头,杭州植物园、浙江林学院等 19 个单位55 位专家参与的项目组。其间,杭州植物园研究人员,浙江林学院丁陈森、李根有、楼炉焕,杭州师范学院何业祺等均来天台考察。

2007—2010 年,基于文献资料收集和历时 3 年的野外调查,台州市林业局王冬米和浙江省森林资源监测中心陈征海编写了《台州乡土树种识别与应用》。书中记载了台州市乡土树种 86 科 275 属 859 种,其中天台县的木本植物有 517 种。

2014 年,浙江省林业厅决定实施"浙江省植物资源调查、归档、编撰"项目,并获得省财政专项资助(项目编号 335010-2015-0005)。其间,浙江省林业科学研究院丁炳扬,浙江农林大学暨阳学院李根有、马丹丹,浙江省森林资源监测中心陈征海、谢文远、王军峰等多次来天台考察,记录物种有黑腺珍珠菜、猴头杜鹃、胡颓子、湖北山楂、华顶杜鹃、华东驴蹄草等,发现新种华顶卷耳、国家一级重点保护野生植物中华水韭等。

2021 年,天台县自然资源和规划局与浙江省森林资源监测中心合作,开展天台野生高等植物本底调查。截至 2022 年,共记录野生高等植物 275 科 1088 属 2609 种,其中,苔藓植物 29 目 58 科 101 属 180 种,蕨类植物 36 科 67 属 157 种,种子植物 181 科 920 属2272 种。

(2)全省药用植物资源调查

20 世纪 60—80 年代,浙江省卫生厅、浙江省药材公司组织开展了 3 次全省药用植物资源普查工作:60 年代的天然药物普查(1959—1961 年)、70 年代的药用植物调查和 80年代的中药资源普查。其中,天台县分别于 1959—1960 年、1986 年开展考察,这些考察都包含了天台县境内的药用植物资源。1987 年,天台县中药资源普查办公室编写了《天台县主要中药资源名录》,书中收录了天台的中药资源 488 种。

2014 年开始,中国中医科学院牵头组织了"第四次全国中药资源普查"。浙江省普查工作由浙江中医药大学牵头,其他科研单位共同参与。调查采用路线踏查法和样方(样线)法相结合,采集了大量的植物标本。天台县由浙江省中药研究所负责调查,记录了中药植物资源579种。

(3)全省重点保护野生植物资源调查

1981年,杭州植物园章绍尧等承担"浙江濒危珍稀植物引种栽培试验研究"课题,调查了产于浙江省的56种国家重点保护珍稀濒危植物在省内的地理分布、生长现状、形态、生态、生物学等特性,天台的天台鹅耳枥、浙江七子花也是其调查对象。

浙江林学院张若蕙于1988年开始主持"浙江植物红皮书及植物资源保护"项目。经过几年的调查研究,编写了《浙江珍稀濒危植物》一书,书中记载了天台鹅耳枥等62种植物的分布、生物学特性、繁殖方法等。

1997年开始,在林业部的统一部署下,浙江省于1997—2001年开展"浙江省国家重点保护野生植物资源调查与监测技术研究"。项目由浙江省森林资源监测中心牵头,多家单位合作共同参与。天台县范围内的野生保护资源调查由邱瑶德负责,参加人员有浙江大学丁炳扬、金孝锋,古田山自然保护区方腾等,记录珍稀濒危植物10种。

2013年开始,在国家林业局的统一部署下,浙江省于2013—2018年开展了"第二次全国重点保护野生植物资源调查"工作。该调查由浙江省森林资源监测中心负责,各自然保护区和相关县(市、区)林业部门参与完成。天台县范围内的野生保护植物资源调查由浙江省森林资源监测中心张芬耀负责,浙江省森林资源监测中心宋盛、浙江中医药大学袁井泉参与,分别在2015年5月和2016年6月在天台调查珍稀濒危植物,记录珍稀濒危植物10种。

(4)全省湿地植物资源调查

1994年,浙江省林业厅根据林业部统一部署,开展了浙江省首次全面、深入、系统的湿地资源调查研究。调查由浙江省森林资源监测中心牵头,多家单位共同参与。调查记录了全省湿地高等植物158科513属1182种,其中天台有559种。

2011—2013年,由浙江省森林资源监测中心牵头,各县(市、区)技术人员配合,调查全省面积8hm²及以上的湿地,记录湿地高等植物181科640属1482种(含苔藓植物24科36属79种),其中天台有562种。

2.专项植物资源调查

(1)蕨类植物调查

1952年9月,华东师范大学裴佩熹在天台一带采集蕨类标本,记录有柄石韦、庐山石韦、石韦、阔叶瓦韦、中华鳞毛蕨、狗脊、铁角蕨等。

1953年8—9月和1954年9月,浙江农学院陆建琦陆续在天台华顶寺、国清寺、方广寺一带采集蕨类植物,记录庐山石韦、石蕨、石韦、金鸡脚、瓦韦、对马耳蕨、阔鳞鳞毛蕨、线蕨、狗脊等。

(2)薯蓣调查

1966—1969年,浙江省卫生厅组织成立薯蓣皂素资源调查组,在全省范围内进行调查。对天台县的调查于1969年开展,主要人员有杭州植物园俞志洲、陆柏年、周德星,浙江医科大学奚镜清等,调查范围有石梁、下辽等地,记录纤细薯蓣、粉背薯蓣等。

(3)竹亚科的分类研究

从 20 世纪 70 年代初开始,南京大学、浙江省林业科学研究所、杭州植物园等参加《中国植物志》编写,对竹亚科进行了大规模的调查分类研究,浙江省参加此项工作的有温太辉、陈绍云、姚昌豫等。1980 年 5 月,杭州植物园陈绍云、姚昌亭等,南京大学王正平、叶光汉等在华顶、始丰一带调查竹类植物,记录红边竹、京竹、实心苦竹等。

(4)菝葜属(科)的系统进化研究

浙江大学傅承新研究团队自 1990 年开始潜心研究菝葜属 *Smilax* 及菝葜科 *Smilacaceae* 的系统演化和分类。其团队成员李攀鉴定了天台县的所有菝葜科物种。

(5)杜鹃花属映山红亚属的分类研究

2004—2006 年,浙江大学丁炳扬研究团队(2004 年 7 月转至温州大学)承担国家自然科学基金项目"杜鹃花属映山红亚属 *Rhododendron subgen Tsutsusi* 的分类研究",参加的主要人员有金孝锋、金水虎、胡仁勇等。2006 年 4 月,金孝锋等在天台调查华顶杜鹃。

此外,2002 年,中国科学院谭敦炎、李新蓉在天台山华顶开展老鸦瓣属植物调查,记录宽叶老鸦瓣;2012 年 5 月,中国科学院刘彬彬在天台调查落叶石楠类植物,记录中华石楠等。

3. 自然保护地调查

1981—1982 年,台州地区林学会组织了对天台山的考察,并由谷昌瑾高级工程师编写成《天台山木本植物名录》,后经过天台县科学技术协会研究人员整理,于 1988 年出版《天台木本植物名录》一书。书中收录天台木本植物 86 科 270 属 665 种。

1993 年 5 月,台州学院金则新在天台山范围内进行广泛的调查,1994 年在《广西植物》上发表《天台山种子植物区系分析》一文。

2010 年,浙江省森林资源监测中心陈征海对国清寺景区开展木本植物调查,记录物种 172 种。

2018 年,天台县自然资源和规划局与浙江省森林资源监测中心、浙江中医药大学等合作,对天台始丰溪湿地公园进行综合科学考察。参加植物调查的主要有陈征海、陈锋、张芬耀、谢文远、张培林、钟建平、李会松、林王敏、董荧荧、吴玉芳等。此次调查记录高等植物 188 科 612 属 1093 种(包括苔藓植物 25 科 37 属 50 种)。

4. 标本馆建设

(1)杭州植物园植物标本馆(HHBG)

杭州植物园于 1956 年正式建园,并建立植物标本室和各个专类植物区。1957 年 8—9 月,章绍尧、贺贤育在天台龙穿潭、国清寺、赤城山、龙皇塘、西茅蓬、华顶、下方广寺等地考察,并采集大量标本,记录海金子、柿、王瓜、喜树、女贞、轮叶节节菜、中华猕猴桃,采集到黑果荚蒾、大花榉颖草等新分类群物种。

(2)浙江农林大学标本馆

浙江农林大学(原浙江林学院)从 1958 年起,在全省各地进行多次考察,采集植物标本。其中,1959 年和 1960 年张若蕙、刘茂春陆续在天台山调查,采集了大量标本,如鼠麹草、截叶铁扫帚、胡枝子等。其后,丁陈森、楼炉焕、李根有陆续来天台考察并采集植物标本,丰富馆藏。

(3)浙江自然博物院标本馆(ZM)

抗战时期,博物馆的标本被日军炸毁,战后重建需要大量馆藏标本,因此馆员陆续前往各地采集标本。1963 年 10 月和 1964 年 5 月,馆员陆续在天台山采集植物标本,记录格药柃、赤楠、青冈、木姜叶冬青、华东瘤足蕨、红淡比、山合欢、秀丽四照花、厚叶冬青、油茶、柞木、刺齿凤尾蕨、香冬青、尖萼紫茎、掌裂蛇葡萄、日本蛇根草、八角枫、水青冈、异色泡花树等。

(4)浙江大学标本馆

杭州大学(现并入浙江大学)于 20 世纪 80 年代后期承担浙江生物资源调查的任务。1981 年 5 月和 11 月,郑朝宗、张朝芳、丁炳扬来天台石梁考察,记录似柔果薹草、上海薹草(现并入百里薹草)等。

(5)杭州师范大学植物标本馆(HTC)

1993 年,杭州师范学院(现杭州师范大学)何业祺在天台采集植物标本,记录野鸦椿、酸模、青荚叶、野芝麻等。

(6)丽水职业技术学院植物标本馆

1958 年 7 月,丽水林校(现并入丽水职业技术学院)陈根荣在建设标本馆时,来天台山采集植物标本,记录天台鹅耳枥、垂枝泡花树、红枝柴、黄牛奶树、金缕梅等。

(7)江苏省中国科学院植物研究所(南京中山植物园)

江苏省中国科学院植物研究所(南京中山植物园)于 20 世纪 50 年代在华东地区多次进行采集工作。如 1955 年 4—5 月,周太炎、岳俊三在天台国清寺一带调查,记录结香、圆叶节节菜等;1956 年 9 月,王名金、黄树之、黄汉荣、陆志平在天台方广寺、华顶一带调查,记录树参、中华蒌等。

(8)上海自然博物馆(SHM)

1963 年 10—11 月上海自然博物馆建设初期,馆员邱莲卿、陆瑞琳在天台国清寺、方广、西茅蓬等地调查,采集标本,记录牛矢果、湖北海棠、江南桤木等。

2.1.4 采集史明细

1. 近代国外植物学家的采集调查

(1)1889 年

德国传教士、汉学家花之安在天台山附近采集标本,采到了多个新分类群物种,如江南卷柏、腺蜡瓣花、滴水珠、蕙兰等。

(2)1891 年

花之安在天台采集标本,采集到的新分类群有 *Rubus officinalis* Koidz.(现并入掌叶覆盆子)。

(3)1912 年

2 月,德国植物学家林普雷希特在天台国清寺一带采集植物标本,采到的新分类群有 *Corydalis incisa* (Thunb.) Pers. var. *tschekiangensis* Fedde(现并入刻叶紫堇)。

(4)1935 年

日本学者御江久夫(H. Migo)在天台山国清寺采集,记录物种有龙胆、叶下珠、算盘子等,采集到的新分类群有 *Amethystanthus stenophyllus* Migo(现并入显脉香茶菜)。

(5)1942 年

5 月,日本学者伊藤洋在天台山北麓采集标本,记录相近石韦等。

2. 近代我国植物学家的采集调查和资源研究

(1)1920 年

8 月初,胡先骕带队抵天台开展植物调查,主要考察地点有螺溪、天台山等地,采集的物种有石韦、博落回、狗脊、中国绣球、人心药等,采集到的新分类群有 *Gilibertia sinensis* Nakai(现并入树参)。

11 月,钟观光在天台开始零星考察,记录长尾复叶耳蕨。

(2)1921 年

9—10 月,钟观光在天台赤城、石梁、寒风阙、天台山、琼台、石门坎等地大规模地系统采集植物标本,采集到的物种有秋海棠、毛冬青、金鸡脚、飞蛾藤、披针骨牌蕨、红盖鳞毛蕨、小二仙草、深裂迷人鳞毛蕨、湖北海棠、大戟、乳浆大戟、三角枫等,其中新分类群有天台蹄盖蕨 *Athyrium dissectifolium* Ching。

(3)1924 年

4 月,南京金陵大学史德蔚(A. N. Steward)在天台山调查植物,记录物种有山樱花。

5 月,南京金陵大学学生秦仁昌在天台山一带采集,记录物种有大柄冬青、倒卵叶忍冬、金鸡脚、玉铃花、软枣猕猴桃、吴茱萸五加、大叶青冈、毛柄金腰、湖北枫杨、天台鹅耳枥、琉璃白檀等,采集到的新分类群有浙江尖连蕊茶、天目地黄等。

(4)1927 年

6—7 月,南京金陵大学焦启源(C. Y. Chiao)在天台国清寺、天台山一带采集植物,记录物种有白栎、金鸡脚、阔鳞鳞毛蕨(鉴定签上是黑足鳞毛蕨)、狗脊、胎生狗脊。

8 月,中国科学社生物研究所耿以礼在天台山一带采集植物标本,记录南京椴、南方露珠草、风龙、茶条槭(副模)、柔毛路边青、刺楸等,采集到的新分类群有天台铁线莲、天台鹅耳枥、木姜叶冬青等。

(5)1928 年

8 月,焦启源在天台采集植物标本,记录博落回、江南星蕨等。Y. Y. Ni 来华顶拜经台采集植物。

某学者在天台考察植物,采集到新分类群天台猪屎豆。

(6)1930 年

9 月,钟观光在天台山考察,采集到的新分类群有 *Euphorbia lanceolata* T. N. Liou

（现并入大戟）。

(7)1931 年

4 月,中国科学社生物研究所郑万钧在华顶一带调查植物,记录天目木姜子等。

10 月,中国科学社生物研究所贺贤育(Y. Y. Ho)在天台山一带采集植物标本,记录小鱼仙草等。浙江大学农学院园艺系张东旭也与贺贤育在天台采集标本,记录海州常山。

(8)1932 年

6—7 月,中国科学社生物研究所陈诗(S. Chen)在天台方广寺、高明寺、华顶、药师庵等地采集植物标本,记录南京椴、虎皮楠、玉铃花等,采集到的新分类群有卷毛长柄槭(合模)、毛鸡爪槭等。

(9)1933 年

9 月,钟观光在天台采集标本,记录斑叶兰等。

静生标本馆的学者在天台调查,记录耿氏谷精草(现并入四国谷精草)。

(10)1934 年

8 月,陈诗在天台方广寺一带采集标本,记录木防己、天台水青冈(现并入水青冈)等。

(11)1935 年

浙赣闽林垦调查团 5—6 月在天台山华顶、铜壶、方广等地采集标本,记录标本有秀丽槭、水马桑、华东泡桐、大叶冬青、南京椴、合轴荚蒾、宜昌荚蒾、庐山小檗、水榆花楸、毛鸡爪槭等。

(12)1938 年

6 月,有学者从国清寺至华顶一带考察,记录茅膏菜。

3. 中华人民共和国成立后的资源调查和区系研究

(1)1952 年

华东师范大学裴佩熹在天台一带采集蕨类标本,记录有柄石韦、庐山石韦(同举模式)、石韦、阔叶瓦韦、中华鳞毛蕨、狗脊、铁角蕨等。

(2)1953 年

9 月,浙江农学院陆建琦在天台华顶寺、国清寺、方广寺一带采集蕨类植物,记录庐山石韦、石蕨、石韦、金鸡脚、瓦韦、对马耳蕨、阔鳞鳞毛蕨、线蕨、狗脊等。

(3)1955 年

4 月,南京植物研究所周太炎、岳俊三在天台国清寺一带调查,记录结香、圆叶节节菜等。

(4)1956 年

9 月,中山植物园王名金、黄树之、黄汉荣、陆志平在天台方广寺、华顶一带采集植物标本,记录树参、中华蓼等。

(5)1957 年

5 月,新乡师范学院裴元蓉到天台考察,记录钝齿冬青等。

8月,南京药学院范碧亭到天台东乡、龙皇堂、国清寺等地考察药用植物,记录菊叶三七、白术、朱砂根等。

8—9月,杭州植物园贺贤育在天台龙穿潭、国清寺、赤城山、天台山、龙皇塘、西茅蓬、能仁庵、彩云庵、华顶、下方广等地广泛采集植物标本,记录海金子、柿、王瓜、喜树、女贞、轮叶节节菜、中华猕猴桃等,采集到的新分类群有黑果荚蒾、大花檽颖草、浙江南蛇藤等。

(6)1958 年

6月,南京大学耿伯介等在华顶调查竹类植物,记录毛金竹。

7月,陈根荣在天台山采集植物标本,记录天台鹅耳枥、垂枝泡花树、红枝柴、黄牛奶树、金缕梅等,采集到的新分类群有美丽毛鸡爪槭(现并入毛鸡爪槭)。

6月,杭州植物园贺贤育等在天台山镜塘岗、狮子岩、东茅蓬、华顶、黄经洞、方广寺、狮子岩、大同溪、天柱峰等地采集植物标本,记录四照花、变豆菜、短尾石栎、风龙、水马桑、棣棠等,采集到的新分类群有褪粉猕猴桃。

(7)1959 年

4月,南京林学院研究人员在天台山调查,记录忍冬。

6月,南京林学院张若蕙、刘茂春在天台山调查,记录木荷;10月,在天台山调查,记录鼠麴草、截叶铁扫帚、胡枝子、海金子、小花蓼、丛枝蓼、戟叶蓼、枸橘等。

7月,浙江植物资源普查队在方广寺、华顶、大雷山、赤城山、国清寺、九龙山、下利菴、岭里、下辽、华顶、拜经台、高明、岭里等地开展植物资源调查和标本采集,记录圆叶茅膏菜、马醉木、乌头、红枝柴、金缕梅、半枝莲、尾叶冬青、中华猕猴桃、竹节参、软枣猕猴桃等,采集到的新分类群有凸脉猕猴桃(现并入陕西猕猴桃)、浙江南蛇藤。

浙江天然药用植物普查队在天台山、坦头等地开始调查,记录松风草、天台小檗等。

(8)1960 年

4—5月,章绍尧在天台山华顶调查,记录青荚叶、毛柄金腰。

6月,刘茂春在天台山调查,记录白棠子树。

6—7月,浙江天然药用植物普查队(成员有南京植物研究所王铁僧、杨雪运,浙江省林业科学研究所成员,浙江省卫生厅药政管理局成员,其他工作人员陈言才、王顺林、包汝时、陈奶儿等)在天台西茅蓬、城郊、白鹤万年山等调查,记录天胡荽、前胡、朱砂根、积雪草、北江荛花、芫花等。

(9)1961 年

2月,浙江天然药用植物普查队在大雷山山顶一带调查,记录隔山香、黄醉蝶花等。

(10)1963 年

8月,江苏植物研究所丁志遵等在西茅蓬调查,记录竹节参。

10月,浙江自然博物馆韦直在天台山采集植物标本,记录格药柃、赤楠、青冈、木姜冬青、华东瘤足蕨、红淡比、山槐、秀丽四照花、厚叶冬青等。

10—11月,上海自然博物馆邱莲卿、陆瑞琳在国清寺、方广、西茅蓬等地调查,记录牛矢果、湖北海棠、江南桤木等。

(11)1964 年

5月,浙江自然博物馆韦直在天台山采集植物标本,记录油茶、柞木、刺齿凤尾蕨、香冬青、尖萼紫茎、掌裂蛇葡萄、日本蛇根草、八角枫、水青冈、异色泡花树等。

(12)1969 年

6月,浙江省薯蓣皂素资源调查组(成员有陆柏年、杨继昌、周德星、俞志洲、奚镜清、韩酉生、朱松法、应福聪、梁奕和)在大同、华顶调查,记录纤细薯蓣、粉背薯蓣等。

9月,浙江省药检所在新民公社岩下大队调查,记录有川芎栽培。

(13)1971 年

12月,浙江林学院丁陈森在天台山调查,记录大叶青冈、蜡子树、水青冈、短尾柯、糯米条、浙江新木姜子、毛脉槭、七子花(现为浙江七子花)等。

(14)1980 年

5月,杭州植物园陈绍云、姚昌亭等,南京大学王正平、叶光汉等在华顶、始丰一带调查竹类植物,记录红边竹、京竹、实心苦竹等。

(15)1981 年

5月和11月,郑朝宗、张朝芳、丁炳扬在天台石梁考察,记录似柔果薹草、上海薹草(现并入百里薹草)等。

(16)1982 年

9月,杭州植物园研究人员在国清寺调查,记录红柳叶牛膝、香花崖豆藤等。

11月,浙江林学院学生金剑荣在天台山华顶采集樱果朴标本。

(17)1985 年

9月,丁陈森等在大雷山调查植物,记录圆锥绣球、玉兰、光叶石楠、马醉木、网脉葡萄、赤楠等。

(18)1986 年

5月,丁陈森等在天台山华顶调查,记录冠盖绣球、灰化薹草等。

5月,上海铁道医学院钱士心在天台山调查,采集到的新分类群有重瓣野山楂。

(19)1987 年

5月,上海铁道医学院钱士心在天台山华顶调查,采集到的新分类群有白花浙江泡果荠(现并入紫堇叶阴山荠)。

天台县开展第三次中药资源普查。项目组对全县80%的乡镇(街道)、60%以上的行政村进行了中药资源调查,于1987年编写了《天台县中药资源名录》,收录全县主要中药资源488种。

(20)1988 年

4月,杭州大学丁炳扬在天台山华顶开展植物调查,采集到新分类群华顶杜鹃。

5月,浙江林学院楼炉焕在天台山华顶调查,记录天台鹅耳枥、牛奶子、短梗稠李等;9月,在天台山华顶调查,记录灰叶安息香、阔叶槭、天台鹅耳枥、紫弹树、水青冈、短梗胡枝子等。

(21)1990 年

10 月,浙江林学院楼炉焕、李根有在天台山华顶、狮子岩、西茅蓬等开展了大量调查,记录大萼香茶菜、金腺荚蒾、满山红、湖北算盘子、窄叶泽泻、珠芽艾麻、蜡子树、粗齿冷水花、山冷水花、异叶茴芹等。

(22)1991 年

12 月,丁陈森在华顶调查植物,记录秀丽四照花。

(23)1992 年

8 月,楼炉焕在天台山华顶开展植物调查,记录天台鹅耳枥。

11 月,周世良在天台山华顶考察,记录小花荸荠、杭州荸荠、苏州荸荠等。

(24)1993 年

5 月,台州学院金则新在天台山范围内的白鹤、华顶、石梁等地进行广泛的调查,记录长鬃蓼、庐山小檗、水马桑、牯岭悬钩子、细野麻、毛叶石楠等。

5 月、7 月,杭州师范学院何业祺在天台采集植物标本,记录野鸦椿、酸模、青荚叶、野芝麻等。

(25)1995 年

9 月,北京大学地质系姜钦华在天台采集叶片。

(26)1996 年

8 月,浙江自然博物馆张方钢、徐跃良、李怡红在天台石梁、杉树岭等地考察,记录茅栗、大叶苎麻、木防己、山胡椒、江南越橘等。

(27)1997 年

5 月,浙江省农科院洪林为编写《浙江省药用植物志》,在华顶调查,记录浙江泡果荠。

(28)1998 年

12 月,中国科学院华西亚高山植物园庄平在天台山考察,记录蛇足石杉(现为长柄石杉)。

(29)2002 年

中国科学院谭敦炎、李新蓉在天台山华顶开展老鸦瓣属植物调查,记录宽叶老鸦瓣。

(30)2006 年

4 月,杭州师范学院金孝锋等在天台山华顶考察,记录华东驴蹄草、繁缕、仲氏薹草、菁姑草、黄水枝等。

5 月,周世品等在华顶考察,采集到新分类群云亿薹草。

(31)2008 年

6 月,浙江大学刘军在天台调查,记录牯岭勾儿茶、青榨槭、南天竹等。

12 月,浙江省森林资源监测中心陈征海和天台林特局叶文国、卢国耀在天台赤城山、天台山等地调查植物,记录黄山紫荆、黑弹树、朝鲜白檀、浙江七子花、浙江尖连蕊茶、天目木姜子、水青冈等。

12月，马林、吴丰在天台调查，记录桂竹。

同年，中国科学院张彩飞在天台国清寺考察，记录茅栗。

(32)2009 年

7月，温岭农林局毛伟青在天台石梁、华顶调查，记录云锦杜鹃、杜鹃等。

9月，陈征海、李根有、张芬耀、马丹丹、杨家强等在天台方广寺、华顶一带考察，记录木槿、毛鸡爪槭、长喙紫茎、天台鹅耳枥、老鹳草、下江忍冬、钝叶酸模、朝鲜白檀等。

10月，陈征海、叶文国在大雷山开展植物调查，记录毛山荆子、天台小檗、浙江南蛇藤、浙江七子花等。

(33)2010 年

5月，陈征海在天台山石梁、华顶、琼台仙谷等地开展植物调查，记录云锦杜鹃、朝鲜白檀、华顶杜鹃、毛茛、野芝麻、钩突挖耳草、中国绣球、小果蓬蘽、北江荛花、日本杜英、小果冬青等。

(34)2011 年

4月，陈征海在天台山开展植物调查，记录檫木、深山含笑、云锦杜鹃、猫爪草、天台小檗、华顶杜鹃、腺蜡瓣花、东亚唐棣等。

6月，台州学院陈珍、鲍思伟、蒋明、陈模舜调查天台山药用植物，共记录天台山药用植物 131 科 482 属 834 种，并在《西南林业大学学报》上发表《浙江省天台山野生药用植物资源区系分析》一文。

中国科学院植物研究所研究生付志玺在天台石梁调查菊科植物，记录窄叶裸菀。

(35)2012 年

5月，中国科学院植物研究所刘彬彬在天台调查落叶石楠类植物，记录中华石楠。

5月，浙江农林大学叶喜阳在赤城、天台山考察，记录枸橘、小茄、庭藤、小果蔷薇、旋蒴苣苔等。

6月，王荣好在天台调查竹亚科植物，记录桂竹、苦竹、水竹。

6月，浙江清凉峰国家级自然保护区张宏伟在大雷山调查夏蜡梅。

(36)2013 年

5月，李根有、陈征海、谢文远、张芬耀、张忠钊等在天台龙穿峡景区进行植物考察，记录武夷悬钩子、天仙果、春云实、春花胡枝子、小沼兰、灰背清风藤、北京铁角蕨、豹皮樟、韩信草、薯豆、厚叶冬青、茜树、荛花一种(后发表为浙江荛花)等。

12月，陈征海在天台平桥开展植物调查，记录沙梨、四季竹、香蒲、枸橘、忍冬、荒花、白花鬼针草等。

(37)2014 年

5月，陈征海在始丰、华顶开展植物调查，记录红边竹、垂盆草、多花黑麦草、小果蔷薇、麻叶绣线菊、多瓣蓬藁、云锦杜鹃、华顶杜鹃、下江忍冬等。

(38)2015 年

4月，丁炳扬、周庄、朱光权、王军峰在天台山开展"新编浙江植物志野生植物资源调查"项目，调查到的植物有黑腺珍珠菜、猴头杜鹃、胡颓子、湖北山楂、华顶杜鹃、华东驴蹄草、黄山松、黄水枝、灰叶稠李、多花地杨梅、下江忍冬、天台鹅耳枥、青荚叶、毛柄金腰、阔叶槭、天目槭、橄榄槭、尖萼紫茎、细齿稠李、毛山荆子、粗榧、中华水非、过路黄属等。

5月,张芬耀、宋盛在天台大雷山、华顶开展浙江省第二次全国重点保护野生植物资源调查。

5月,河南信阳师范学院朱鑫鑫在天台山考察,记录蜡子树、吴茱萸五加、菝葜、油点草、黄水枝等。

6月,温州市鹿城区公园管理处吴棣飞在天台山调查,记录香港绥草、天台铁线莲、宁波木蓝、紫穗槐等。

8月,陈征海和天台林特局许天龙等在天台迹溪开展植物调查,记录中华栝楼、云锦杜鹃、钝叶酸模、野海茄、庐山楼梯草、牯岭凤仙花、牯岭野豌豆、卷毛长柄槭、浙江七子花、窄头橐吾、对萼猕猴桃、香果树等。

11月,宿翠萍在国清寺考察,记录海金沙。

浙江省中药研究所研究人员在天台开展浙江省第四次全国中草药资源普查,记录中药资源579种。

(39)2016 年

6月,张芬耀、袁井泉在天台狮子岩开展浙江省第二次全国重点保护野生植物资源调查。

6月,天台信访局褚旭在天台石梁、坦头等地调查南京椴、毛芽椴,并记录大巢菜。

(40)2017 年

1月,浙江农林大学奚建伟在天台调查,记录井栏边草、乌苏里瓦韦、柏木。

4月,李根有、陈征海、徐绍清、叶文国等在天台洋头镇、国清寺、大雷山、平桥等地考察了毛芽椴(活体及佛珠制作过程),记录毛芽椴、紫柳、匍茎通泉草、禺毛茛、狭叶垂盆草、麦李、南京椴、牛蒡、马鞍树、华东驴蹄草、毛柄金腰、浙江七子花、粤柳、木通(绿花)、箭叶淫羊藿、鹅掌草等。

8月,陈征海在天台宝华林场、大雷山调查植物,记录风轮菜、青皮木、厚叶冬青、杭州榆、细叶水团花、截叶铁扫帚、金钟花、小蓼花、纤叶钗子股、三裂蛇葡萄、展毛中华栝楼、野扁豆、乌蔹莓等。

10月,丁炳扬在天台山华顶开展植物调查,记录华中山楂。

(41)2018 年

3月,天台人力资源和社会保障局叶鹤鹏在天台紫凝山调查,记录紫花地丁、球序卷耳、雀舌草等;4月,在白鹤万马渡调查,记录油桐。

4月,浙江省森林资源监测中心谢文远在天台华顶、石梁开展植物调查,记录柳杉、仲氏薹草、心叶蔓茎堇菜等,发现新种华顶卷耳。

4月,南京林业大学朱淑霞在天台山考察,记录刻叶紫堇、掌叶覆盆子、云锦杜鹃等。

5月,孙立萍在天台华顶调查,记录云锦杜鹃。

6月,陈征海在天台始丰溪湿地公园、赤城山、石梁、铁甲龙、大雷山等地开展植物调查,记录桂竹、浙江山麦冬、白花龙、千金藤、牛尾菜、长萼栝楼、翠云草、杜仲、福建紫薇、浙江南蛇藤等;7月,在平桥、大雷山等地调查,记录鸡冠眼子菜、灯台树、落萼叶下珠、胡枝子、刺葡萄、箱根悬钩子、浙江琴柱草等。

浙江省天台县华顶林场陈丽娟对林场内的菊科药用植物进行调查,鉴定33属51种菊科药用植物,并在《现代园艺》上发表《浙江天台县华顶林场菊科野生药用植物调查及利用》一文。

天台自然资源和规划局与浙江省森林资源监测中心、浙江中医药大学等合作,对天台始丰溪湿地公园进行综合科学考察,参加植物调查的主要有陈征海、陈锋、张芬耀、谢文远、张培林、钟建平、李会松、林王敏、董荧荧、吴玉芳等,记录高等植物188科612属1093种(包括苔藓植物25科37属50种)。

(42)2019 年

5月,陈征海、许天龙、张忠钊、叶文国在赤城山、大雷山开展植物调查,记录短柱茶、橄榄槭、日本珊瑚树、小野芝麻属一种、肉花卫矛、福建紫薇、仙百草、百部、夏蜡梅、浙江琴柱草、秀丽葡萄等。

(43)2020 年

4月,金孝锋、鲁益飞在天台华顶调查华顶卷耳,并采集标本。

5月,陈征海、许天龙、张忠钊在天台赤城山开展植物调查,记录疏头过路黄、黄山紫荆、毛鸡爪槭、白花紫露草、春花胡枝子、福建紫薇、费菜、穿叶异檐花等。

8月,李根有、陈征海、叶文国在洋头和国清寺开展植物调查,记录毛芽椴。

10月,浙江省林业科学研究院朱弘在天台石梁瀑布调查,记录蕺菜、秋海棠、红马蹄草、六角莲等。

(44)2021 年

4月,陈征海、李根有、张忠钊、许天龙考察了天台赤城山、坦头镇的欢岙村和欢西村,记录小野芝麻、黄山紫荆、浙江紫薇、白鹃梅、猪毛蒿、大叶火焰草、毛萼铁线莲等。

6月,浙江省林业科学研究院朱弘在天台考察天台水青冈的生境、群落,记录天台水青冈、甜槠、冬青、蓝果树等。

7月,天台县野生植物资源本底调查启动。调查组在石梁、华顶、牧云谷等地调查,记录短刺虎刺、吴茱萸五加、江南桤木、川榛、江南越橘、窄叶裸菀、短萼黄连等。

8月,平桥镇人民政府丁筠在石梁调查,记录豨莶。

10月,浙江农林大学杨丽媛等到天台大雷山捣臼孔等地采集国家二级重点保护野生植物夏蜡梅种子及叶子,开展遗传多样性研究。

10月,浙江理工大学沈佳豪在天台考察,记录蒮头、铁灯兔儿风、乌蔹、甜槠、缘脉菝葜、甜槠等。

(45)2022 年

天台县野生植物资源本底调查组在天台开展调查。

天台野生植物资源本底调查外业考察情况见表2-1。

表 2-1　天台野生植物资源本底调查外业考察一览表

调查时间	调查乡镇（街道）	调查人员	调查到的物种
2021-06-18	赤城	谢文远	剪股颖、络石、茅栗等
2021-06-19	赤城、街头、平桥	谢文远	长萼鸡眼草、白蔹、蛇葡萄等
2021-07-05	始丰	张培林、钟建平	菱叶葡萄、点腺过路黄、白杜等
2021-07-06	白鹤、平桥	张培林、钟建平	亮叶桦、铁冬青、荩草、小仙鹤藓等
2021-07-15	石梁	钟建平、谢文远、张芬耀、张培林、唐升君、陈征海、李根有等	木姜冬青、水青冈、黄泡、秋海棠、泥炭藓等
2021-07-16	雷峰、石梁	钟建平、谢文远、唐升君、陈征海、李根有等	南方菟丝子、卷丹、华紫珠等
2021-07-17	福溪、雷峰、南屏、石梁、始丰	唐升君、谢文远、钟建平、麻馨尹等	樟叶槭、牛膝、爵床、长萼栝楼等
2021-07-18	坦头、赤城	谢文远、钟建平等	射干、刺蓼、圆盖阴石蕨等
2021-07-19	泳溪、坦头	钟建平、张培林、谢文远等	百蕊草、络石、武夷悬钩子等
2021-07-20	坦头	钟建平、唐苏芬等	节节草、白茅、小窃衣等
2021-07-21	洪畴、三合	张培林、钟建平等	银杏、糯米团、龙葵、木防己、小金发藓等
2021-07-22	福溪	张培林、钟建平等	雾水葛、扁穗莎草、牛筋草、画眉草等
2021-08-12	平桥	钟建平、唐苏芬等	乌蔹、细柄草、山类芦、蜜甘草等
2021-08-13	平桥、街头	顾秋金、张芬耀、唐升君、钟建平等	太平鳞毛蕨、栀子、格药柃、地菍、赤楠等
2021-08-14	街头、三州、龙溪、平桥	顾秋金、唐升君、钟建平、张培林等	刺齿半边旗、白背叶、碎米莎草、广东蛇葡萄等
2021-08-15	街头、龙溪	顾秋金、唐升君、张芬耀、钟建平等	白苞蒿、软枣猕猴桃、异穗卷柏、细穗藜等
2021-08-16	街头、平桥	钟建平、麻馨尹等	狭叶仙鹤藓、赛山梅、条叶百合、中华猕猴桃等
2021-08-17	白鹤、石梁	钟建平、张培林等	千金藤、单毛刺蒴麻、竹叶眼子菜等
2021-08-18	石梁、白鹤	钟建平、张培林等	三脉紫菀、山胡椒、椴木、灯台树等
2021-08-19	石梁	钟建平、谢文远、许济南、麻馨尹等	东亚小金发藓、半蒴苣苔、白花蛇舌草、石胡荽等
2021-08-20	石梁	谢文远、钟建平、许济南、唐苏芬等	金发藓、三籽两型豆、九头狮子草、针毛蕨、广序臭草等
2021-08-21	石梁	钟建平、谢文远、许济南、麻馨尹等	毛金竹、枫香树、姜花、紫萼蝴蝶草、活血丹、春蓼等

续表

调查时间	调查乡镇（街道）	调查人员	调查到的物种
2021-10-10	三合	钟建平、曾人会等	橘草、木防己、兰香草、裂稃草等
2021-10-11	白鹤	钟建平、曾人会等	薄叶碎米蕨、小鱼仙草、有芒鸭嘴草等
2021-10-12	石梁天台山	钟建平、曾人会等	香港黄檀、德化鳞毛蕨、褐果薹草等
2021-10-13	石梁华顶	钟建平、曾人会等	有芒鸭嘴草、接骨木、中华猕猴桃、阴地蕨等
2021-10-14	石梁	钟建平、曾人会等	假俭草、乌蕨、格药柃、紫背堇菜等
2021-10-15	三合一坦头	钟建平、曾人会等	千金藤、细叶蓼、斑茅、黑足鳞毛蕨等
2021-10-16	龙溪	钟建平、曾人会等	狼尾草、止血马唐、北美车前、插田泡等
2021-10-17	街头	钟建平、曾人会等	柏木、宁波溲疏、小巢菜等
2021-10-18	龙溪	钟建平、曾人会等	南天竹、小叶青冈、薄叶新耳草等
2021-11-03	石梁	钟建平、曾人会、谢文远等	大籽猕猴桃、香附子、江西绣球、永康莎芋等
2022-01-19	赤城	麻馨尹、张培林、曾人会等	平叶异萼苔、双齿异萼苔、东亚小金发藓等
2022-01-20	赤城	麻馨尹、张培林、曾人会等	桧叶白发藓、狭叶白发藓等
2022-01-21	赤城	麻馨尹、张培林、曾人会等	平叶异萼苔、三裂鞭苔、黄牛毛藓等
2022-03-15	街头、平桥	张培林、唐升君等	直立婆婆纳、黄鹌菜、球序卷耳、鼠耳芥等
2022-03-16	始丰、福溪	张培林、唐升君等	无瓣繁缕、鹅肠菜、虎尾铁角蕨、柔弱斑种草等
2022-03-17	洪畴、三合	张芬耀、张培林、唐升君等	千里光、胡颓子、苏门白酒草、蔊菜等
2022-03-18	南屏、福溪、赤城、坦头	张芬耀、张培林、唐升君等	禺毛茛、天葵、伏地卷柏、江南卷柏等
2022-03-19	石梁	张芬耀、张培林、唐升君等	豆梨、毛柄连蕊茶、腺蜡瓣花、银叶柳等
2022-03-20	石梁、白鹤	张芬耀、张培林、唐升君等	灯心草、钝叶酸模、毛茛、蛇莓、中国绣球等
2022-03-21	平桥、三州	张芬耀、张培林、唐升君等	救荒野豌豆、羊蹄、何首乌、枫杨
2022-03-22	赤城	张芬耀、张培林、唐升君等	小花黄堇、宝盖草、酢浆草、卵裂黄鹌菜等
2022-03-25	泳溪	张芬耀、张培林、唐升君等	香花崖豆藤、荠、黄瓜菜、三脉紫菀等

调查时间	调查乡镇（街道）	调查人员	调查到的物种
2022-03-26	街头、龙溪	张芬耀、张培林、唐升君等	北京铁角蕨、仲氏薹草、东南茜草、附地菜等
2022-03-27	雷峰、平桥、街头	唐升君、张芬耀等	翅果菊、繁缕、附地菜、无心菜等
2022-03-28	龙溪	张培林、唐升君等	江南卷柏、钝叶酸模、刻叶紫堇等
2022-04-09	石梁华顶	谢文远、陈征海等	刻叶紫堇、孩儿参、橉木、蜂斗菜等
2022-04-10	龙溪大雷山	谢文远、陈征海等	大花无柱兰、三角叶冷水花、伏地卷柏等
2022-04-11	赤城山－街头铁甲龙	谢文远、张忠钊等	三穗薹草、小野芝麻、南丹参、多花兰等
2022-05-31	石梁	谢文远等	华顶悬钩子、湖北算盘子、天台鹅耳枥等
2022-06-01	街头	谢文远等	王瓜、菱叶葡萄、江南星蕨、鞭叶蕨等
2022-6-18	天台国清寺、明岩寺、寒岩寺等地（佛教植物）	谢文远、马丹丹、张燕、张忠钊	牡丹、白兰花、地涌金莲、梅、银杏等
2022-07-18	街头	曾文豪、麻馨尹、项月霆、黄伟权、唐升君等	小石藓、泛生墙藓、匍匐大戟、活血丹、小构树等
2022-07-19	街头	曾文豪	六月雪、刺齿半边旗、求米草、云实、中华胡枝子等
2022-07-20	平桥	曾文豪、麻馨尹、项月霆、黄伟权、唐升君等	南亚灰藓、平叶梳藓、臭牡丹、八角枫、显子草等
2022-07-21	街头	曾文豪、麻馨尹、项月霆、黄伟权、唐升君等	大灰藓、真藓、半边月、拟二叶飘拂草、珠芽狗脊、楼梯草、三毛草等
2022-07-22	街头	曾文豪、麻馨尹、项月霆、黄伟权、唐升君等	缺齿小石藓、南京凤尾藓、毛果珍珠花、毛冬青等
2022-07-23	街头－龙溪	曾文豪、麻馨尹、项月霆、黄伟权、唐升君等	泥炭藓、丛本藓、吊石苣苔、灰叶安息香、黄海棠、牛尾菜、秃红紫珠等
2022-07-24	街头－龙溪	曾文豪、麻馨尹、项月霆、黄伟权、唐升君等	鳞叶凤尾藓、平叶偏蒴藓、蜈蚣兰、广东石豆兰等
2022-09-18	天台宝华寺、传教寺等地的佛教植物。	谢文远、马丹丹、张燕	百日青、毛芽椴、榕树、柏木等
2022-10-19	龙溪	张培林、唐升君、许济南等	显花蓼、莲子草、叶下珠、马松子等
2022-10-20	龙溪大雷山	张培林、唐升君、许济南等	鹿蹄草、四叶葎、石松等
2022-11-05	护国寺、秀岩寺、通玄寺、万年寺、中方广寺、下方广寺、地藏寺（佛教植物）	马丹丹、张燕、吴淑晶	佛手、毛芽椴、七叶树、菊花、方竹等

2.2 采自天台的模式植物

目前收集到采自天台的模式植物有 52 种（含已归并的物种），详情如下。

1. 卷柏科 Selaginellaceae

江南卷柏 *Selaginella moellendorffii* Hieron. in Hedwigia 41:178. 1902. [Tiantai]（天台），monte Tientai [Tiantai Shan]（天台山），1889-04，E. Faber s. n. (Syntype:T)

2. 蹄盖蕨科 Athyriaceae

天台蹄盖蕨 *Athyrium dissectifolium* Ching in Acta Bot. Boreal. -Occident. Sin. 6(2):104. 1986. [Tiantai]（天台），Tiantai Shan（天台山），1921-10-02，K. K. Tsoong（钟观光）3713(Holotype:PE). (=合欢山蹄盖蕨 *Athyrium cryptogrammoides* Hayata)

3. 毛茛科 Ranunculaceae

曾氏铁线莲 *Clematis tsengiana* F. P. Metcalf in Lingnan Sci. J. 20(1):129. 1941. Chekiang [Zhejiang]（浙江），[Tiantai]（天台），[Tiantai Shan]（天台山），1924-05-16，R. C. Ching（秦仁昌）1555 (Holotype:SYS). (= 毛萼铁线莲 *Clematis hancockiana* Maxim.)

天台铁线莲 *Clematis patens* Morr. et Decne. subsp. *tientaiensis* M. Y. Fang in Fl. Reipubl. Popularis Sin. 28:358. 1980. [Tiantai]（天台），Tientaishan [Tiantai Shan]（天台山），1927-06-08，Y. L. Keng（耿以礼）999(Holotype:PE)

4. 小檗科 Berberidaceae

浙江小檗 *Berberis chekiangensis* Ahrendt in J. Linn. Soc.，Bot. 57(369):185. 1961. [Tiantai]（天台），Tientai Mts [Tiantai Shan]（天台山），1889 年，E. Faber 260 (Holotype:K). (=庐山小檗 *Berberis virgetorum* Schneid.)

长柱小檗（天台小檗）*Berberis lempergiana* Ahrendt in Gard. Chron. Ser. 3. 109:101. 1941. Cult.，Raised at Hillier's nursery by seed to Dr. Fritz Lemperg from Nanking Botanic Garden，1940-10-26，L. W. A. Ahrendt s. n. (Holotype:OXF)

5. 紫堇科 Fumariaceae

Corydalis incisa (Thunb.) Pers. var. *tschekiangensis* Fedde in Repert. Spec. Nov. Regni Veg. 17:197. 1921. Tientai [Tiantai]（天台），Guo tsing sze [Guoqingsi]（国清寺），1912-02-22，H. W. Limpricht 293(Syntype:B)；(=刻叶紫堇 *Corydalis incisa* (Thunb.) Pers.)

6. 金缕梅科 Hamamelidaceae

腺蜡瓣花 *Corylopsis glandulifera* Hemsl. in Icon. Pl. 29:t. 2818. 1906. [Tiantai]（天台），Tientai Mountains [Tiantai Shan]（天台山），E. Faber 177(Syntype:?)

Corylopsis hypoglauca W. C. Cheng var. *glaucescens* W. C. Cheng in Contr. Biol. Lab. Sci. Soc. China，Bot. Ser. 10:126. 1936. Tientai [Tiantai]（天台），Tientaishan [Tiantai Shan]（天台山），1932-06-29，S. Chen(陈诗) 430(Holotype:PE)(=灰白蜡瓣花

Corylopsis glandulifera Hemsl. var. *hypoglauca* (Cheng) Hung T. Chang)

7. 壳斗科 Fagaceae

邓氏柯 *Lithocarpus dunnii* F. P. Metcalf in Lingnan Sci. J. 10：483. 1931. 〔Tiantai〕(天台)，Tientai-Shan〔Tiantai Shan〕(天台山)，1924-05-08，R. C. Ching(秦仁昌)1461(Syntype：A)(＝大叶青冈 *Quercus jenseniana* Hand. -Mazz.)

天台水青冈 *Fagus tientaiensis* Liou in Contr. Inst. Bot. Natl. Acad. Peiping 3：451. 1935.〔Tiantai〕(天台)，Tientai shan〔Tiantai Shan〕(天台山)，1934-08-08，S. Chen (陈诗)3718(Holotype：PE).(该类群目前并到水青冈 *Fagus longipetiolata* Seem.)

8. 桦木科 Betulaceae

加氏赤杨 *Alnus jackii* Hu in J. Arnold Arbor. 6(3)：140. 1925.〔Tiantai〕(天台)，Tien-taishan〔Tiantai Shan〕(天台山)，1924-11-18，R. C. Ching(秦仁昌)2606 (Holotype：A).(＝江南桤木 *Alnus trabeculosa* Hand. -Mazz.)

天台鹅耳枥 *Carpinus tientaiensis* W. C. Cheng in Contr. Biol. Lab. Sci. Soc. China，Bot. Ser. 8：135. 1932.〔Tiantai〕(天台)，Tientai-Shan〔Tiantai Shan〕(天台山)，1927-08-12，Y. L. Keng(耿以礼)1065(Lectotype：PE，designated by Q. Lin et Q. Sun in Acta Bot. Boreal. -Occident. Sin. 27(1)：178. 2007)；同地，1924-05-10，R. C. Ching(秦仁昌)1547(Syntype：PE).

9. 石竹科 Caryophyllaceae

华顶卷耳 *Cerastium huadingense* Y. F. Lu，W. Y. Xie & X. F. Jin in PhytoKeys 184：111 - 126. 2021. Tiantai (天台)，Mount Huading (华顶山)，2020-4-25，Xiao-Feng Jin & Yi-Fei Lu 4583 (holotype：ZM；isotypes：HTC，PE).

10. 山茶科 Theaceae

浙江连蕊茶 *Camellia cuspidata* (Kochs)Wright var. *chekiangensis* Sealy in Rev. Gen. Camellia 58. 1958.〔Tiantai〕(天台)，Tientai Mt.〔Tiantai Shan〕(天台山)，1924-05-08，R. C. Ching(秦仁昌)1479(Holotype：K).

光紫茎 *Stewartia glabra* S. Z. Yan in Acta Phytotax. Sin. 19(4)：466，pl. 2. 1981. Hangchow〔Hangzhou〕(杭州，引自天台山?)，Z. R. Li(李增瑞)086(Holotype：FUS)(＝长柱紫茎 *Stewartia rostrata* Spongberg)

11. 猕猴桃科 Actinidiaceae

褪粉猕猴桃 *Actinidia melanandra* Franch. var. *subconcolor* C. F. Liang in Fl. Reipubl. Popularis. Sin. 49(2)：310. 1984.〔Tiantai〕(天台)，Tiantaishan(天台山)，1958-06-19，Hort. Bot. Hangzhou(杭州植物园)0281(Holotype：IBK).

凸脉猕猴桃 *Actinidia arguta* (Sieb. et Zucc.) Planch. ex Miq. var. *nervosa* C. F. Liang in Fl. Reipubl. Popularis Sin. 49(2)：309. 1984.〔Tiantai〕(天台)，Tiantaishan(天台山)，1959-07-20，Zhejiang Exp.(浙江植物资源普查队)28283(Holotype：PE).(＝陕西猕猴桃 *Actinidia arguta* var. *giraldii* (Diels) Voroshilov)

12. 十字花科 Brassicaceae

白花浙江泡果荠 *Hilliella warburgii* (O. E. Schulz) Y. H. Zhang et H. W. Li var.

albiflora S. X. Qian in Bull. Bot. Res. ,Harbin 10(4):63. 1990. [Tiantai](天台),Tiantaishan(天台山),Huading(华顶),1987-05-24,S. X. Qian(钱士心) 10002(Holotype:SHRMC).[=紫堇叶阴山荠 *Yinshania fumarioides* (Dunn) Y. Z. Zhao]

13. 杜鹃花科 Ericaceae

华顶杜鹃 *Rhododendron huadingense* B. Y. Ding et Y. Y. Fang in Taxon 54(3):804. 2005. Tiantai(天台),Huading Shan(华顶),1988-04-24,B. Y. Ding(丁炳扬) 4540(Holotype:HZU)

14. 安息香科 Styracaceae

白花龙 *Styrax faberi* Perkins in Pflanzenr. 30(IV-241):33. 1907. Tien tai Mt. [Tiantai Shan](天台山),Chekiang [Zhejiang](浙江),E. Faber s. n. (Syntype:?).

15. 山矾科 Symplocaceae

老鼠矢 *Symplocos stellaris* Brand in Bot. Jahrb. Syst. 29(3-4):528.1900. Tien tai [Tiantai](天台) und Ningpo [Ningbo](宁波),E. Faber s. n. (Syntype:?).

16. 绣球花科 Hydrangeaceae

天台溲疏 *Deutzia faberi* Rehder in Pl. Wilson. (Sargent) 1:18. 1911. Tientai [Tiantai](天台),Kiangsu Hills,E. Faber 210(Holotype:A).

17. 蔷薇科 Rosaceae

重瓣野山楂 *Crataegus cuneata* Sieb. et Zucc. f. *pleniflora* S. X. Qian in Bull. Bot. Res. ,Harbin 11(1):57. 1991. Tiantai(天台),Tiantaishan(天台山),1986-05-20,S. X. Qian(钱士心) 10001(Holotype:SHRMC). (=野山楂 *Crataegus cuneata* Sieb. et Zucc.)

无腺稠木 *Prunus brachypoda* Batal. var. *eglandulosa* W. C. Cheng in Contr. Biol. Lab. Sci. Soc. China,Bot. Ser. 10:154. 1936. Tientai [Tiantai](天台),Tientaishan [Tiantai Shan](天台山),1932-07-02,S. Chen(陈诗) 488(Syntype:NAS). (该类群目前并到短梗稠李 *Prunus brachypoda* Batalin)

柯氏梨(楔叶豆梨)*Pyrus koehnei* C. K. Schneid. in Ill. Handb. Laubholzk. 1(5):665.1906. Tschekiang[Zhejiang](浙江),[Tiantai](天台),Tientai Mt. [Tiantai Shan](天台山),1889-04,E. Faber s. n. (Holotype:A).

华顶悬钩子 *Rubus huadingensis* Z. H. Chen,W. Y. Xie et F. Chen in J. Hangzhou Norm. Univ. Nat. Sci. Ed. 22(6):611. 2023. TaishunTiantai(天台),Huadingshan(华顶山),2022-04-09,W. Y. Xie et al. (谢文远等) TT22040908(Holotype:ZM)

Rubus officinalis Koidz. in Bot. Mag. (Tokyo) 44:105. 1930. Chekiang [Zhejiang](浙江),1889 年,E. Faber 193(Syntype:K);Tientai [Tiantai](天台),1891 年,E. Faber s. n. (Syntype:B). (=掌叶覆盆子 *Rubus chingii* Hu)

18. 蝶形花科 Fabaceae

天台猪屎豆 *Crotalaria tiantaiensis* Y. C. Jiang,X. Y. Zhu,Y. F. Du et H. Ohash in J. Jap. Bot 79(6):373. 2004. Tiantai（天台），1928-09-10，s. coll. 839（Holotype：PE）.

Indigofera faberii [faberi] Craib in Notes Roy. Bot. Gard. Edinburgh 8(36):52. 1913.［Tiantai］（天台），Tien Tai Mountains［Tiantai Shan］（天台山），E. Faber 243（Holotype：K）. (＝宜昌木蓝 *Indigofera decora* Lindl. var. *ichangensis* (Craib) Y. Y. Fang et C. Z. Zheng)

19. 冬青科 Aquifoliaceae

木姜冬青 *Ilex litseifolia* Hu et Tang in Bull. Fan Mem. Inst. Biol.，Bot. 9:247. 1939.［Tiantai］（天台），Tien-tai Shan［Tiantai Shan］（天台山），1927-08-11，Y. L. Keng（耿以礼）1058(Holotype：?)

20. 大戟科 Euphorbiaceae

Euphorbia lanceolata T. N. Liou in Contr. Lab. Bot. Nat. Acad. Peiping 1(1):5. 1931［Tiantai］（天台），［Tiantai Shan］（天台山），1930-09-27，K. K. Chung（钟观光）s. n. (Syntype：PE). (＝大戟 *Euphorbia pekinensis* Rupr.)

21. 槭树科 Aceraceae

天台阔叶槭 *Acer longipes* Franch. var. *tientaiense* Schneid. in Ill. Handb. Laubholzk. 2:224. 1907.［Tiantai］（天台），Tientai Mt.［Tiantai Shan］（天台山），1889年，E. Faber 202b(Holotype：?).

卷毛长柄槭 *Acer pictum* Thunb. var. *pubigerum* W. P. Fang in Contr. Biol. Lab. Sci. Soc. China 8:163. 1932.［Tiantai］（天台），Tien-tai-shan［Tiantai Shan］（天台山），1932-07-04，S. Chen（陈诗）509（Syntype：SZ）. (＝ *Acer pictum* Thunb. subsp. *pubigerum* (Fang) Y. S. Chen)

毛脉槭 *Acer pubinerve* Rehd. in Trees and Shrubs 2(1):26. 1907.［Tiantai］（天台），Tien-tai Mountains［Tiantai Shan］（天台山），1889年，E. Faber 203(Holotype：K).

毛鸡爪槭 *Acer pubipalmatum* W. P. Fang in Contr. Biol. Lab. Sci. Soc. China，Bot. Ser. 8:169. 1932.［Tiantai］（天台），Tien-tai-shan［Tiantai Shan］（天台山），1932-07-03，S. Chen（陈诗）493(Syntype：NAS).

美丽毛鸡爪槭 *Acer pubipalmatum* W. P. Fang var. *pulcherrimum* W. P. Fang et P. L. Chiu in Acta Phytotax. Sin. 17(1):70. 1979.［Tiantai］（天台），Tientai Shan［Tiantai Shan］（天台山），1958-07，K. Y. Chen（陈根容［陈根荣］）2429(Holotype：PE). (＝毛鸡爪槭 *Acer pubipalmatum* W. P. Fang)

Acer wilsonii Rehd. var. *chekiangense* W. P. Fang in Contr. Biol. Lab. Sci. Soc. China，Bot. Ser. 7:154. 1932.［Tiantai］（天台），Tien-tai-shan［Tiantai Shan］（天台山），1924-05-05，R. C. Ching（秦仁昌）1411(Syntype：A)；同地，1924-05-08，R. C. Ching（秦仁昌）1444(Syntype：A)(＝毛脉槭 *Acer pubinerve* Rehder)

22. 五加科 Araliaceae

Gilibertia sinensis Nakai in J. Arnold Arbor. 5(1):24. 1924.［Tiantai］（天台），Tien-Tai-Shan［Tiantai Shan］（天台山），1920-08-10，J. Hers［H. H. Hu］（胡先骕）331

(Isosyntype:UC);(=树参 *Dendropanax dentiger*（Harms）Merr.）

23. 伞形科 Apiaceae

Sanicula orthacantha S. Moore var. *longispina* H. Wolff in Engler,Pflanzenr. 61
（Ⅳ．228）;55.1913. Tien-Tai［Tiantai］（天台）,E. Faber s. n.（Syntype:?）;.（=直刺变
豆菜 *Sanicula orthacantha* S. Moore）

24. 马鞭草科 Verbenaceae

Vitex negundo L. f. *intermedia* C. Pei in Mem. Sci. Soc. China 1(3):105. 1932.
［Tiantai］（天台）,Tientai-shan［Tiantai Shan］（天台山）,Kwohchingsze［Guoqingsi］（国
清寺）,1927-07, s. coll. s. n.（Syntype:N-14580）.（= 牡荆 *Vitex negundo* var.
cannabifolia（Sieb. et Zucc.）Hand.-Mazz.）

25. 唇形科 Lamiaceae

Amethystanthus stenophyllus Migo in J. Shanghai Sci. Inst. Sect. Ⅲ,3:231.1937.
［Tiantai］（天台）,Tientai-shan［Tiantai Shan］（天台山）,Kuochingssu［Guoqingsi］（国清
寺）,1935-10-02, H. Migo s. n.（Holotype:TI）（= 显脉香茶菜 *Isodon nervosus*
(Hemsley) Kudo）

26. 玄参科 Scrophulariaceae

天目地黄 *Rehmannia chingii* H. L. Li in Taiwania I:78. 1948.［Tiantai］（天台）,
Tihtaishan［Tiantai Shan］（天台山）,1924-05,R. C. Ching（秦仁昌）1375（Holotype:
UC）.

27. 忍冬科 Caprifoliaceae

黑果荚蒾 *Viburnum melanocarpum* P. S. Hsu in Observ. Fl. Hwangshan. 181.
1965.［Tiantai］（天台）,Tien Tai Shan［Tiantai Shan］（天台山）,1957-09-11,Y. Y. Ho
（贺贤育）28071（Holotype:HHBG）

28. 天南星科 Araceae

Arisaema koreanum Engl. in Pflanzenr.（Engler）Arac.-Aroid. & Pistioid. 186.
1920. Tientui-Gebirge［Tiantai Shan］（天台山）,E. Faber 85（Syntype:K）.（=天南星
Arisaema heterophyllum Blume）

滴水珠 *Pinellia cordata* N. E. Br. in J. Linn. Soc.,Bot. 36（251）:173. 1903.
［Tiantai］（天台）,Tientai Mountain［Tiantai Shan］（天台山）,E. Faber 82（Lectotype:
K,designated by John Grimshaw et Peter Boyce in Curtis's Bot. Mag. 18（4）:207.
2001）.

29. 谷精草科 Eriocaulaceae

以礼谷精草 *Eriocaulon kengii* Ruhl. in Notizbl. Bot. Gart. Berlin-Dahlem 10
（100）:1042.1930.［Tiantai］（天台）,Tien-tan shan［Tiantai Shan］（天台山）,1927-08-05,
Y. L. Keng（耿以礼）953（Isotype:PE）.（= 四国谷精草 *Eriocaulon miquelianum*
Kornicke）

30. 禾本科 Poaceae

大花楔颖草 *Apocopis wrightii* Munro var. *macrantha* [macranthus] S. L. Chen in Bull. Bot. Res.，Harbin 12(4)：317. 1992.［Tiantai］(天台)，Tian-Tai Shan(天台山)，1957-09-04，Y. Y. Ho(贺贤育) 27907(Holotype：NAS)

天台鸭嘴草 *Ischaemum tientaiense* Keng et H. R. Zhao in J. Nanjing Teach. Coll.，Nat. Sci. Ed. 3：19. 1981.［Tiantai］(天台)，Tientai shan［Tiantai Shan］(天台山)，Guo Qing Si(国清寺)，1957-08-25，Huo Xian-Yu(贺贤育) 27862(Holotype：PE). (＝粗毛鸭嘴草 *Ischaemum barbatum* Retzius)

31. 莎草科 Cyperaceae

天台薹草 *Carex cercidascus* C. B. Clarke in J. Linn. Soc.，Bot. 36(252)：279. 1903.［Tiantai］(天台)，Tientai Mountains［Tiantai Shan］(天台山)，E. Faber 60(Holotype：K).

Carex maculata Boott. f. *viridans* Kük. in Repert. Spec. Nov. Regni Veg. 27：109. 1929.［Tiantai］(天台)，Tih tai shan［Tiantai Shan］(天台山)，1924 年，R. C. Ching (秦仁昌) 1351(Syntype：B). (＝斑点果薹草 *Carex maculata* Boott.)

云亿薹草 *Carex yunyiana* X. F. Jin et C. Z. Zheng in Nord. J. Bot. 27：344. 2009. Tiantai(天台)，Mount Huading(华顶)，2006-05-27，Xu Feng-Biao et Zhou Shi-Ping 027 (Holotype：HTC). (＝根足薹草 *Carex rhizopoda* Maxim.)

32. 兰科 Orchidaceae

蕙兰 *Cymbidium faberi* Rolfe in Bull. Misc. Inform. Kew 1896(119)：198. 1896. ［Tiantai］(天台)，Tientai Mt［Tiantai Shan］(天台山)，1889 年，E. Faber 94(Syntype：K)

Diplomeris chinensis Rolfe in Bull. Misc. Inform. Kew 1896(119)：203. 1896. ［Tiantai］(天台)，Tientai Mt［Tiantai Shan］(天台山)，1889 年，E. Faber 95(Holotype：K). (＝时珍兰 *Shizhenia pinguicula* (Rchb. f. & S. Moore.) X. H. Jin, L. Q. Huang, W. T. Jin & X. G. Xiang)

第3章　调查方案

 准备工作

3.1.1　资料收集及工具准备

1.资料收集

收集天台有关的各类志书、调查报告、学术论文等文献资料；收集国内标本馆馆藏标本；收集历史照片（包括专家、学者及植物爱好者在天台拍摄的照片）及网络图片库照片，分析整理天台历史植物名录及存疑种类，确定重点调查物种。

收集天台的气象、地形地貌、土壤、水文、植被类型等自然地理资料，编制调查与评估实施方案。

2.工具准备

器材：笔记本电脑、数码相机、GPS定位仪、望远镜、轮尺、皮尺、计算器等。

表格与文具：调查用表、调查用图、铅笔、粉笔、蜡笔、油性笔、记录本、文具盒、工作包等。

标本采集及处理设备：采集桶（袋）、标本夹、高枝剪、放大镜、标本烘烤架、烘干机、吸水纸、硫酸纸、浸制试剂、信封、保鲜袋等。

其他：药品、防护服、安全用具等。

3.1.2　制定调查方案

调查方案主要包括调查持续时间、调查频次、调查计划、样线设置、调查范围及面积、调查设备和工具材料、数据记录和保存管理要求、调查人员所需的知识技能和经验、后勤保障等。

3.1.3　成立调查小组

根据调查对象与调查内容，结合区域自然环境状况确定调查方法，建立调查小组，并明确责任分工。为每位参与调查的人员购买人身意外保险。

3.1.4　调查培训

对调查人员进行调查技术和野外安全培训等。通过培训,让调查人员了解调查方案,掌握调查仪器设备的使用方法,如数码相机、GPS 定位仪、手机拍照以及数据记录等标准要求,同时对调查人员进行野外生存安全的基本技能培训,以提高调查的准确性和工作效率。

 ## 调查目标

全面查清天台县域范围内野生高等植物种类,国家、浙江省重点保护野生植物物种数量与分布,以及野生植物资源保护及受威胁情况。主要内容有:

(1)实地调查天台野生高等植物的种类组成、分布、地理区系、种群数量、生境状况、保护及受威胁情况等。

(2)分析天台野生高等植物珍稀濒危物种的种类、数量和分布现状,针对其特定的栖息地和历史上已知的重点分布区域展开专项调查,根据其资源现状,提出重点控制或重点保护对策。

(3)分析天台外来入侵植物、特色植物物种等的组成及分布。

(4)编制范围内调查样线(方)分布图、重点物种分布图。

(5)给出天台野生高等植物资源综合评价结论与监测建议。

 ## 调查方法

参照《县域陆生高等植物多样性调查与评估技术规定》,结合天台县自然地理特征,在原 10km×10km 网格的基础上加大调查强度,利用 GIS 软件划分为 5km×5km 的网格,每个网格为独立的调查样区(对于由县界切割所致的不完整网格,当区内面积占比≥25%时,视为有效调查网格),进行全覆盖调查。根据上述方法,把天台县划分为 66 个调查样区(图 3-1)。对于一些自然保护地或传统物种多样性热点区域,将其作为重点调查样区,进行更深入和更细致的调查。

3.3.1　资料收集法

采取走访、座谈等方式收集能反映天台生物多样性、资源现状或生态背景的资料,主要包括:天台相关主管部门(主要包括农业、林业及环境保护部门)收集调查的天台县自然环境、社会经济发展、生态环境、农林业发展资料;历史上植物分类研究人员在天台采集的植物标本或拍摄的植物照片,整理分析的天台县相关研究成果,以及天台县高等植物的种类组成、种群分布等的历史数据。

3.3.2　样线法

样线法主要用于物种普查,查明调查区域内高等植物物种组成、分布、生境和威胁因子。在植物生长旺盛的典型地段布设调查线路,通过徒步行走开展调查。随时记录沿途

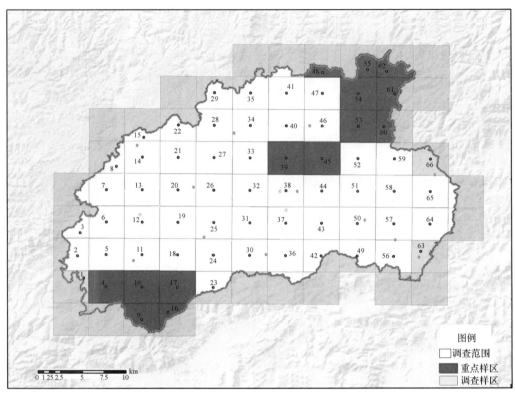

图 3-1　天台高等植物调查样区图

观察到的植物种类、分布、生境等信息,采集植物标本,拍摄植物及其生境的照片,并记录调查线路轨迹。当调查线路不能连续行走时,可采取分段线路的方式。调查样线尽量覆盖全境的溪坑沟洼、山顶山脚、陡坡悬崖等生境,保证在实际调查中能走到、看清、查明区域内的全部生境。

1. 苔藓植物调查

由于苔藓植物独特的形态特征和生理特征,所以在对天台县苔藓植物的考察中采用了原始、经典的样线法,力求在路线不重复的情况下尽可能遍及不同生境,并且在不同植被条件下,能顾及土生、石生、树干附生、叶附生、水生、沼泽生等各种生境,留意采集小生境下植物体微小的类群。采集过程中需详细记录采集信息(采集编号、采集地点、海拔、生境、经纬度、采集人、是否有孢子体等信息),对于当天采集的标本,进行简单科、属分类和整理之后,放入标本袋(苔类放入保鲜袋;藓类放入信封袋;个体较大、繁殖器官不明显、不便压制的标本放入标本盒),回去后置于室内通风处阴干(避免曝晒),以便带回实验室于显微镜下做详细鉴定分类。所有标本均存放于杭州师范大学标本馆(HTC)。

2. 维管植物调查

本次调查在天台县按网格布设调查样线。在每个网格内布设 5km 以上的样线,按季节开展样线调查。同时在适当时间开展重点样线调查,着重调查物种丰富的热点区域。

沿途拍摄物种照片,每个物种拍摄 3 张及以上照片(包括生境照、植株照、带有花或果等重要鉴定特征的特写照),要求 70% 以上的物种(90% 以上的重要物种)有照片佐证。

3.3.3　样方法

对于有代表性的群落类型,选取典型地段设置样方进行调查。样方大小一般为:乔木群落设 20m×20m 样方;灌木群落设 10m×10m 样方;草本群落设 4m×4m 样方。记录每个样方内物种种类、胸径、高度、株(丛)数等。

3.3.4　样带法调查数据处理

1. 生境或群落面积量算

在不小于 1:50000 比例尺的地形图、植被图或林相图上(有条件者叠加高清航空或卫星影像),将野外勾绘修正的目的物种所处生境或群落的分布范围输入计算机,用 GIS 软件进行面积求算。

2. 密度计算

目的物种的种群密度的求算公式如下:

$$D = N/(2LA)$$

式中:D 为目的物种的种群密度(株/m²);N 为样带内目的物种的株数(株);L 为样带总长度(m);A 为单侧样带宽度(m)。

3. 目的物种总量计算

某一生境(植物群落)目的物种总量的求算公式如下:

$$W = D \times S$$

式中:W 为目的物种在该生境(植物群落)的株数(株);S 为目的物种在该生境(植物群落)的分布总面积(m²)。

3.3.5　重要物种调查

在实地调查中,若发现是极小种群物种或是具有其他重要价值的物种,则详细记录其个体数量和经纬度坐标信息,保留影像资料,以便于在今后管理过程中对这些物种进行长期监测、评估保育情况提供翔实的资料。

3.4　内业整理

1. 照片及标本鉴定

苔藓植物的标本鉴定主要依据《中国藓类植物属志》《中国苔纲和角苔纲植物属志》《中国苔藓志》《云南苔藓志(第 18~19 卷)》*Illustrated Moss Flora of Japan* 以及近年专科专属修订论文,并借助显微镜和解剖镜等工具,根据配子体的形态特征(有无假根、茎的分枝形态、叶的着生位置及形态、叶细胞大小、有疣和无疣、中肋有无和长短、植物体有无芽孢等)和孢子体的形态特征(孢子形态、孢蒴形状、蒴齿变化等)对苔藓植物种类进行鉴定。疑难种请教相关科、属的研究专家帮忙鉴定。

维管植物的鉴定主要依据《浙江植物志（新编）》《中国植物志》、*Flora of China*、《浙江植物志》等及相关论文进行。

2.物种编目

参考《浙江植物志（新编）》《中国植物志》《中国苔藓志》等完成天台县域物种编目。每一个物种都需有凭证，包括标本、照片或可靠文献资料等数据来源凭证。标本包括在天台县域内采集的标本、馆藏标本、未入库标本等；照片包括在天台县拍摄的能准确确定物种的照片等。

3.规范电子表格，构建物种分布数据库

整理物种编目凭证，构建物种分布数据库。物种编目数据库分布数据以公里网格为单位，每个物种在公里网格内的分布点尽可能全面、分散，避免分布记录数据过于集中。

第4章 植物资源概况

4.1 概况

通过多次野外调查及大量文献资料的收集、汇总、整理分析研究,目前已确认天台共有野生及常见栽培高等植物 275 科 1088 属 2609 种(包括种下分类单位,下同)。其中,苔藓植物有 29 目 58 科 101 属 180 种,包括藓类植物 15 目 34 科 76 属 145 种、苔类植物 12 目 22 科 23 属 33 种、角苔植物 2 目 2 科 2 属 2 种;维管植物有 217 科 987 属 2429 种,包括蕨类植物 36 科 67 属 157 种、裸子植物 9 科 23 属 43 种、被子植物 172 科 897 属 2229 种(双子叶植物 141 科 687 属 1735 种、单子叶植物 31 科 210 属 494 种),具体详见附录。天台高等植物科、属、种分别占据全省高等植物科的 80.9%、属的 57.8%、种的 44.8%(表4-1)。由此可见,天台是浙江省植物资源较丰富的地区之一。

表 4-1 天台高等植物科、属、种统计

类群		科			属			种		
		天台	浙江	全国	天台	浙江	全国	天台	浙江	全国
苔藓植物	苔类植物	22	33	60	23	73	152	33	261	1050
	角苔植物	2		4	2		8	2		26
	藓类植物	34	45	86	76	222	431	145	694	1945
	小计	58	78	150	101	295	591	180	955	3021
维管植物	蕨类植物	36	50	61	67	118	221	157	437	2278
	裸子植物	9	10	12	23	37	36	43	81	208
	被子植物	172	202	277	897	1432	2899	2229	4347	29611
	小计	217	262	350	987	1587	3156	2429	4865	32096
合计		275	340	500	1088	1882	3747	2609	5820	35117

注:高等植物科、属的划定标准主要参考《中国苔藓志》《浙江植物志(新编)》;浙江及全国高等植物科、属、种数量参考《浙江植物志(新编)》;浙江苔藓植物科、属、种数量参考 *A Synopsis of the Hepatic Flora of Zhejiang*、*The Mosses of Zhejiang Province*,*China*,*an Annotated Checklist*;中国苔藓植物科、属、种数量参考《中国生物物种名录》。

4.2 各乡镇(街道)植物资源概况

天台生境复杂,崇山峻岭、沟壑纵横、陡崖、平川、山地、湖泊、沼泽各类生境应有尽有,有野生维管植物197科808属1943种(栽培植物不纳入统计)。对天台各乡镇(街道)野生维管植物的基本概况进行分析,发现各乡镇(街道)野生维管植物物种数占天台野生维管植物(下同)物种总数的比例均在40.0%以上(表4-2)。

表4-2 天台各乡镇(街道)野生维管植物科、属、种统计

乡镇(街道)	科		属		种	
	科数	占比/%	属数	占比/%	种数	占比/%
石梁	182	92.4	690	85.4	1477	76.0
龙溪	174	88.3	629	77.8	1201	61.8
街头	165	83.8	567	70.2	1059	54.5
平桥	161	81.7	545	67.5	1018	52.4
始丰	159	80.7	534	66.1	1005	51.7
赤城	157	79.7	532	65.8	954	49.1
白鹤	159	80.7	526	65.1	941	48.4
泳溪	153	77.7	493	61.0	858	44.2
三合	152	77.2	491	60.8	851	43.8
福溪	149	75.6	480	59.4	833	42.9
坦头	157	79.7	487	60.3	828	42.6
雷峰	151	76.6	476	58.9	817	42.0
三州	153	77.7	474	58.7	812	41.8
南屏	149	75.6	475	58.8	800	41.2
洪畴	147	74.6	461	57.1	779	40.1
合计	197	100.0	808	100.0	1943	100.0

石梁的野生维管植物物种数最多,为1477种,隶属于182科、690属,分别占天台野生维管植物总科、属数的92.4%、85.4%;其次为龙溪,有1201种,占61.8%;洪畴最少,有779种。调查物种数超过天台野生维管植物物种总数50%以上的乡镇(街道)有石梁、龙溪、街头、平桥、始丰。

4.3 调查新发现

通过查阅《浙江植物志(新编)》《中国植物志》《浙江种子植物检索鉴定手册》《台州乡土树种识别与应用》及其他相关文献,发现产于天台的新分类群1种,以及植物分布新记录

228 种(由于苔藓植物的特殊性,台州及天台分布新记录不纳入统计),包括中国分布新记录1 种、浙江分布新记录 5 种、台州分布新记录 116 种、天台分布新记录种 106 种。具体见表 4-3。

表 4-3　天台调查新发现植物

类群	类别	科	属	种
新分类群	新种	1	1	1
分布新记录	中国分布新记录	1	1	1
	浙江分布新记录	5	5	5
	台州分布新记录	52	95	116
	天台分布新记录	58	88	106

4.3.1　新分类群

华顶悬钩子 *Rubus huadingensis* Z. H. Chen, W. Y. Xie et F. Chen, sp. nov

科属:蔷薇科 Rosaceae 悬钩子属 *Rubus*

形态:灌木,高 0.2～0.6m。茎直立或上升;小枝绿色或受光面带紫色,具红棕色腺毛和白色柔毛,疏生皮刺。叶通常为掌状 3 出复叶,有时混生单叶;复叶的顶生小叶片菱状卵形,长 3～6(9.5)cm,宽 1.5～3.5(5)cm,先端急尖至短渐尖,基部楔形或宽楔形,侧生小叶片斜卵形,略小,先端急尖,基部上侧楔形,下侧近圆形,上面具稀疏红棕色腺毛,沿脉密被伏贴柔毛,下面密被红棕色腺毛和白色柔毛,沿脉柔毛较密,中脉上具钩状小皮刺;边缘具缺刻状重锯齿,具缘毛;单叶的叶片卵形或宽卵形,先端急尖,基部心形,不裂、3 浅裂至近全裂;叶柄长 2～3.5cm,具白色柔毛、红棕色腺毛和钩状小皮刺;掌状复叶的小叶无柄;顶生小叶有时具长约 1mm 的短柄;托叶狭条状披针形,长约 8mm,基部与叶柄连合,外面及边缘疏生红棕色腺毛和白色柔毛。花 1 或 2 朵生于枝端;无苞片;花梗长 0.8～3.5cm,具红棕色腺毛和白色柔毛,有时具钩状小皮刺;花直径 2.5～3cm;花萼外面密被红棕色腺毛和白色柔毛,萼片狭三角状披针形,长 1～1.5cm,内面具白色绒状柔毛,先端细长尾尖,全缘,在花期反折,绿色,在花后平展,变紫红色;花瓣白色,后期有时带粉红色,狭卵形、卵形或椭圆形,长 0.8～1.5cm,宽 5～8mm,基部具短爪;雄蕊多数,花丝白色,花后变紫红色,近直立,与花柱近等长或稍长,花药淡褐色;雌蕊多数,花柱和子房均无毛;花托具白色绢状长柔毛。果未见。花期 4 月中旬至 5 月。

分布:见于石梁镇华顶,生于海拔 963m 左右的林缘。

4.3.2　分布新记录

1. 中国分布新记录

白花宝盖草 *Lamium amplexicaule* L. f. *albiflorum* D. M. Moore

科属:唇形科 Labiatae 宝盖草属 *Lamium*

形态:与宝盖草 *L. amplexicaule* f. *amplexicaule* 的主要区别在于其花冠为白色。

分布:见于白鹤,生于海拔 153m 左右的路旁。

来源:张培林,陈锋,谢文远,等.浙江种子植物资料增补(ⅩⅥ)[J].浙江林业科技,2022,42(5):82-85.

2．浙江分布新记录

（1）日本小叶苔 *Fossombronia japonic* Schiffn

科属：小叶苔科 Fossombroniaceae 小叶苔属 *Fossombronia*

形态：植物体柔弱，匍匐生长，灰绿色或黄绿色，叶边缘有时深红色，植物体长 2～12mm，连叶宽 0.8～2.4mm。假根多，散生于茎腹面，紫红色。叶 2 列，蔽后式排列，倾立至近直立；叶片扁圆形、近方形至长方形，长 0.8～1.4mm，宽 0.7～1.4mm，叶边缘波状卷曲，具不规则锯齿；叶中部细胞五边形或六边形，长 46.4～77.4μm，宽 29.2～46.4μm；边缘细胞长方形，略小于中部细胞，长 29.1～58.1μm，宽 13.6～31.0μm；叶基部细胞渐长，长 50.3～96.8μm，壁薄；每个细胞具 7～16 个油体，球型或椭圆形，小，直径仅 2～3μm。雌雄同株，精子器散生于茎背面，颈卵器散列在茎背面近茎尖处。孢子体为钟形的假蒴萼所包裹；孢蒴圆球形，成熟后黑色，不规则开裂；孢子直径 38～63μm，球形，壁厚，红褐色或红棕色，远极面网格状或有时形成不完全的网纹；弹丝小，粗短，具单条厚螺纹，长 19～116μm。偶见无性繁殖，通过块茎或茎背面的叶状芽体进行。

分布：见于国清寺，生于海拔 126～219m 的土面上。

（2）短枝白发藓 *Leucobryum humillimum* Cardot

科属：白发藓科 Leucobryaceae 白发藓属 *Leucobryum*

形态：植物体密集丛生，灰绿色。茎直立，单一或分枝，高达 3cm，具中轴。叶干时覆瓦状排列或直立展开，长 3～6mm，基部卵形至长卵形，上部阔披针形至长披针形，顶部渐窄，近管状，先端具短尖或细尖，叶背平滑；中肋横切面背部为 2～4 层无色细胞，腹部为 1～2 层无色细胞，中间为 1 层绿色细胞；上部叶细胞线形，仅 1～2 行；近基部边缘的叶细胞线形，2～3 行；近中肋的叶细胞方形或长方形，4～7 行。雌雄异株。

分布：见于石梁，生于海拔 585m 的岩面或树干上。

（3）乳突短颈藓 *Diphyscium chiapense* Norris var. *unipapillosum* (Deguchi) T. Y. Chiang et S. H. Lin

科属：短颈藓科 Diphysciaceae 短颈藓属 *Diphyscium*

形态：植株小至中等大小，一般长 0.5～1.5cm，单生或分枝。多丛集生长。叶密集着生，长椭圆状披针形或长舌形，长 3～7mm，宽 0.5～1.0mm，具小突尖，干时稍卷曲，湿时伸展；叶边全缘或上部具小圆齿；中肋强劲，突出于叶尖或不达叶尖。叶中上部细胞不规则卵形或卵方形，直径 4～12μm，双层，背、腹面具乳头状疣，略厚壁；基部细胞长方形，长 15～60μm，宽 5～13μm，平滑，透明，薄壁。雌雄异株。雄株稍小。雌苞顶生，外雌苞叶基部卵圆形，具长芒尖，长（4～6）mm×（0.4～0.5）mm；全缘。蒴柄极短，仅 0.3mm。孢蒴斜卵形，不对称，口部狭窄，隐生于雌苞叶内，蒴齿联合成折叠的圆锥筒形。环带分化。蒴盖长圆锥形。蒴帽兜形。孢子具细疣，直径 6～13μm。

分布：见于国清寺，生于海拔 223m 的路边岩石、林下岩面或树干。

（4）东亚微形凤尾藓 *Fissidens closteri* Austin subsp. *kiusiuensis* (Sak.) Z. Iwats.

科属：凤尾藓科 Fissidentaceae 凤尾藓属 *Fissidens*

形态：植株非常小，浅绿色至绿色，散生；原丝体早枯。茎极短，连叶高 0.3～1.3mm，宽 0.2～1.2mm；皮部细胞大小不一，壁中等厚；中轴不分化。叶小，1～4 对；上部叶远大于下部叶，呈披针形至狭披针形，先端尖，(0.3～0.9)mm×(0.1～0.2)mm；叶鞘长占叶长的 1/2～2/5；背翅基部楔形，无明显下延；中肋强壮，通常在叶尖以下几个细胞处消失，横切面具明显的厚壁细胞；叶缘由突出的细胞形成细齿；叶先端细胞呈不规则的正方形、长方形及菱形，长 13～17(21)μm，光滑，壁薄，鞘部上部细胞呈长方形，透明，壁薄，近基部细胞通常长 50μm。根生雌雄同株；精子器被比雌苞叶短得多的雄苞叶包围；颈卵器顶生，长约 130μm。蒴柄长 1.3～4.0mm，光滑；孢蒴直立，对称；蒴壶呈卵形，长 0.2～0.5mm；蒴盖呈圆锥形至喙形，长 0.2～0.4mm；外层细胞正方形，薄壁，但边缘明显增厚，光滑；蒴齿长 0.14～0.16mm，基部宽 20μm，上部 3/4 具螺旋状加厚，下部具微疣。蒴帽钟形，约 0.3mm 长，仅覆盖蒴盖。孢子直径 10～15μm，光滑。

分布：见于石梁，生于海拔 629m 的竹林下土面、湿润土壤中。

（5）长胞拟大萼苔 *Cephaloziella inaequalis* R. M. Schust.

科属：拟大萼苔科 Cephaloziellaceae 拟大萼苔属 *Cephaloziella*

形态：植物微小，淡绿色，高仅 2～3(4)mm，叶宽 0.2～0.25mm。不规则分枝，附生于其他植物上。茎匍匐，背面观仅具 5～6 个长形细胞。叶 3 列；侧叶 2 列，长 0.1mm，三深裂至基部，呈宽卵状披针形；裂瓣小，通常为三角形；叶缘具有(1)2～3 个细胞的尖锐齿；腹叶 1 列，通常无。叶中部细胞长方形，(16～20)μm×(8～10)μm，薄壁。芽胞呈卵形，由 2 个细胞组成，常位于分枝顶端。雌雄同株。雌器苞和雄器苞都生于短枝上。雄苞穗状，仅具 1 个精子器。雌苞叶深裂，具锐齿，内雄苞叶联合。蒴萼呈圆柱状，中上部具 3 条纵褶。口部微缩，具毛，由 1 列 1～2(3)个较长的细胞组成。孢蒴呈椭圆形，成熟时裂为 4 瓣。孢子近球形，直径 10～15μm，具微疣。弹丝具 2 条螺纹。

分布：见于石梁，生于海拔 629m 的竹林下土面、湿润土壤中。

3. 台州分布新记录

台州分布新记录植物有 116 种，隶属于 52 科 95 属（详见表 4-4）。其中，蕨类植物有 23 种，种子植物有 93 种。

表 4-4　台州分布新记录植物

种中文名	种拉丁学名	科中文名	地理分布
光叶碗蕨	*Dennstaedtia scabra* var. *glabrescens*	碗蕨科	白鹤、龙溪、石梁
薄叶碎米蕨	*Cheilosoria tenuifolia*	中国蕨科	平桥
旱蕨	*Pellaea nitidula*	中国蕨科	赤城、平桥
华中蹄盖蕨	*Athyrium wardii*	蹄盖蕨科	龙溪、石梁
华中介蕨	*Dryoathyrium okuboanum*	蹄盖蕨科	龙溪
淡绿短肠蕨	*Allantodia virescens*	蹄盖蕨科	街头
腺毛肿足蕨	*Hypodematium glandulosum*	肿足蕨科	街头、平桥
中华金星蕨	*Parathelypteris chinensis*	金星蕨科	白鹤、街头、雷峰、龙溪、石梁

续表

种中文名	种拉丁学名	科中文名	地理分布
有齿金星蕨	*Parathelypteris serrutula*	金星蕨科	三州、石梁
武夷山凸轴蕨	*Metathelypteris wuyishanensis*	金星蕨科	石梁
普通针毛蕨	*Macrothelypteris torresiana*	金星蕨科	街头、龙溪
镰片假毛蕨	*Pseudocyclosorus falcilobus*	金星蕨科	赤城、龙溪、三州、坦头
切边铁角蕨	*Asplenium excisum*	铁角蕨科	街头、龙溪
德化鳞毛蕨	*Dryopteris dehuaensis*	鳞毛蕨科	白鹤、赤城、街头、三合、石梁
高鳞毛蕨	*Dryopteris simasakii*	鳞毛蕨科	白鹤、福溪、街头、南屏、平桥
无柄鳞毛蕨	*Dryopteris submarginata*	鳞毛蕨科	街头
华南鳞毛蕨	*Dryopteris tenuicula*	鳞毛蕨科	街头
毛枝蕨	*Leptorumohra miqueliana*	鳞毛蕨科	石梁、泳溪
黑鳞耳蕨	*Polystichum makinoi*	鳞毛蕨科	龙溪、石梁
披针贯众	*Cyrtomium devexiscapulae*	鳞毛蕨科	龙溪
紫云山复叶耳蕨	*Arachniodes ziyunshanensis*	鳞毛蕨科	街头
鳞瓦韦	*Lepisorus oligolepidus*	水龙骨科	白鹤
恩氏假瘤蕨	*Phymatopteris engleri*	水龙骨科	街头、雷峰、石梁、坦头
小升麻	*Cimicifuga japonica*	毛茛科	龙溪
扬子铁线莲	*Clematis puberula* var. *ganpiniana*	毛茛科	龙溪、平桥、石梁
白花刻叶紫堇	*Corydalis incisa* f. *pallescens*	紫堇科	平桥
柔毛糙叶树	*Aphananthe aspera* var. *pubescens*	榆科	龙溪、石梁
楼梯草	*Elatostema involucratum*	荨麻科	街头、龙溪、南屏、平桥、石梁
短叶赤车	*Pellionia brevifolia*	荨麻科	街头、龙溪、三合、石梁
华东冷水花	*Pilea elliptifolia*	荨麻科	龙溪、平桥、三州、石梁
栓皮栎	*Quercus variabilis*	壳斗科	龙溪
细穗藜	*Chenopodium gracilispicum*	藜科	龙溪
大箭叶蓼	*Polygonum darrisii*	蓼科	石梁
长戟叶蓼	*Polygonum maackianum*	蓼科	福溪
细叶蓼	*Polygonum taquetii*	蓼科	福溪、龙溪
大籽猕猴桃	*Actinidia macrosperma*	猕猴桃科	石梁
密腺小连翘	*Hypericum seniawinii*	藤黄科	广布
单毛刺蒴麻	*Triumfetta annua*	椴树科	白鹤、福溪、南屏、平桥、始丰
圆齿碎米荠	*Cardamine scutata*	十字花科	赤城、龙溪、石梁
球果蔊菜	*Rorippa globosa*	十字花科	福溪、龙溪

续表

种中文名	种拉丁学名	科中文名	地理分布
光叶巴东过路黄	*Lysimachia patungensis* f. *glabrifolia*	报春花科	龙溪、石梁、泳溪
虎耳草状景天	*Sedum drymarioides* var. *saxifragiforme*	景天科	雷峰
三叶朝天委陵菜	*Potentilla supina* var. *ternata*	蔷薇科	福溪
多瓣蓬蘽	*Rubus hirsutus* f. *harai*	蔷薇科	石梁
灰毛泡	*Rubus irenaeus*	蔷薇科	白鹤、街头、龙溪、平桥、石梁
黄泡	*Rubus pectinellus*	蔷薇科	石梁
大花中华绣线菊	*Spiraea chinensis* var. *grandiflora*	蔷薇科	赤城
光叶粉花绣线菊	*Spiraea japonica* var. *fortunei*	蔷薇科	石梁
宽叶胡枝子	*Lespedeza maximowiczii*	蝶形花科	白鹤、赤城、三州、泳溪
耳基水苋	*Ammannia auriculata*	千屈菜科	南屏
柳叶菜	*Epilobium hirsutum*	柳叶菜科	坦头
毛草龙	*Ludwigia octovalvis*	柳叶菜科	石梁
东方野扇花	*Sarcococca orientalis*	黄杨科	龙溪
白苞猩猩草	*Euphorbia heterophylla*	大戟科	福溪
浙江鼠李	*Rhamnus chekiangensis*	鼠李科	始丰
浙江蘡薁	*Vitis zhejiang-adstricta*	葡萄科	白鹤
瘿椒树	*Tapiscia sinensis*	省沽油科	石梁
大叶臭椒	*Zanthoxylum myriacanthum*	芸香科	街头、三州
野花椒	*Zanthoxylum simulans*	芸香科	平桥
糙叶五加	*Eleutherococcus henryi*	五加科	龙溪
明党参	*Changium smyrnioides*	伞形科	赤城
紫花山芹	*Ostericum atropurpureum*	伞形科	石梁
泽芹	*Sium suave*	伞形科	白鹤
五岭龙胆	*Gentiana davidii*	龙胆科	石梁
团花牛奶菜	*Marsdenia glomerata*	萝藦科	龙溪
野海茄	*Solanum japonense*	茄科	石梁
土丁桂	*Evolvulus alsinoides*	旋花科	街头、雷峰
碎米桠	*Isodon rubescens*	唇形科	白鹤、平桥
小叶地笋	*Lycopus cavaleriei*	唇形科	平桥
浙闽龙头草	*Meehania zheminensis*	唇形科	石梁
浙皖丹参	*Salvia sinica*	唇形科	龙溪

续表

种中文名	种拉丁学名	科中文名	地理分布
针筒菜	*Stachys oblongifolia*	唇形科	平桥
日本水马齿	*Callitriche japonica*	水马齿科	街头
有腺泽番椒	*Deinostema adenocaula*	玄参科	泳溪
狭叶母草	*Lindernia micrantha*	玄参科	龙溪、南屏、平桥、三合、坦头
宽叶母草	*Lindernia nummulariifolia*	玄参科	街头、石梁
大花旋蒴苣苔	*Boea clarkeana*	苦苣苔科	龙溪
密花孩儿草	*Rungia densiflora*	爵床科	龙溪、平桥
铜锤玉带草	*Pratia nummularia*	桔梗科	街头
蓬子菜	*Galium verum*	茜草科	白鹤、平桥
卷毛新耳草	*Neanotis boerhavioides*	茜草科	石梁
糯米条	*Abelia chinensis*	忍冬科	龙溪、平桥
无毛忍冬	*Lonicera omissa*	忍冬科	平桥
暗绿蒿	*Artemisia atrovirens*	菊科	白鹤、洪畴、街头、龙溪、平桥、三合、石梁、始丰
异叶黄鹌菜	*Youngia heterophylla*	菊科	坦头
多裂黄鹌菜	*Youngia rosthornii*	菊科	白鹤、赤城、洪畴、街头、龙溪、平桥、三州、石梁、始丰、泳溪
小茨藻	*Najas minor*	茨藻科	福溪、三州、石梁
云台南星	*Arisaema silvestrii*	天南星科	石梁
光箨篯竹	*Phyllostachys nidularia* f. *glabrovagina*	禾本科	福溪、洪畴、街头、龙溪、三州、石梁
唐竹	*Sinobambusa tootsik*	禾本科	始丰
大叶直芒草	*Achnatherum coreanum*	禾本科	石梁
弗吉尼亚须芒草	*Andropogon virginicus*	禾本科	三合、石梁
华纤茅	*Dimeria sinensis*	禾本科	街头
球穗草	*Hackelochloa granularis*	禾本科	街头
猬草	*Hystrix duthiei*	禾本科	石梁
二型柳叶箬	*Isachne pulchella*	禾本科	石梁
荻	*Miscanthus sacchariflorus*	禾本科	石梁
瘦瘠伪针茅	*Pseudoraphis sordida*	禾本科	三合
安徽薹草	*Carex anhuiensis*	莎草科	街头、雷峰、南屏、平桥
宜昌薹草	*Carex ascotreta*	莎草科	赤城
穿孔薹草	*Carex foraminata*	莎草科	广布

种中文名	种拉丁学名	科中文名	地理分布
弯喙薹草	*Carex laticeps*	莎草科	白鹤、平桥
弯柄薹草	*Carex manca*	莎草科	赤城
书带薹草	*Carex rochebrunii*	莎草科	街头
柄果薹草	*Carex stipitinux*	莎草科	石梁
旋鳞莎草	*Cyperus michelianus*	莎草科	福溪、三合
直穗莎草	*Cyperus orthostachys*	莎草科	石梁
裂颖茅	*Diplacrum caricinum*	莎草科	福溪
永康荸荠	*Eleocharis pellucida* var. *yongkangensis*	莎草科	石梁
五棱秆飘拂草	*Fimbristylis quinquangularis*	莎草科	街头
匍匐茎飘拂草	*Fimbristylis stolonifera*	莎草科	平桥
湖瓜草	*Lipocarpha microcephala*	莎草科	石梁
毛果珍珠茅	*Scleria levis*	莎草科	广布
小型珍珠茅	*Scleria parvula*	莎草科	街头、石梁、始丰、坦头
细齿菝葜	*Smilax microdonta*	菝葜科	白鹤、赤城、福溪、平桥、三合、三州、石梁、始丰、坦头、泳溪
长须阔蕊兰	*Peristylus calcaratus*	兰科	石梁

在台州分布新记录植物中,种类最多的科为莎草科(16 种),其次为禾本科(10 种),排在第 3 位的为鳞毛蕨科(8 种)。此外还有少数科的新记录植物种类超过 1 种,如蔷薇科(6 种)、菊科(3 种)、玄参科(3 种)等。绝大部分科的新记录植物种类仅 1 种,如碗蕨科、紫堇科、壳斗科、猕猴桃科、藤黄科、报春花科、蝶形花科、大戟科、五加科、茄科、苦苣苔科、天南星科、兰科等。

4. 天台分布新记录

据统计,天台分布新记录植物有 106 种,隶属于 58 科 88 属(详见表 4-5)。其中,华南毛蕨、鼠耳芥、点地梅、红腺悬钩子、白酒草、北京铁角蕨、相仿薹草等在天台分布较广。

表 4-5　天台分布新记录植物

种中文名	种拉丁学名	科中文名	地理分布
疏叶卷柏	*Selaginella remotifolia*	卷柏科	雷峰
松叶蕨	*Psilotum nudum*	松叶蕨科	街头
瘤足蕨	*Plagiogyria adnata*	瘤足蕨科	龙溪、石梁
团扇蕨	*Gonocormus minutus*	膜蕨科	街头、石梁
剑叶凤尾蕨	*Pteris ensiformis*	凤尾蕨科	福溪

续表

种中文名	种拉丁学名	科中文名	地理分布
水蕨	*Ceratopteris thalictroides*	水蕨科	福溪、街头、雷峰、龙溪、平桥、三合、坦头
耳羽短肠蕨	*Allantodia wichurae*	蹄盖蕨科	街头
华南毛蕨	*Cyclosorus parasiticus*	金星蕨科	赤城、街头、龙溪、南屏、平桥、三合、始丰
华南铁角蕨	*Asplenium austro-chinense*	铁角蕨科	街头、龙溪、石梁
倒挂铁角蕨	*Asplenium normale*	铁角蕨科	街头、龙溪、泳溪
北京铁角蕨	*Asplenium pekinense*	铁角蕨科	广布
长生铁角蕨	*Asplenium prolongatum*	铁角蕨科	街头、龙溪
东方荚果蕨	*Matteuccia orientalis*	球子蕨科	龙溪
裸果鳞毛蕨	*Dryopteris gymnosora*	鳞毛蕨科	街头、石梁
两色鳞毛蕨	*Dryopteris setosa*	鳞毛蕨科	平桥、石梁
镰羽贯众	*Cyrtomium balansae*	鳞毛蕨科	龙溪
华东复叶耳蕨	*Arachniodes pseudo-aristata*	鳞毛蕨科	石梁
斜方复叶耳蕨	*Arachniodes rhomboidea*	鳞毛蕨科	广布
光石韦	*Pyrrosia calvata*	水龙骨科	龙溪
宽羽线蕨	*Colysis elliptica* var. *pothifolia*	水龙骨科	街头
宽叶金粟兰	*Chloranthus henryi*	金粟兰科	雷峰、南屏、三州
细圆藤	*Pericampylus glaucus*	防己科	街头、龙溪
全叶延胡索	*Corydalis repens*	紫堇科	石梁
异叶榕	*Ficus heteromorpha*	桑科	雷峰
短叶赤车	*Pellionia brevifolia*	荨麻科	石梁
京都冷水花	*Pilea kiotensis*	荨麻科	白鹤、石梁
硬斗石栎	*Lithocarpus hancei*	壳斗科	石梁
台东石栎	*Lithocarpus taitoensis*	壳斗科	石梁
女娄菜	*Silene aprica*	石竹科	白鹤、南屏、石梁
短柱茶	*Camellia brevistyla*	山茶科	赤城、平桥、石梁
柃木	*Eurya japonica*	山茶科	平桥
甜麻	*Corchorus aestuans*	椴树科	白鹤、街头、南屏、石梁
鼠耳芥	*Arabidopsis thaliana*	十字花科	广布
小花碎米荠	*Cardamine parviflora*	十字花科	福溪、洪畴、街头、三合、始丰
华葱芥	*Sinalliaria limprichtiana*	十字花科	平桥

种中文名	种拉丁学名	科中文名	地理分布
罗浮柿	*Diospyros morrisiana*	柿科	石梁
野茉莉	*Styrax japonicus*	安息香科	平桥
红皮树	*Styrax suberifolius*	安息香科	街头、龙溪、石梁
阿里山山矾	*Symplocos arisanensis*	山矾科	龙溪
总状山矾	*Symplocos botryantha*	山矾科	龙溪
矮茎紫金牛	*Ardisia brevicaulis*	紫金牛科	龙溪
网脉酸藤子	*Embelia vestita*	紫金牛科	赤城
点地梅	*Androsace umbellata*	报春花科	广布
浙江山梅花	*Philadelphus zhejiangensis*	绣球花科	广布
大叶金腰	*Chrysosplenium macrophyllum*	虎耳草科	龙溪
钟花樱	*Cerasus campanulata*	蔷薇科	街头、平桥、石梁
浙闽樱	*Cerasus schneideriana*	蔷薇科	街头、雷峰、龙溪、平桥、石梁
莓叶委陵菜	*Potentilla fragafioides*	蔷薇科	白鹤、平桥
箱根悬钩子	*Rubus hakonensis*	蔷薇科	龙溪
掌叶山莓	*Rubus palmatiformis*	蔷薇科	街头、三州、石梁
锈毛莓	*Rubus reflexus*	蔷薇科	街头、龙溪
红腺悬钩子	*Rubus sumatranus*	蔷薇科	白鹤、街头、平桥、三合、三州、石梁、泳溪
东南悬钩子	*Rubus tsangorus*	蔷薇科	广布
中南鱼藤	*Derris fordii*	蝶形花科	福溪、街头
窄叶南蛇藤	*Celastrus oblanceifolius*	卫矛科	赤城、街头、龙溪、南屏、平桥、三州、石梁、始丰
百齿卫矛	*Euonymus centidens*	卫矛科	南屏
书坤冬青	*Ilex shukunii*	冬青科	街头、石梁
小叶大戟	*Euphorbia makinoi*	大戟科	赤城
钩刺雀梅藤	*Sageretia hamosa*	鼠李科	石梁
乌头叶蛇葡萄	*Ampelopsis aconitifolia*	葡萄科	石梁、坦头、泳溪
毛葡萄	*Vitis heyneana*	葡萄科	街头、石梁
稀花槭	*Acer pauciflorum*	槭树科	街头
笔龙胆	*Gentiana zollingeri*	龙胆科	龙溪、石梁
链珠藤	*Alyxia sinensis*	夹竹桃科	赤城、坦头
毛药藤	*Sindechites henryi*	夹竹桃科	龙溪

续表

种中文名	种拉丁学名	科中文名	地理分布
紫花络石	*Trachelospermum axillare*	夹竹桃科	龙溪、平桥
黑鳗藤	*Jasminanthes mucronata*	萝藦科	街头
梓木草	*Lithospermum zollingeri*	紫草科	白鹤、赤城、街头、石梁
黄荆	*Vitex negundo*	马鞭草科	白鹤、坦头、泳溪
蔓茎鼠尾草	*Salvia substolonifera*	唇形科	赤城、平桥、石梁
田野水苏	*Stachys arvensis*	唇形科	白鹤、街头、三合
小叶女贞	*Ligustrumquihoui*	木犀科	白鹤、赤城、始丰
菜头肾	*Strobilanthessarcorrhiza*	爵床科	白鹤
黄花狸藻	*Utricularia aurea*	狸藻科	三合
短刺虎刺	*Damnacanthus giganteus*	茜草科	街头、三合、石梁
淡红忍冬	*Lonicera acuminata*	忍冬科	雷峰
豚草	*Ambrosia artemisiifolia*	菊科	平桥、石梁
浙江垂头蓟	*Cirsium zhejiangense*	菊科	赤城、街头、龙溪、石梁
鱼眼草	*Dichrocephala integrifolia*	菊科	泳溪
梁子菜	*Erechtites hieraciifolius*	菊科	石梁
白酒草	*Eschenbachia japonica*	菊科	赤城、洪畴、雷峰、南屏、平桥、石梁、坦头、泳溪
大麻叶泽兰	*Eupatorium cannabinum*	菊科	石梁
药用蒲公英	*Taraxacum officinale*	菊科	白鹤、平桥
纤细茨藻	*Najas gracillima*	茨藻科	三州
多枝霉草	*Sciaphila ramosa*	霉草科	龙溪、泳溪
兰氏萍	*Landoltia punctata*	浮萍科	白鹤、南屏、平桥、坦头
多花地杨梅	*Luzula multiflora*	灯心草科	白鹤、龙溪、三州、石梁
刺芒野古草	*Arundinella setosa*	禾本科	白鹤、赤城、福溪、洪畴、龙溪、平桥、三合、始丰、坦头
广序臭草	*Melica onoei*	禾本科	龙溪、石梁
狭叶求米草	*Oplismenus undulatifolius* var. *imbecillis*	禾本科	广布
毛花雀稗	*Paspalum dilatatum*	禾本科	赤城
线形草沙蚕	*Tripogon filiformis*	禾本科	赤城
锈果薹草	*Carex metallica*	莎草科	赤城
相仿薹草	*Carex simulans*	莎草科	赤城、洪畴、街头、雷峰、平桥、三州、石梁、始丰
长柱头薹草	*Carex teinogyna*	莎草科	赤城

种中文名	种拉丁学名	科中文名	地理分布
藏薹草	*Carex thibetica*	莎草科	石梁
面条草	*Fimbristylis diphylloides*	莎草科	白鹤、赤城、街头、龙溪、南屏、平桥、三合、石梁
毛垂序珍珠茅	*Scleria rugosa* var. *pubigera*	莎草科	平桥、三合、坦头
三棱针蔺	*Trichophorum mattfeldianum*	莎草科	洪畴、石梁
玉山针蔺	*Trichophorum subcapitatum*	莎草科	石梁
薯莨	*Dioscorea cirrhosa*	薯蓣科	赤城
绵草藓	*Dioscorea spongiosa*	薯蓣科	龙溪
头花水玉簪	*Burmannia championii*	水玉簪科	石梁
多花兰	*Cymbidium floribundum*	兰科	南屏
绿花斑叶兰	*Goodyera viridiflora*	兰科	石梁
见血青	*Liparis nervosa*	兰科	赤城、洪畴

这些分布新记录种以蔷薇科及莎草科为主,均新记录 8 种;菊科次之,新记录 7 种;鳞毛蕨科与禾本科新记录 5 种,共 38 科;铁角蕨科新记录 4 种;绝大多数科新记录只有 1 种,共 38 科,包括山茶科、唇形科、紫金牛科、薯蓣科、水蕨科、防己科、紫堇科、膜蕨科等。

第5章 植物区系

5.1 苔藓植物区系

5.1.1 区系组成分析

1. 科、属、种的组成

了解一个地区的科、属、种的组成对研究该地植物区系而言是最为基础的工作。通过对标本的鉴定及文献资料的汇总，发现天台共有苔藓植物29目58科101属180种（含种下分类单位，下同），其中包括藓类植物15目34科76属145种、苔类植物12目22科23属33种、角苔植物2目2科2属2种。其科、属、种的数量统计见表5-1，详细名录见附录。

表5-1 天台苔藓植物科、属、种统计

目名	序号	科名	属数	种数
藓类植物门 Bryophyta				
泥炭藓目 Sphagnales	1	泥炭藓科 Sphagnaceae	1	1
金发藓目 Polytrichopsida	2	金发藓科 Polytrichaceae	4	10
短颈藓目 Diphysciales	3	短颈藓科 Diphysciaceae	1	2
葫芦藓目 Funariales	4	葫芦藓科 Funariaceae	2	5
紫萼藓目 Grimmiales	5	缩叶藓科 Ptychomitriaceae	1	3
	6	紫萼藓科 Grimmiaceae	2	2
无轴藓目 Archidiales	7	无轴藓科 Archidiaceae	1	1
曲尾藓目 Dicranales	8	牛毛藓科 Ditrichaceae	1	2
	9	小烛藓科 Bruchiaceae	1	1
	10	小曲尾藓科 Neckeraceae	1	1
	11	曲背藓科 Oncophoraceae	1	1
	12	曲尾藓科 Dicranaceae	1	2
	13	白发藓科 Leucobryaceae	2	6
	14	凤尾藓科 Fissidentaceae	1	7

目名	序号	科名	属数	种数
丛藓目 Poaatales	15	丛藓科 Pottiaceae	12	24
虎尾藓目 Hedwigiales	16	虎尾藓科 Hedwigiaceae	1	1
珠藓目 Bartramiales	17	珠藓科 Bartramiaceae	2	3
真藓目 Bryales	18	真藓科 Bryaceae	3	13
	19	提灯藓科 Mniaceae	5	12
桧藓目 Rhizogoniales	20	桧藓科 Rhizogoniaceae	1	1
树灰藓目 Hypnodendrales	21	卷柏藓科 Racopilaceae	1	1
油藓目 Hookeriales	22	油藓科 Hookeriaceae	1	1
灰藓目 Hypnales	23	棉藓科 Plagiotheciaceae	1	2
	24	碎米藓科 Leskeaceae	1	1
	25	万年藓科 Climaciaceae	1	1
	26	薄罗藓科 Leskeaceae	1	1
	27	羽藓科 Thuidiaceae	3	5
	28	青藓科 Brachytheciaceae	6	11
	29	蔓藓科 Meteoriaceae	3	3
	30	灰藓科 Hypnaceae	5	6
	31	塔藓科 Hylocomiaceae	2	3
	32	绢藓科 Entodontaceae	1	3
	33	平藓科 Neckeraceae	4	6
	34	牛舌藓科 Anomodontaceae	2	3
苔类植物门 Marchntiophyta				
地钱目 marchantiales	35	疣冠苔科 Aytoniaceae	1	1
	36	蛇苔科 Concephalaceae	1	1
	37	地钱科 Marchantiaceae	1	2
	38	毛地钱科 Dumortieraceae	1	1
	39	钱苔科 Ricciaceae	1	2
小叶苔目 Fossombroniales	40	小叶苔科 Fossombroniaceae	1	1
	41	南溪苔科 Makinoaceae	1	1
带叶苔目 Pallaviciniales	42	带叶苔科 Pallaviciniaceae	1	1
溪苔目 Pelliales	43	溪苔科 Pelliaceae	1	1
叶苔目 Jungermanniales	44	全萼苔科 Gymnomitriaceae	1	1
	45	护蒴苔科 Calypogeiaceae	1	2

续表

目名	序号	科名	属数	种数
裂叶苔目 Lophoziales	46	大萼苔科 Cephaloziaceae	1	1
	47	拟大萼苔 Cephaloziellaceae	2	3
	48	合叶苔科 Scapaniaceae	1	3
绒苔目 Trichocoleales	49	睫毛苔 Blepharostomataceae	1	1
指叶苔目 Lepidoziales	50	指叶苔科 Lepidoziaceae	1	2
复叉苔目 Lepicoleales	51	剪叶苔科 Herbertaceae	1	1
齿萼苔目 Lophocoleales	52	羽苔科 Plagiochilaceae	1	1
	53	齿萼苔科 Lophocoleaceae	1	3
叉苔目 Metzgeriales	54	叉苔科 Metzgeriaceae	1	2
	55	绿片苔科 Aneuraceae	1	1
毛耳苔目 Jubulales	56	细鳞苔科 Lejeuneaceae	1	1
角苔门 Anthocerotophyta				
短角苔目 Notothyladales	57	短角苔科 Notothyladaceae	1	1
角苔目 Anthocerotales	58	角苔科 Anthocerotaceae	1	1
合计			101	180

2.优势科

在植物区系中,有些科的种类丰富。这种在群落中具有绝对优势的地位、对建群起到重要作用的科,称为优势科。优势科、属的统计分析有助于我们了解区系的性质、多样性丰富程度及与相关区系的关系。另外,一个区系的优势科、属的确定必须有恰当的数量标准。

本次研究通过对天台苔藓植物各个科的种数以及所占比例进行统计,将科下种数不少于8个种的科定义为优势科(结果见表5-2)。

表5-2　天台苔藓植物优势科统计

序号	科名	属		种	
		属数	占比/%	种数	占比/%
1	金发藓科 Polytrichaceae	4	4.0	10	5.6
2	丛藓科 Pottiaceae	12	11.9	24	13.3
3	真藓科 Bryaceae	3	3.0	13	7.2
4	提灯藓科 Mniaceae	5	5.0	12	6.7
5	青藓科 Brachytheciaceae	6	5.9	11	6.1
合计		30	29.7	70	38.9

从表 5-2 可以看出,天台苔藓植物的优势科均为藓类植物,分别为金发藓科、丛藓科、真藓科、提灯藓科和青藓科。这些以温带、热带和亚热带成分为主的优势科构成了天台苔藓植物的优势科主体,具有鲜明的温带和亚热带交汇的特色,这一结果与天台地处亚热带的地理位置相符。另外,这 5 个优势科虽然仅占天台苔藓植物总科数的 8.6%,但包含 30 属 70 种,分别占天台苔藓植物总属、种数的 29.7%、38.9%,充分体现了这些科的优势地位。

3.优势属

对天台苔藓植物的 101 个属内种数进行统计,属的组成见表 5-3。其中,有 5 个属的种数不少于 5 种,占天台苔藓植物总属数的 5.0%;而绝大部分的属为少种属(即属内种数小于 5),其中单种属占比高,包含 63 个属,占天台苔藓植物总属数的 62.3%,超过一半;而种的结构整体分布不均,该结果体现了天台县苔藓植物物种的组成既丰富又复杂。

表 5-3 天台苔藓植物属的组成统计

属内种数	属		种	
	属数	占比/%	种数	占比/%
≥5	5	5.0	33	18.4
2～4	33	32.7	84	46.6
1	63	62.3	63	35.0
合计	101	100.0	180	100.0

属的单位因为没有科大,无论是地理学还是分类学都认为,属是最能说明植物属与种起源、演化、分布的自然群。对天台苔藓植物的 101 个属进行统计,将属内种数不少于 5 个种的属定为优势属(结果见表 5-4)。

表 5-4 天台苔藓植物优势属统计

序号	属名	种	
		种数	占比/%
1	白发藓属 Leucobryum	5	2.8
2	凤尾藓属 Fissidens	7	3.9
3	真藓属 Bryum	11	6.1
4	匐灯藓属 Plagiomnium	5	2.8
5	毛口藓属 Trichostomum	5	2.8
合计		33	18.4

从结果可以看出,优势属仅包含藓类植物门的 5 个属,分别是白发藓属、凤尾藓属、真藓属、匐灯藓属、毛口藓属;苔类植物和角苔植物没有出现单属下超过 5 种的情况。虽

然这 5 个属仅占天台苔藓植物总属数的 5.0%,但属内种数能占天台苔藓植物总种数的 18.4%。从地理区系来看,这 5 个属植物的分布也以温带、热带和亚热带成分为主,与天台的地理位置、气候条件相符。

4. 单种科、单种属类型

单种科、单种属的出现可以反映苔藓植物进化的 2 个相反的方向:一个是新产生的科或属,其属、种可能尚未完成分化;另一个是已有的科、属已不再适合当地的生存环境,其属、种已经在该地区大量消失,但仍然有少量种类残留。

天台苔藓植物的单种科有 28 个,占天台苔藓植物总科数的 48.2%(图 5-1),分别是绿片苔科、小烛藓科、小曲尾藓科、曲背藓科、带叶苔科、疣冠苔科、蛇苔科、毛地钱科、细鳞苔科、桧藓科、虎尾藓科、碎米藓科、万年藓科、薄罗藓科、角苔科、短角苔科、泥炭藓科、卷柏藓科、无轴藓科、溪苔科、小叶苔科、南溪苔科、全萼苔科、大萼苔科、睫毛苔科、剪叶苔科、羽苔科、油藓科。

天台苔藓植物单种属为 63 属,占天台苔藓植物总属数的 62.4%,超过一半(图 5-1)。其中包括片叶苔属、长蒴藓属、高领藓属、丛本藓属、陈氏藓属、拟合睫藓属、净口藓属、石灰藓属、立膜藓属、墙藓属、带叶苔属、石地钱属等。

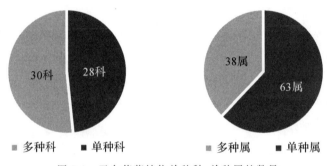

图 5-1 天台苔藓植物单种科、单种属的数量

一个地区的植物区系组成中,科的形成比较久远、稳定,因此可以反映一个地区的历史环境状况,其成分的变化是比较缓慢的;属的组成情况则反映了一个地区现代的地质、环境状况,其成分的变化相对于科来说是比较快的,所以属的区系性质的变化能够反映一个地区的环境的变化情况。天台苔藓植物有单种科 28 个,占天台苔藓植物总科数的 48.2%,反映了天台的苔藓植物存在历史残存情况和地质年代属性,说明天台苔藓植物的部分科是起源古老的种类,也可能存在一定的环境因素造成的单种科现象;单种属占天台苔藓植物总属数的 62.4%,说明天台现在的地质、环境情况可能曾遭到一定程度的破坏,使得单种属的比例增加,若长此以往,会导致某些单种属的消失。而部分科、属所含种数本就较小,所以受到影响而使其数量减少的可能性较小。

5.1.2 地理成分分析

研究一个地区的植物区系组成,对研究该地区植物生命的起源演化与其地质、气候、植被特征之间的关系具有重要作用。因为苔藓植物和种子植物的分布存在联系,因此本节的苔藓植物区系参照吴征镒先生于1991年发表《种子植物属的分布类型》的标准进行划分,将天台苔藓植物的地理成分划分为12个类型,并进行统计分析(表5-5)。

表5-5 天台苔藓植物地理成分分析

地理成分	种数				占比/%
	藓类	苔类	角苔类	苔藓植物	
1. 世界广布	11	5	2	18	—
2. 泛热带分布	14	—	—	14	8.6
3. 热带亚洲和热带美洲间断分布	3	1	—	4	2.5
4. 旧世界热带分布	2	—	—	2	1.2
5. 热带亚洲至热带大洋洲分布	9	2	—	11	6.8
7. 热带亚洲分布	10	2	—	12	7.4
8. 北温带分布	35	11	—	46	28.4
9. 东亚和北美洲间断分布	5	—	—	5	3.1
10. 旧世界温带分布	8	—	—	8	4.9
11. 温带亚洲分布	2	—	—	2	1.2
14. 东亚分布	42	11	—	53	32.7
15. 中国特有分布	4	1	—	5	3.1
合计	145	33	2	180	100.0

注:因为世界广布种分布范围较大,生长环境无特殊性,在区系分析中无法体现某一地区的植物区系特性,因此在统计各区系成分时不计入总数。

(1)世界广布:天台县有18种,其中藓类植物11种,苔类植物5种,角苔类植物2种,包括金发藓、葫芦藓、虎尾藓、真藓、丛生真藓、双色真藓、匍灯藓、大羽藓、叉苔、地钱、片叶苔、石地钱、黄角苔、角苔、小石藓、台湾拟金发藓、鳞叶凤尾藓、平叶异萼苔。

(2)泛热带分布:天台县有14种,均为藓类植物,包括小金发藓、中华无轴藓、南亚小曲尾藓、卷叶凤尾藓、土生对齿藓、卷叶湿地藓、毛口藓、比拉真藓、薄壁卷柏藓、尖叶油藓、树平藓、羊角藓、土生对齿藓、平叶偏蒴藓。

(3)热带亚洲和热带美洲间断分布:天台县有4种,其中藓类植物3种,苔类植物1种,分别是泥炭藓、疣齿丝瓜藓、长柄绢藓、南亚顶鳞苔。

(4)旧世界热带分布:天台县只有2种,分别是爪哇白发藓和匙叶湿地藓。

(5)热带亚洲至热带大洋洲分布:天台县有11种,其中苔类植物2种,藓类植物9种,包括东亚砂藓、节茎曲柄藓、大凤尾藓、缺齿小石藓、细叶泽藓、暖地大叶藓、大叶匍灯藓、拟草藓、四齿异萼苔、美丽拟鳞叶藓、双齿异萼苔。

(6)热带亚洲分布:天台县有12种,其中苔类植物2种,藓类植物10种,分别是硬叶曲尾藓、短枝白发藓、花状湿地藓、南亚木藓、疣叶树平藓、拟扁枝藓、日本小叶苔、刺叶羽苔、皱蒴短月藓、黄叶凤尾藓、垂藓、刀叶树平藓。

(7)北温带分布:天台县有46种,其中苔类植物11种,藓类植物35种,以狭叶仙鹤藓、黄牛毛藓、梨蒴珠藓、柔叶真藓、偏叶提灯藓、长蒴丝瓜藓、小叶藓、细叶小羽藓、刺叶护蒴苔、护蒴苔、毛地钱、钱苔、叉钱苔、蛇苔、溪苔、三齿鞭苔等种为主要代表。

（8）东亚和北美洲间断分布：天台县仅5种，都为藓类植物，分别是毛尖紫萼藓、狭叶白发藓、大灰气藓、柱蒴绢藓、皱叶牛舌藓。

（9）旧世界温带分布：天台县有8种，分别是日本立碗藓、红蒴立碗藓、桧叶白发藓、瘤根真藓、垂蒴棉藓、阔叶棉藓、狭叶小羽藓、宽叶真藓。

（10）温带亚洲分布：天台县有2种，分别是钩叶曲尾藓、尖叶匐灯藓。

（11）东亚分布：天台县有53种，其中苔类植物11种，藓类植物42种，包括东亚小金发藓、东亚短颈藓、东亚泽藓、东亚附干藓、东亚万年藓、东亚蔓藓、楔瓣地钱、南溪苔、小叶拟大萼苔、东亚钱袋苔等。

（12）中国特有分布：天台县有5种，分别是小牛舌藓、湖南高领藓、狭叶麻羽藓、芒尖毛口藓、柯氏合叶苔。

5.1.3　区系特点分析

天台苔藓植物区系类型丰富，地理成分共有12种类型。从地理层面分析，占主导的是亚洲成分。其中，东亚分布种占32.7%，在这12个分布类型中占比最高，表现出浓厚的东亚特色，这和天台位于中国东部偏南，与日本隔海相望的地理位置完全吻合，因此，其中国—日本成分（属东亚成分）种的占比相对较高，反映出天台的植物区系与日本区系和喜马拉雅区系（属东亚成分）之间有着密切的联系。从气候类型分析，温带性质成分种（类型7～11）占比最高，占70.3%；热带性质成分种（类型2～6）占26.5%；R/T（热带性质成分/温带性质成分）为0.38。这反映了天台县苔藓植物区系受温带性质成分影响较大，热带性质成分相较于温带性成分影响较小，也可以反映出该地区苔藓植物区系主要以温带性质成分和热带性质成分交融的特点，这与天台县地处我国亚热带季风气候区一致。

5.2　蕨类植物区系

天台已知野生蕨类植物36科67属156种（含种下分类单位，下同），分别占浙江省蕨类植物总科、属、种数的72.0%、56.8%、35.7%。其中，有28个科仅含1属，40个属仅含1种，分别占天台县野生蕨类植物总科、属数的77.8%、59.7%。

5.2.1　区系组成分析

1. 科的组成

天台共有野生蕨类植物36科，各科所含属、种数量见表5-6。

含10种以上的科有蹄盖蕨科（7属17种）、金星蕨科（6属16种）、鳞毛蕨科（6属37种）、水龙骨科（9属20种）4科。含5～9种的科有卷柏科（1属7种）、凤尾蕨科（1属6种）、中国蕨科（4属5种）、铁角蕨科（1属9种）4科，以上8科共含35属117种，分别占天台县野生蕨类植物总科、属、种数的22.2%、52.2%、75.0%。上述8科不仅在属、种数量上占优势，而且在个体数量上也占优势，是天台县蕨类植物区系的主体成分，其中所含的种类多数是天台森林植被草本层中最为常见或优势的类群。

表 5-6　天台野生蕨类植物科所含属、种统计

序号	科中文名	科拉丁学名	属		种	
			属数	占比/%	种数	占比/%
1	石杉科	Huperziaceae	1	1.5	2	1.4
2	石松科	Lycopodiaceae	2	3.0	2	1.4
3	卷柏科	Selaginellaceae	1	1.5	7	4.5
4	水韭科	Isoetaceae	1	1.5	1	0.6
5	木贼科	Equisetaceae	1	1.5	2	1.4
6	松叶蕨科	Psilotaceae	1	1.5	1	0.6
7	阴地蕨科	Botrychiaceae	1	1.5	1	0.6
8	瓶尔小草科	Ophioglossaceae	1	1.5	1	0.6
9	紫萁科	Osmundaceae	1	1.5	1	0.6
10	瘤足蕨科	Plagiogyriaceae	1	1.5	2	1.4
11	里白科	Gleicheniaceae	2	3.0	3	1.9
12	海金沙科	Lygodiaceae	1	1.5	1	0.6
13	膜蕨科	Hymenophyllaceae	2	3.0	2	1.4
14	碗蕨科	Dennstaedtiaceae	2	3.0	3	1.9
15	鳞始蕨科	Lindsaeaceae	1	1.5	1	0.6
16	姬蕨科	Hypolepidaceae	1	1.5	1	0.6
17	蕨科	Pteridiaceae	1	1.5	1	0.6
18	凤尾蕨科	Pteridaceae	1	1.5	6	3.8
19	中国蕨科	Sinopteridaceae	4	5.9	5	3.2
20	铁线蕨科	Adiantaceae	1	1.5	2	1.4
21	水蕨科	Parkeriaceae	1	1.5	1	0.6
22	裸子蕨科	Hemionitidaceae	1	1.5	1	0.6
23	书带蕨科	Vittariaceae	1	1.5	1	0.6
24	蹄盖蕨科	Athyriaceae	7	10.4	17	10.9
25	肿足蕨科	Hypodematiaceae	1	1.5	1	0.6
26	金星蕨科	Thelypteridaceae	6	8.9	16	10.3
27	铁角蕨科	Aspleniaceae	1	1.5	9	5.8
28	球子蕨科	Onocleaceae	1	1.5	1	0.6
29	乌毛蕨科	Blechnaceae	1	1.5	2	1.4
30	鳞毛蕨科	Dryopteridaceae	6	8.9	37	23.7

续表

序号	科中文名	科拉丁学名	属		种	
			属数	占比/%	种数	占比/%
31	骨碎补科	Davalliaceae	1	1.5	1	0.6
32	水龙骨科	Polypodiaceae	9	13.4	20	12.8
33	槲蕨科	Drynariaceae	1	1.5	1	0.6
34	蘋科	Marsileaceae	1	1.5	1	0.6
35	槐叶蘋科	Salviniaceae	1	1.5	1	0.6
36	满江红科	Azollaceae	1	1.5	1	0.6
合计			67	100.0	156	100.0

含2~4种的科有石杉科(1属2种)、石松科(2属2种)、木贼科(1属2种)、瘤足蕨科(1属2种)、里白科(2属3种)、膜蕨科(2属2种)、碗蕨科(2属3种)、铁线蕨科(1属2种)、乌毛蕨科(1属2种)9个科,共计13属20种,分别占天台县野生蕨类植物总科、属、种数的25.0%、19.4%、12.8%。

其余19个科各含1属1种,分别占天台县野生蕨类植物总科、属、种数的52.7%、28.4%、12.2%。

2.属的组成

天台共有野生蕨类植物67属,各属所含种数详见表5-7。

所含种数较多的属(≥6)有6属,分别是卷柏属(7种)、凤尾蕨属(6种)、蹄盖蕨属(6种)、铁角蕨属(9种)、鳞毛蕨属(23种)、复叶耳蕨属(6种),占天台野生蕨类植物总属、种数的9.0%、36.5%。

含2~5种的属有22属,常见的有里白属(2种)、假蹄盖蕨属(3种)、金星蕨属(4种)、针毛蕨属(4种)、毛蕨属(3种)、狗脊属(2种)、贯众属(3种)、瓦韦属(4种)等,共计59种,分别占天台野生蕨类植物总属、种数的32.8%、37.8%。

仅含1种的属最为丰富,共有40属,分别占天台野生蕨类植物总属、种数的59.7%、24.0%,主要有紫萁属、芒萁属、海金沙属、蕨属、卵果蕨属、假双盖蕨属、乌蕨属、槲蕨属等。

表5-7 天台野生蕨类植物属所含种统计

序号	属中文名	属拉丁学名	种	
			种数	占比/%
1	石杉属	*Huperzia*	2	1.4
2	石松属	*Lycopodium*	1	0.6
3	垂穗石松属	*Palhinhaea*	1	0.6
4	卷柏属	*Selaginella*	7	4.6
5	水韭属	*Isoetes*	1	0.6

续表

序号	属中文名	属拉丁学名	种	
			种数	占比/%
6	木贼属	*Hippochaete*	2	1.4
7	松叶蕨属	*Psilotum*	1	0.6
8	阴地蕨属	*Botrychium*	1	0.6
9	瓶尔小草属	*Ophioglossum*	1	0.6
10	紫萁属	*Osmunda*	1	0.6
11	瘤足蕨属	*Plagiogyria*	2	1.4
12	芒萁属	*Dicranopteris*	1	0.6
13	里白属	*Hicriopteris*	2	1.4
14	海金沙属	*Lygodium*	1	0.6
15	膜蕨属	*Hymenophyllum*	1	0.6
16	团扇蕨属	*Gonocormus*	1	0.6
17	碗蕨属	*Dennstaedtia*	2	1.4
18	鳞盖蕨属	*Microlepia*	1	0.6
19	乌蕨属	*Stenoloma*	1	0.6
20	姬蕨属	*Hypolepis*	1	0.6
21	蕨属	*Pteridium*	1	0.6
22	凤尾蕨属	*Pteris*	6	3.8
23	粉背蕨属	*Aleuritopteris*	1	0.6
24	碎米蕨属	*Cheilosoria*	2	1.4
25	旱蕨属	*Pellaea*	1	0.6
26	金粉蕨属	*Onychium*	1	0.6
27	铁线蕨属	*Adiantum*	2	1.4
28	水蕨属	*Ceratopteris*	1	0.6
29	凤丫蕨属	*Coniogramme*	1	0.6
30	书带蕨属	*Vittaria*	1	0.6
31	蹄盖蕨属	*Athyrium*	6	3.8
32	假蹄盖蕨属	*Athyriopsis*	3	1.9
33	介蕨属	*Dryoathyrium*	1	0.6
34	安蕨属	*Anisocampium*	1	0.6
35	假双盖蕨属	*Triblemma*	1	0.6
36	短肠蕨属	*Allantodia*	4	2.7

续表

序号	属中文名	属拉丁学名	种	
			种数	占比/%
37	菜蕨属	*Callipteris*	1	0.6
38	肿足蕨属	*Hypodematium*	1	0.6
39	金星蕨属	*Parathelypteris*	4	2.7
40	凸轴蕨属	*Metathelypteris*	3	1.9
41	针毛蕨属	*Macrothelypteris*	4	2.7
42	卵果蕨属	*Phegopteris*	1	0.6
43	假毛蕨属	*Pseudocyclosorus*	1	0.6
44	毛蕨属	*Cyclosorus*	3	1.9
45	铁角蕨属	*Asplenium*	9	5.8
46	荚果蕨属	*Matteuccia*	1	0.6
47	狗脊属	*Woodwardia*	2	1.4
48	鳞毛蕨属	*Dryopteris*	23	14.7
49	毛枝蕨属	*Leptorumohra*	1	0.6
50	耳蕨属	*Polystichum*	3	1.9
51	鞭叶蕨属	*Cyrtomidictyum*	1	0.6
52	贯众属	*Cyrtomium*	3	1.9
53	复叶耳蕨属	*Arachniodes*	6	3.8
54	阴石蕨属	*Humata*	1	0.6
55	水龙骨属	*Polypodiodes*	1	0.6
56	盾蕨属	*Neolepisorus*	1	0.6
57	瓦韦属	*Lepisorus*	4	2.7
58	骨牌蕨属	*Lepidogrammitis*	3	1.9
59	石韦属	*Pyrrosia*	5	3.3
60	石蕨属	*Saxiglossum*	1	0.6
61	假瘤蕨属	*Phymatopteris*	2	1.4
62	星蕨属	*Microsorum*	1	0.6
63	线蕨属	*Colysis*	2	1.4
64	槲蕨属	*Drynaria*	1	0.6
65	蘋属	*Marsilea*	1	0.6
66	槐叶蘋属	*Salvinia*	1	0.6
67	满江红属	*Azolla*	1	0.6
合计			156	100.0

5.2.2　地理成分分析

1. 科的地理成分分析

天台县有野生蕨类植物 36 科,可划分为 6 个分布区类型,由表 5-8 可知,泛热带分布科、世界广布科共同组成了天台蕨类植物区系的主体。

世界广布科有 17 科,占天台野生蕨类植物科总数的 47.2%,主要有石松科、满江红科、鳞毛蕨科、紫萁科、蹄盖蕨科、铁角蕨科、中国蕨科、水龙骨科、铁线蕨科、卷柏科、蕨科等。

热带性质成分科(类型 2～7)共计 17 科,占天台野生蕨类植物科总数(不含世界广布科)的 89.5%。其中,泛热带分布科有 14 科,占天台野生蕨类植物热带性质成分科总数的 82.4%,主要有碗蕨科、鳞始蕨科、裸子蕨科、松叶蕨科、书带蕨科、水蕨科、里白科、姬蕨科、凤尾蕨科等;热带亚洲至热带大洋洲分布有槲蕨科 1 科;热带亚洲至热带非洲分布科有肿足蕨科 1 科;热带亚洲分布科有骨碎补科 1 科。

温带性质成分科(类型 8～14),共计阴地蕨科、球子蕨科 2 科,占天台野生蕨类植物科总数(不含世界广布科)的 10.5%,均为北温带分布科。

2. 属的地理成分分析

天台县有野生蕨类植物 67 属,可划分为 9 个分布区类型(表 5-8),泛热带分布属、世界广布属及东亚分布属共同组成了天台野生蕨类植物区系的主体。

表 5-8　天台野生蕨类植物科、属地理成分分析

地理成分	科		属	
	科数	占比/%	属数	占比/%
1. 世界广布	17	—	20	—
2. 泛热带分布	14	73.6	19	40.4
3. 热带亚洲和热带美洲间断分布	—	—	1	2.1
4. 旧世界热带分布	—	—	6	12.8
5. 热带亚洲至热带大洋洲分布	1	5.3	2	4.2
6. 热带亚洲至热带非洲分布	1	5.3	5	10.6
7. 热带亚洲分布	1	5.3	2	4.3
8. 北温带分布	2	10.5	4	8.5
13. 东亚分布	—	—	8	17.1
合计	36	100.0	67	100.0

注:百分比计算时不包括世界广布科、属。

世界广布属 20 属,占天台野生蕨类植物属总数的 29.9%,主要有蕨属、耳蕨属、粉背蕨属、铁角蕨属、卷柏属、狗脊属、蹄盖蕨属、石松属、水韭属、铁线蕨属、槐叶蘋属、鳞毛蕨

属、瓶尔小草属等。

热带性质成分属(类型2~7)共计35属,占天台野生蕨类植物属总数(不含世界广布属,下同)的74.5%。其中,泛热带分布属有19属,占天台野生蕨类植物热带性质成分属的54.3%,主要有姬蕨属、碎米蕨属、毛蕨属、鳞始蕨属、凤尾蕨属、垂穗石松属、短肠蕨属、凤丫蕨属、碗蕨属、瘤足蕨属、假毛蕨属、乌蕨属等;旧世界热带分布属有芒萁属、团扇蕨属、鳞盖蕨属、介蕨属、阴石蕨属、线蕨属6属,占17.1%;热带亚洲至热带非洲分布属有肿足蕨属、贯众属、盾蕨属、瓦韦属、星蕨属5属;热带亚洲至热带大洋洲分布属有针毛蕨属和槲蕨属2属;热带亚洲分布有安蕨属、假双盖蕨属2属;热带亚洲和热带美洲间断分布属有菜蕨属1属。

温带性质成分属(类型8~14)共计12属,占天台野生蕨类植物属总数的25.5%。其中,北温带分布属有阴地蕨属、紫萁属、卵果蕨属、荚果蕨属4属;东亚分布属有假蹄盖蕨属、毛枝蕨属、凸轴蕨属、鞭叶蕨属、水龙骨属、骨牌蕨属、石蕨属、假瘤蕨属8属。

5.3 种子植物区系

5.3.1 区系组成分析

1.科的组成

天台县共有野生种子植物161科,根据各科所包含的种类(含种下分类单位,下同)多少,划分成5个等级,分别是大科(≥100种)、较大科(50~99种)、中等科(20~49种)、寡种科(2~19种)、单种科(1种),详见表5-9。

表5-9 天台野生种子植物科的组成统计

级别	科		属		种	
	科数	占比/%	属数	占比/%	种数	占比/%
大科(≥100种)	3	1.9	151	20.4	364	20.4
较大科(50~99种)	3	1.9	76	10.3	225	12.6
中等科(20~49种)	18	11.2	186	25.1	506	28.3
寡种科(2~19种)	106	65.7	297	40.1	661	37.0
单种科(1种)	31	19.3	31	4.1	31	1.7
合计	161	100.0	741	100.0	1787	100.0

种类≥100种的大科有3科,占天台野生种子植物总科数的1.9%,分别是菊科(57属120种)、禾本科(76属143种)和莎草科(18属101种)。它们是世界性的大科,也是世界广布科。较大科有3科,占天台野生种子植物总科数的1.9%,其属、种数分别占天台野生种子植物总属、种数的10.3%和12.6%。它们是蔷薇科(22属93种)、蝶形花科(30属67种)和唇形科(24属65种)。中等科有18科,占天台野生种子植物总科数的

11.2%。其中,以木本植物为主的科有樟科(7 属 22 种)、壳斗科(5 属 30 种)、山茶科(7 属 20 种)、卫矛科(3 属 20 种)、冬青科(1 属 23 种)等;以草本为主的科有蓼科(6 属 40 种)、百合科(17 属 26 种)、大戟科(9 属 30 种)、荨麻科(9 属 31 种)等。上述 24 科虽只占天台野生种子植物总科数的 15.0%,但所含属、种数却分别占天台野生种子植物总属、种数的 55.8%、61.3%。它们是天台森林植被的主要成分,其中的一些成分是天台森林植物群落的建群种或优势种,对天台森林生态系统的构成、动态和功能等都具有十分重要的影响。

寡种科和单种科十分丰富,分别有 106 科和 31 科,占天台野生种子植物总科数的 65.7%和 19.3%。它们所含的属、种数亦较丰富,共有 328 属 692 种,分别占天台野生种子植物总属、种数的 44.2%、38.7%。寡种科的代表科有猕猴桃科(1 属 10 种)、山茱萸科(4 属 5 种)、清风藤科(2 属 10 种)、水马齿科(1 属 2 种)、菟丝子科(1 属 3 种)、藜科(2 属 4 种)、杜鹃花科(4 属 15 种)、商陆科(1 属 2 种)、五味子科(2 属 4 种)、瑞香科(2 属 5 种)、桑科(5 属 16 种)、浮萍科(3 属 3 种)、龙胆科(3 属 7 种)、紫草科(6 属 7 种)、景天科(4 属 17 种)、夹竹桃科(3 属 5 种)、远志科(1 属 3 种)、紫堇科(1 属 8 种)等。单种科常见的有白花菜科、八角科、金鱼藻科、杨梅科、粟米草科、山龙眼科、桃金娘科、醉鱼草科、杉科、凤仙花科、黄杨科、大血藤科等。

2. 属的组成

天台共有野生种子植物 741 属,根据各属所包含的种类(含种下分类单位,下同)多少,划分为 5 个等级,分别是大属(≥40 种)、较大属(20～39 种)、中等属(10～19 种)、寡种属(2～9 种)、单种属(1 种),详见表 5-10。

表 5-10　天台野生种子植物属的组成统计

级别	属		种	
	属数	占比/%	种数	占比/%
大属(≥40 种)	1	0.1	48	2.7
较大属(20～39 种)	3	0.4	76	4.3
中等属(10～19 种)	21	2.8	252	14.1
寡种属(2～9 种)	310	41.8	1005	56.2
单种属(1 种)	406	54.9	406	22.7
合计	741	100.0	1787	100.0

天台县野生种子植物属中,大属有 1 属,即薹草属(48 种),占天台野生种子植物总属、种数的 0.1%、2.7%。较大属有 3 属,共 76 种,它们是蓼属(28 种)、悬钩子属(25 种)、冬青属(23 种)。中等属有 21 属,共 252 种,主要有猕猴桃属(10 种)、珍珠菜属(15 种)、景天属(12 种)、石楠属(11 种)、胡枝子属(11 种)、卫矛属(12 种)、大戟属(12 种)、槭树属(17 种)、忍冬属(10 种)、刚竹属(17 种)、莎草属(12 种)、菝葜属(13 种)、薯蓣属(10 种)等。以上所述各属在天台较为常见,它们所含的种类多数为森林植被的伴生成分,只

有少数种类可成为优势种,如蓼属、刚竹属等属中的一些种类。

寡种属、单种属极为丰富,分别有 310 属和 406 属,分别占天台野生种子植物总属数的 41.8%、54.9%;两者所含的种数达 1411 种,占天台野生种子植物总种数的 78.9%。寡种属常见的有商陆属(2 种)、苎麻属(8 种)、天南星属(4 种)、地榆属(2 种)、獐牙菜属(2 种)、扁担杆属(2 种)、鸭跖草属(2 种)、泽兰属(3 种)、酸浆属(2 种)、鸡矢藤属(3 种)、当归属(2 种)、雀梅藤属(3 种)、柃木属(7 种)、稗属(5 种)、小苦荬属(2 种)、紫菀属(5 种)、龙头草属(2 种)、联毛紫菀属(2 种)、柳叶菜属(2 种)、溲疏属(2 种)、苜蓿属(2 种)、求米草属(3 种)等。它们中的多数种类为天台森林植被的常见种,一些种类则可成为森林群落的建群成分。单种属中亦不乏此类成分,如常见的前胡属、青钱柳属、木荷属、油点草属、斑种草属、石斑木属、巴戟天属、天门冬属、木防己属、三棱草属、雷公藤属、秤钩风属、虎耳草属、臭椿属等。

5.3.2 地理成分分析

1.科的地理成分分析

根据吴征镒于 2003 年发表的对世界种子植物科的分布区类型的划分标准,将天台野生种子植物 161 科的地理成分划分为 12 个类型,详见表 5-11。

表 5-11　天台野生种子植物科的地理成分分析

地理成分	科数	占比/%
1.世界广布	52	—
2.泛热带分布	50	45.9
3.热带亚洲和热带美洲间断分布	9	8.3
4.旧世界热带分布	1	0.9
5.热带亚洲至热带大洋洲分布	4	3.7
6.热带亚洲至热带非洲分布	1	0.9
7.热带亚洲分布	2	1.8
8.北温带分布	30	27.5
9.东亚和北美洲间断分布	5	4.6
10.旧世界温带分布	2	1.8
13.中亚分布	1	0.9
14.东亚分布	4	3.7
合计	161	100.0

注:百分比计算时不包括世界广布科。

世界广布科天台有 52 科,主要有千屈菜科、榆科、木犀科、狸藻科、蔷薇科、藜科、桔梗科、香蒲科、茨藻科、眼子菜科、桑科、睡莲科、石竹科、莎草科、禾本科、泽泻科、酢浆草科、报春花科、水鳖科、龙胆科、柳叶菜科、景天科、茄科、虎耳草科等。

泛热带分布科天台有 50 科,占天台野生种子植物总科数(不含世界广布科,下同)的 45.9%,常见的有锦葵科、山龙眼科、大风子科、楝科、金粟兰科、卫矛科、粟米草科、天南星科、桃金娘科、鸢尾科、藤黄科、谷精草科、檀香科、苦木科、商陆科、萝藦科、野牡丹科、鸭跖草科、樟科、山茶科、椴树科等。

热带亚洲和热带美洲间断分布科天台有 9 科,是苦苣苔科、马鞭草科、省沽油科、安息香科、五加科、冬青科、山柳科、杜英科、木通科。

旧世界热带分布科天台有胡麻科 1 科。

热带亚洲至热带大洋洲分布科天台有虎皮楠科、马钱科、百部科、姜科 4 科。

热带亚洲至热带非洲分布科天台仅杜鹃花科 1 科等。

热带亚洲分布科天台有清风藤科、大血藤科 2 科。

北温带分布科天台有 30 科,主要有列当科、黄杨科、百合科、杨柳科、红豆杉科、茅膏菜科、壳斗科、杉科、鹿蹄草科、松科、紫堇科、黑三棱科、桦木科等。

东亚和北美洲间断分布科天台有蓝果树科、五味子科、三白草科、蜡梅科、木兰科 5 科。

旧世界温带分布科天台有菱科、假繁缕科 2 科。

中亚分布科天台有八角枫科 1 科。

东亚分布科天台有猕猴桃科、海桐花科、三尖杉科、旌节花科 4 科。

2. 属的地理成分分析

根据吴征镒于 1991、2006 年发表的对中国种子植物属的分布区类型的划分标准,将天台县野生种子植物 741 属进行划分,结果如表 5-12 所示。

表 5-12　天台野生种子植物属的地理成分分析

地理成分	天台		浙江	
	属数	占比/%	属数	占比/%
1. 世界广布	55	—	56	—
2. 泛热带分布	128	18.7	163	15.8
3. 热带亚洲和热带美洲间断分布	23	3.4	26	2.5
4. 旧世界热带分布	45	6.6	76	7.4
5. 热带亚洲至热带大洋洲分布	38	5.5	63	6.1
6. 热带亚洲至热带非洲分布	14	2.0	27	2.6
7. 热带亚洲分布	53	7.7	99	9.6
8. 北温带分布	140	20.4	182	17.7
9. 东亚和北美洲间断分布	62	9.0	87	8.5
10. 旧世界温带分布	41	6.0	70	6.8
11. 温带亚洲分布	12	1.7	16	1.6

续表

地理成分	天台		浙江	
	属数	占比/%	属数	占比/%
12.地中海、西亚、至中亚分布	2	0.3	4	0.4
13.中亚分布	—	—	—	—
14.东亚分布	111	16.2	171	16.6
15.中国特有分布	17	2.5	45	4.4
合计	741	100.0	1085	100.0

注:计算占比时不包括世界广布属。

世界广布属天台共有 55 属,占天台野生种子植物属总数的 7.4%。这些属绝大多为草本植物,常见的如蓼属、拉拉藤属、远志属、莎草属、老鹳草属、千屈菜属、水葱属、独行菜属、酢浆草属、千里光属、水马齿属、狸藻属、香蒲属、金鱼藻属、大戟属、碎米荠属、狐尾藻属、水苋菜属、刺蒺属、积雪草属、三棱草属、毛茛属、银莲花属、紫萍属、联毛紫菀属等,只有槐属、铁线莲属等少数属为木本属。

泛热带分布属天台有 128 属,占天台野生种子植物热带性质成分属总数的 42.5%。常见属有天胡荽属、苘麻属、薯蓣属、蓝花参属、苦草属、秋海棠属、猪屎豆属、球穗草属、谷精草属、花椒属、凤仙花属、油麻藤属、节节菜属、狼尾草属、冷水花属、丰花草属、母草属、马唐属、牛奶菜属、水车前属、合萌属、鳢肠属、芦苇属、醉鱼草属、艾麻属、仙茅属、草沙蚕属、叶下珠属、云实属、雀稗属、黄麻属等。

热带亚洲和热带美洲间断分布属天台有 23 属,占天台野生种子植物热带性质成分属总数的 7.6%。主要有山柳属、假酸浆属、枪木属、裸柱菊属、地榆属、山扁豆属、黄连木属、树参属、冬青属、藿香蓟属、苦木属、木姜子属、马鞭草属、土丁桂属、楠木属、番薯属、泡花树属、安息香属等,多为森林群落中的常见乔灌木。

旧世界热带分布属天台有 45 属,占天台野生种子植物热带性质成分属总数的 15.0%,多为灌木或草本。主要有细柄草属、孩儿草属、杜英属、杜若属、牛鞭草属、千金藤属、短冠草属、杜茎山属、艾纳香属、芒属、桑草属、蒲桃属、茜树属、水筛属、臂形草属、狗牙根属、八角枫属、菅属等。

热带亚洲至热带大洋洲分布属天台有 38 属,占天台野生种子植物热带性质成分属总数的 12.6%。主要有荛花属、石仙桃属、山龙眼属、栝楼属、链珠藤属、大豆属、带唇兰属、鲼茅属、石斛属、野扁豆属、通泉草属、新木姜子属、兰属、蛇根草属等。

热带亚洲至热带非洲分布属天台有 14 属,占天台野生种子植物热带性质成分属总数的4.7%。主要有观音草属、野茼蒿属、黄瑞木属、鱼眼草属、琉璃草属、白接骨属、一点红属、獐牙菜属、铁仔属、豆腐柴属、白酒草属、厚壳树属等。

热带亚洲分布属天台有 53 属,占天台野生种子植物热带性质成分属总数的 17.6%。这一分布类型的许多属是天台森林植被的重要组成成分,如虎皮楠属、石荠苧属、长蒴苣苔属、五月茶属、盾子木属、紫麻属、秤钩风属、构属、毛药藤属、飞蛾藤属、狗骨柴属、小苦荬属、唐竹属、香果树属、香青属、山茶属、清风藤属、金橘属、细圆藤属、苦荬菜属、淡竹叶属等。

北温带分布属天台有 140 属,占天台野生种子植物温带性质成分属总数的 38.0%。木本植物多为落叶树种,如槭属、椴树属、栗属、鹅耳枥属、绣线菊属、山楂属、桦木属、杜鹃属、越橘属、樱属、忍冬属、稠李属、桑属、荚蒾属、桴属、杨属、栎属、胡桃属、胡颓子属等,此外有少量针叶树种,如松属、刺柏属、红豆杉属等;草本植物常见属有蓟属、一枝黄花属、天南星属、鹅观草属、蒿属、无心菜属、薹草属、黄精属、紫菀属等。

东亚和北美洲间断分布属天台有 62 属,占天台野生种子植物温带性质成分属总数的 16.8%。常见属有土圝儿属、珍珠花属、乱子草属、落新妇属、石栎属、柘属、马醉木属、灯台树属、蛇葡萄属、鼠李属、木犀属、朱兰属、山蓝菜属、杨桐属、鼠刺属、十大功劳属、糯米条属、两型豆属、米面蓊属、龙头草属、猬草属、腹水草属、短颖草属、榧树属等。

旧世界温带分布属天台有 41 属,占天台野生种子植物温带性质成分属总数的 11.1%。主要有玄参属、假繁缕属、菱属、败酱属、山芹属、椋属、淫羊藿属、旋覆花属、梨属、麦氏草属、费菜属、头蕊兰属、橐吾属、益母草属、风毛菊属、芦竹属、稻槎菜属、活血丹属、黑藻属、野芝麻属等,以草本植物为主。

温带亚洲分布属天台有枫杨属、孩儿参属、虎杖属、瓦松属、白鹃梅属、杭子梢属、菊属、狗娃花属、马兰属、蟹甲草属、山牛蒡属、大油芒属等 12 属。

地中海、西亚至中亚分布属天台有常春藤属、燕麦属 2 属。

东亚分布属天台有 111 属,占天台野生种子植物温带性质成分属总数的 30.2%。主要有苦苣苔属、俞藤属、蜡瓣花属、盒子草属、青荚叶属、香薷属、天葵属、钻地风属、石蒜属、薹草属、檵木属、山桐子属、龙胆属、泽番椒属、野海棠属、香茶菜属、猫乳属、白辛树属、旌节花属、四照花属、野木瓜属、南天竹属、铃子香属、业平竹属、野扇花属、苦竹属、兔儿伞属、刺榆属、胡颓子属、无柱兰属、臭常山属、萝藦属、荷青花属等。

中国特有分布属天台有 17 属,占天台野生种子植物温带性质成分属总数的 2.5%。主要有金钱松属、夏蜡梅属、牛鼻栓属、青钱柳属、山拐枣属、瘿椒树属、明党参属、毛药花属、七子花属等。

5.3.3 区系特点分析

1. 植物种类较丰富

天台县有野生种子植物 161 科 741 属 1787 种(含种下分类单位,下同),其中裸子植物 5 科 7 属 9 种,被子植物 156 科 734 属 1778 种。种子植物科的组成中,菊科、禾本科、莎草科、蔷薇科、蝶形花科等包含的种类较多,占天台县野生种子植物总种数的 61.3%。属的组成中,薹草属、蓼属、悬钩子属、冬青属、珍珠菜属等所包含的种类较多;有 406 属仅含 1 种,占天台县野生种子植物总属数的 54.9%。天台含 1 个种的属较多,反映天台县植物区系来源广泛,组成复杂。

2. 区系地理成分复杂,具有明显的过渡性质

天台植物区系地理成分复杂多样。在属级层面上,除了缺乏中亚分布类型外,其他 14 个分布区类型在天台均有代表,说明天台植物区系在地理上与世界各地植物区系有着广泛的、不同程度的联系。北温带分布、东亚分布、泛热带分布、东亚和北美间断分布一起构成了天台植物区系的主体,热带性质成分属以泛热带分布和热带亚洲分布为主,温

带性质成分属以北温带分布、东亚分布、东亚和北美间断分布为主。

在属级水平上,热带性质成分属(类型2～7)共计301属,占天台县野生种子植物总属数(不含世界广布属,下同)的43.9%。温带性质成分属(类型8～14)共有368属,占天台县野生种子植物总属数的53.6%。天台温带性质成分属明显多于热带性质成分属,R/T为0.8,表现出较为明显的温带区系特征,同时热带性成分也占有一定的比重,这说明天台县植物区系处于温带和亚热带的交汇区,具有较明显的过渡性质。

3. 区系起源古老

自三叠纪末期以来,天台基本保持着温暖湿润的气候,受第四纪冰川的影响不大,因而残留着一大批系统演化上原始的科、属及古老孑遗植物。在现代植物区系中,属于第三纪古老植物和第三纪以前的孑遗植物较多。裸子植物中属第三纪古老植物的有松科、杉科、柏科及三尖杉属等。被子植物中离生多心皮类的木兰科是公认的最古老、最原始的类群,天台有3属4种;与该科接近的原始科还有木通科、防己科、小檗科、毛茛科等。被子植物中的荑荑花序类是一类比较复杂的类群,起源古老,大多数科起源于白垩纪,第三纪时植物分化较大,不少种类特征相当进化,如杨柳科、榆科、胡桃科、壳斗科、桑科、三白草科等在天台均不乏代表。其他在白垩纪已出现的科有樟科、金缕梅科、卫矛科、鼠李科等。在第三纪出现的科有八角枫科、山茶科、安息香科等,它们至近代进一步发展。一些在系统分类学上位置孤立、形态上特殊的单型属或小型属是起源于第三纪甚至更早的古老孑遗植物,如蕺菜属、大血藤属、天葵属、三白草属、木通属等大都是第三纪古热带植物区系的残遗。同时,天台也分布着公认的单子叶植物中最原始的泽泻目、水鳖目的一些种类。以上几方面可充分证明天台县植物区系起源的古老性,也表明天台是我国第三纪植物的"避难所"之一。

4. 特有、珍稀濒危植物多

天台植物区系中包含了不少特有类群,在属级水平上,有中国特有属17属,其中,华葱芥属、香果树属、七子花属、金钱松属、明党参属等为单型属;在种级水平上,有中国特有种477种,其中,天台鹅耳枥、华顶杜鹃、菜头肾等为浙江特有种。天台县共有珍稀濒危野生种子植物152种。其中,国家一级重点保护野生植物有2种,国家二级重点保护野生植物有35种;浙江省重点保护野生植物有29种;被《中国生物多样性红色名录—高等植物卷》(简称《中国生物多样性红色名录》)评为极危(CR)的物种有2种,濒危(EN)的有10种,易危(VU)的有31种;被《濒危野生动植物种国际贸易公约》(简称CITES)附录Ⅱ收录的物种有37种;列入《浙江省极小种群野生植物拯救保护规划(2010—2015年)》(简称《浙江省极小种群规划》)的有21种。

第6章 珍稀濒危植物

6.1 物种组成

根据实地调查及历史资料发现,天台共有珍稀濒危野生植物152种,隶属于71科125属,占天台野生植物总种数的7.2%。从类群结构上看,苔藓植物有3科3属3种,分别占天台珍稀濒危野生植物总科、属、种数的4.2%、2.4%、2.0%;蕨类植物有6科6属7种,分别占天台珍稀濒危野生植物总科、属、种数的8.5%、4.8%、5.6%;裸子植物有2科3属3种;被子植物有60科113属139种(双子叶植物49科78属91种,单子叶植物11科35属48种)(表6-1)。各科中以兰科植物最多,共21属、33种,占天台珍稀濒危野生植物总属、种数的比例高达16.8%、21.7%;其次为蝶形花科,有8属11种,分别占天台珍稀濒危野生植物总属、种数的6.4%、7.2%。

表6-1 天台珍稀濒危野生植物科、属、种统计

类别		科		属		种	
		科数	占比/%	属数	占比/%	种数	占比/%
苔藓植物		3	4.2	3	2.4	3	2.0
蕨类植物		6	8.5	6	4.8	7	4.6
裸子植物		2	2.8	3	2.4	3	2.0
被子植物	双子叶植物	49	69.0	78	62.4	91	59.9
	单子叶植物	11	15.5	35	28.0	48	31.5
合计		71	100.0	125	100.0	152	100.0

天台县国家重点保护野生植物有37种,浙江省重点保护野生植物有29种;被《中国生物多样性红色名录》列为易危及以上的有43种;列入《浙江省极小种群规划》的有21种;列入 CITES 附录(全为附录Ⅱ)的有37种;其他珍稀濒危植物34种(表6-2)。

表 6-2　天台珍稀濒危植物

种中文名	种拉丁学名	保护级别	《中国生物多样性红色名录》	CITES	《浙江省极小种群规划》	其他珍稀濒危植物	评估数量/株	地理分布
桧叶白发藓	Leucobryum juniperoideum	国家二级					5000	X
瘤根真藓	Bryum bornholmense		VU				100	L
卷叶扭口藓	Barbula convoluta		VU				100	A,D
小杉兰	Huperziaselago	国家二级	VU				1	Y
长柄石杉	Huperzia javanica	国家二级	EN				3513	A,G,L
中华水韭	Isoetes sinensis	国家一级	EN		√		6	L
松叶蕨	Psilotum nudum	省重点	VU				351	E
水蕨	Ceratopteris thalictroides	国家二级	VU				9661	C,E,F,I,J,N
腺毛肿足蕨	Hypodematium glandulosum					√	210	E,I
观光鳞毛蕨	Dryopteris tsoongii					√	105	G
金钱松	Pseudolarix amabilis	国家二级	VU				4	L
南方红豆杉	Taxus mairei	国家一级	VU	附录Ⅱ			136	除C、H外
榧树	Torreya grandis	国家二级					300	A,B,E,G,H,I,L,M,N,O
黄山木兰	Magnolia cylindrica					√	333	L
凹叶厚朴	Magnolia officinalis subsp. biloba	国家二级					6	G,K,L
乳源木莲	Manglietia yuyuanensis					√	2	L
夏蜡梅	Sinocalycanthus chinensis	国家二级	EN		√		10529	G
天目木姜子	Litsea auriculata	省重点	VU		√		1	L
大别山马兜铃	Aristolochia dabieshanensis					√	26	E,G,L,M
睡莲	Nymphaea tetragona	省重点			√		18	L
毛萼铁线莲	Clematis hancockiana					√	3	B
毛叶铁线莲	Clematis lanuginosa	省重点					1	Y
天台铁线莲	Clematistientaiensis	省重点					20	F,G,L
短萼黄连	Coptis chinensis var. brevisepala	国家二级	EN		√		70	G,L
獐耳细辛	Hepatica nobilis var. asiatica				√		1	Y
草芍药	Paeonia obovata	省重点					8	G,L,O

种中文名	种拉丁学名	保护级别	《中国生物多样性红色名录》	CITES	《浙江省极小种群规划》	其他珍稀濒危植物	评估数量/株	地理分布
六角莲	*Dysosma pleiantha*	国家二级					175	B、G、I、L
箭叶淫羊藿	*Epimedium sagittatum*	省重点					1580	E、G、L
全叶延胡索	*Corydalis repens*	省重点					200	L
牛鼻栓	*Fortunearia sinensis*		VU				87	L
樱果朴	*Celtis cerasifera*	省重点					1	L
榉树	*Zelkova schneideriana*	国家二级					562	D、E、G、I、L、M、N、O
青钱柳	*Cyclocarya paliurus*					√	4391	E、G、L
赤皮青冈	*Cyclobalanopsis gilva*					√	1	Y
天台鹅耳枥	*Carpinus tientaiensis*	国家二级	CR		√		19	L
华顶卷耳	*Cerastium huadingense*					√	20	L
孩儿参	*Pseudostellaria heterophylla*	省重点					400	G、L
野荞麦	*Fagopyrum dibotrys*	国家二级					11769	除D、G、N、O
杨桐	*Cleyera japonica*	省重点					5269	D、E、G、I、J、K、L、O
柃木	*Eurya japonica*	省重点					75	I
尖萼紫茎	*Stewartia acutisepala*	省重点				√	368	L
软枣猕猴桃	*Actinidia arguta*	国家二级					6	G
中华猕猴桃	*Actinidia chinensis*	国家二级					36538	X
小叶猕猴桃	*Actinidia lanceolata*		VU				15282	X
大籽猕猴桃	*Actinidia macrosperma*	国家二级					1	L
南京椴	*Tilia miqueliana*		VU				281	B、L、N
展毛栝楼	*Trichosanthes rosthornii* subsp. *patentivillosa*					√	4	G
秋海棠	*Begonia grandis*	省重点					75	B、L
中华秋海棠	*Begonia grandis* subsp. *sinensis*	省重点					50	F、L
云南山萮菜	*Eutrema yunnanense*					√	10	L
华顶杜鹃	*Rhododendron huadingense*	国家二级			√		307	L
银钟花	*Halesia macgregorii*	省重点					2	G、L

续表

种中文名	种拉丁学名	保护级别	《中国生物多样性红色名录》	CITES	《浙江省极小种群规划》	其他珍稀濒危植物	评估数量/株	地理分布
玉铃花	*Styrax obassia*					√	50	L
毛莨叶报春	*Primula cicutariifolia*		VU				2459	E、G、L
浙皖绣球	*Hydrangea zhewanensis*					√	110	L
湖北山楂	*Crataegus hupehensis*					√	40	L
鸡麻	*Rhodotypos scandens*	省重点			√		1	L
华顶悬钩子	*Rubus huadingensis*					√	26	L
黄山紫荆	*Cercis chingii*		EN				278	B、D、L、M
天台猪屎豆	*Crotalaria tiantaiensis*					√	1	Y
南岭黄檀	*Dalbergia assamica*			附录Ⅱ			15	D
黄檀	*Dalbergia hupeana*			附录Ⅱ			24768	X
香港黄檀	*Dalbergia millettii*			附录Ⅱ			25646	X
中南鱼藤	*Derris fordii*	省重点					4	C、E
野大豆	*Glycine soja*	国家二级					205039	X
尾叶山黧豆	*Lathyrus caudatus*				√		1	Y
花榈木	*Ormosia henryi*	国家二级	VU				228	B、D、E、G、L、M
闽槐	*Sophora franchetiana*					√	140	F、G、I、L
山绿豆	*Vigna minima*	省重点					509	B、C、D、I、G、L、M、N、O
野豇豆	*Vigna vexillata*	省重点					474	A、B、F、H、I、K、L、M、N
浙江紫薇	*Lagerstroemia chekiangensis*					√	175	A、B、C、E、I
倒卵叶瑞香	*Daphne grueningiana*	省重点			√		80	G、L
芫花	*Wikstroemia genkwa*					√	3161	A、B、C、I、L、M
野菱	*Trapa incisa*	国家二级					5796	C、D、E、I、J、M
米面蓊	*Buckleya lanceolata*					√	1	Y
东方野扇花	*Sarcococca orientalis*	省重点			√		17	G
三叶崖爬藤	*Tetrastigma hemsleyanum*	省重点			√		1405	F、G、I、L、O
浙江蘡薁	*Vitis zhejiang-adstricta*	国家二级					5	A

种中文名	种拉丁学名	保护级别	《中国生物多样性红色名录》	CITES	《浙江省极小种群规划》	其他珍稀濒危植物	评估数量/株	地理分布
瘿椒树	*Tapiscia sinensis*					√	53	L
锐角槭	*Acer acutum*				√		75	L
临安槭	*Acer linganense*		VU				10	L
稀花槭	*Acer pauciflorum*		VU		√		10	E
天目槭	*Acer sinopurpurascens*	省重点			√		20	L
红花香椿	*Toona fargesii*		VU				140	E、G、I、L
山橘	*Fortunella hindsii*	国家二级					15	I、L
秃叶黄檗	*Phellodendron chinense* var. *glabriusculum*	省重点					15	L
朵椒	*Zanthoxylum molle*		VU				175	E、I、N
吴茱萸五加	*Gamblea ciliata* var. *evodiifolia*		VU				1580	A、G、L
竹节参	*Panax japonicus*	国家二级			√		1	L
明党参	*Changium smyrnioides*	国家二级	VU				20	B
紫花山芹	*Ostericum atropurpureum*					√	15	L
徐长卿	*Cynanchum paniculatum*					√	1	A、L
碎米桠	*Isodon rubescens*					√	52	A、I
浙江琴柱草	*Salvia nipponica* subsp. *zhejiangensis*					√	1	G
天目地黄	*Rehmannia chingii*		VU				4391	X
毛果短冠草	*Sopubia lasiocarpa*					√	1	L
菜头肾	*Strobilanthes sarcorrhiza*	省重点					26	A
香果树	*Emmenopterys henryi*	国家二级					58	B、G、L、O
日本假繁缕	*Theligonum japonicum*					√	1	L
浙江七子花	*Heptacodium miconioides* subsp. *jasminoides*	国家二级	EN				1163	G、L
毛萼忍冬	*Lonicera trichosepala*					√	8	L
黑果荚蒾	*Viburnum melanocarpum*					√	6	L
浙江垂头蓟	*Cirsium zhejiangense*					√	122	B、E、G、L
长花帚菊	*Pertya glabrescens*		EN				2	B
小慈姑	*Sagittaria potamogetifolia*		VU				1	L
水车前	*Ottelia alismoides*	国家二级	VU				228	J、K、N

续表

种中文名	种拉丁学名	保护级别	《中国生物多样性红色名录》	CITES	《浙江省极小种群规划》	其他珍稀濒危植物	评估数量/株	地理分布
多枝霉草	*Sciaphila ramosa*		EN				26	G、O
长苞谷精草	*Eriocaulon decemflorum*		VU				1580	G、L
大花楔颖草	*Apocopis wrightii* var. *macrantha*					√	11	A
薏苡	*Coix lacryma-jobi*	省重点					1897	X
天台薹草	*Carex cercidascus*					√	1	M
禾秆薹草	*Carex graminiculmis*		VU				1229	E、L
永康荸荠	*Eleocharis pellucida* var. *yongkangensis*					√	15	L
曲轴黑三棱	*Sparganium fallax*	省重点					26	L、M
荞麦叶大百合	*Cardiocrinum cathayanum*	国家二级					2107	L
条叶百合	*Lilium callosum*					√	5	E、L
华重楼	*Paris polyphylla* var. *chinensis*	国家二级	VU				1756	G、L
金刚大	*Croomia japonica*	省重点	EN		√		2	L
细柄薯蓣	*Dioscorea tenuipes*		VU				1053	C、G、L
无柱兰	*Amitostigma gracile*			附录Ⅱ			1750	L、G
大花无柱兰	*Amitostigma pinguicula*		CR	附录Ⅱ			6675	B、E、F、G、I、L、M、O
白及	*Bletilla striata*	国家二级	EN	附录Ⅱ			15	E
广东石豆兰	*Bulbophyllum kwangtungense*			附录Ⅱ			3161	B、E、F、G、H、I、M
齿瓣石豆兰	*Bulbophyllum levinei*			附录Ⅱ	√		2	C、I、M
斑唇卷瓣兰	*Bulbophyllum pecten-veneris*			附录Ⅱ			2	Y
钩距虾脊兰	*Calanthe graciliflora*			附录Ⅱ			20	C、G、L
银兰	*Cephalanthera erecta*			附录Ⅱ			1	Y
蜈蚣兰	*Cleisostoma scolopendrifolium*			附录Ⅱ			5094	A、C、E、F、G、H、I、J、M、N
蕙兰	*Cymbidium faberi*	国家二级		附录Ⅱ			526	A、B、L
多花兰	*Cymbidium floribundum*	国家二级	VU	附录Ⅱ			35	H
春兰	*Cymbidium goeringii*	国家二级	VU	附录Ⅱ			1229	B、E、G、I、L、N

续表

种中文名	种拉丁学名	保护级别	《中国生物多样性红色名录》	CITES	《浙江省极小种群规划》	其他珍稀濒危植物	评估数量/株	地理分布
铁皮石斛	*Dendrobium officinale*	国家二级		附录Ⅱ	√		1	Y
尖叶火烧兰	*Epipactis thunbergii*		VU	附录Ⅱ			2	L
斑叶兰	*Goodyera schlechtendaliana*			附录Ⅱ			2	G、L
绿花斑叶兰	*Goodyera viridiflora*			附录Ⅱ			10	L
鹅毛玉凤花	*Habenaria dentata*			附录Ⅱ			1	B
十字兰	*Habenaria schindleri*		VU	附录Ⅱ			1	L
见血青	*Liparis nervosa*			附录Ⅱ			3	B、D
香花羊耳蒜	*Liparis odorata*			附录Ⅱ			1	G
长唇羊耳蒜	*Liparis pauliana*			附录Ⅱ			50	L
纤叶钗子股	*Luisia hancockii*			附录Ⅱ			3337	A、C、E、F、G、H、I、L、M、O
小沼兰	*Malaxis microtatantha*			附录Ⅱ			20	G
长须阔蕊兰	*Peristylus calcaratus*			附录Ⅱ			4	L
细叶石仙桃	*Pholidota cantonensis*			附录Ⅱ			1580	E、F、G、I、J、L、M
舌唇兰	*Platanthera japonica*			附录Ⅱ			20	G
小舌唇兰	*Platanthera minor*			附录Ⅱ			2	L
东亚舌唇兰	*Platanthera ussuriensis*			附录Ⅱ			75	L
台湾独蒜兰	*Pleione formosana*	国家二级	VU	附录Ⅱ			100	G
朱兰	*Pogonia japonica*			附录Ⅱ			1	G
香港绶草	*Spiranthes hongkongensis*			附录Ⅱ			526	G、L
绶草	*Spiranthes sinensis*			附录Ⅱ			30	Y
带唇兰	*Tainia dunnii*			附录Ⅱ			175	E

注:①保护级别中,"国家一级"表示国家一级重点保护野生植物;"国家二级"表示国家二级重点保护野生植物;"省重点"表示浙江省重点保护野生植物。

②《中国生物多样性红色名录》中,"CR"表示极危;"EN"表示濒危;"VU"表示易危。

③地理分布中,"A"表示白鹤;"B"表示赤城;"C"表示福溪;"D"表示洪畴;"E"表示街头;"F"表示雷峰;"G"表示龙溪;"H"表示南屏;"I"表示平桥;"G"表示三合;"K"表示三州;"L"表示石梁;"M"表示始丰;"N"表示坦头;"O"表示泳溪;"X"表示全部乡镇(街道);"Y"表示调查未及。

6.2 国家重点保护野生植物

通过调查统计,天台县有国家重点保护野生植物37种。其中,国家一级重点保护野生植物有南方红豆杉、中华水韭2种;国家二级重点保护野生植物有桧叶白发藓、香果树、水蕨、野荞麦、浙江七子花、野菱、野大豆、中华猕猴桃、长柄石杉、天台鹅耳枥、华重楼等35种。这37种植物中,列入《浙江省极小种群规划》的有7种;列入 *CITES* 附录Ⅱ的有6种;被《中国生物多样性红色名录》评估为极危的有1种,濒危的有6种,易危的有12种。具体名录见表6-3。

表6-3　天台国家重点保护野生植物

种中文名	种拉丁学名	保护级别	《中国生物多样性红色名录》	*CITES*	《浙江省极小种群规划》
桧叶白发藓	*Leucobryum juniperoideum*	国家二级	LC		
小杉兰	*Huperzia selago*	国家二级	VU		
长柄石杉	*Huperzia javanica*	国家二级	EN		
中华水韭	*Isoetes sinensis*	国家一级	EN		√
水蕨	*Ceratopteris thalictroides*	国家二级	VU		
金钱松	*Pseudolarix amabilis*	国家二级	VU		
南方红豆杉	*Taxus mairei*	国家一级	VU	附录Ⅱ	
榧树	*Torreya grandis*	国家二级	LC		
鹅掌楸	*Liriodendron chinense*	国家二级	LC		
凹叶厚朴	*Magnolia officinalis* subsp. *biloba*	国家二级	LC		
夏蜡梅	*Sinocalycanthus chinensis*	国家二级	EN		√
短萼黄连	*Coptis chinensis* var. *brevisepala*	国家二级	EN		√
六角莲	*Dysosma pleiantha*	国家二级	NT		
榉树	*Zelkova schneideriana*	国家二级	NT		
天台鹅耳枥	*Carpinus tientaiensis*	国家二级	CR		√
野荞麦	*Fagopyrum dibotrys*	国家二级	LC		
软枣猕猴桃	*Actinidia arguta*	国家二级	LC		
中华猕猴桃	*Actinidia chinensis*	国家二级	LC		
大籽猕猴桃	*Actinidia macrosperma*	国家二级	NE		
华顶杜鹃	*Rhododendron huadingense*	国家二级	DD		√
野大豆	*Glycine soja*	国家二级	LC		
花榈木	*Ormosia henryi*	国家二级	VU		

续表

种中文名	种拉丁学名	保护级别	《中国生物多样性红色名录》	CITES	《浙江省极小种群规划》
野菱	*Trapa incisa*	国家二级	DD		
浙江蘡薁	*Vitis zhejiang-adstricta*	国家二级	LC		
山橘	*Fortunella hindsii*	国家二级	LC		
竹节参	*Panax japonicus*	国家二级	NE		√
明党参	*Changium smyrnioides*	国家二级	VU		
香果树	*Emmenopterys henryi*	国家二级	NT		
浙江七子花	*Heptacodium miconioides* subsp. *jasminoides*	国家二级	EN		
水车前	*Ottelia alismoides*	国家二级	VU		
荞麦叶大百合	*Cardiocrinum cathayanum*	国家二级	LC		
华重楼	*Paris polyphylla* var. *chinensis*	国家二级	VU		
蕙兰	*Cymbidium faberi*	国家二级	LC	附录Ⅱ	
多花兰	*Cymbidium floribundum*	国家二级	VU	附录Ⅱ	
春兰	*Cymbidium goeringii*	国家二级	VU	附录Ⅱ	
铁皮石斛	*Dendrobium officinale*	国家二级	NE	附录Ⅱ	√
台湾独蒜兰	*Pleione formosana*	国家二级	VU	附录Ⅱ	

注：①保护级别中，"国家一级"表示国家一级重点保护野生植物；"国家二级"表示国家二级重点保护野生植物。
②《中国生物多样性红色名录》中，"CR"表示极危；"EN"表示濒危；"VU"表示易危；"NT"表示近危；"LC"表示无危；"DD"表示数据缺乏；"NE"表示未予评估。

6.3 浙江省重点保护野生植物

　　天台县珍稀濒危植物中，属于浙江省重点保护野生植物的有 29 种。其中，列入《浙江省极小种群规划》的有 9 种；被《中国生物多样性红色名录》评估为濒危的有金刚大 1 种，易危的有松叶蕨、天目木姜子 2 种。具体名录详见表 6-4。

表 6-4　天台浙江省重点保护野生植物

种中文名	种拉丁学名	《中国生物多样性红色名录》
松叶蕨	*Psilotum nudum*	VU
天目木姜子	*Litsea auriculata*	VU
睡莲	*Nymphaea tetragona*	NE
毛叶铁线莲	*Clematis lanuginosa*	LC

续表

种中文名	种拉丁学名	《中国生物多样性红色名录》
天台铁线莲	*Clematis tientaiensis*	LC
草芍药	*Paeonia obovata*	LC
箭叶淫羊藿	*Epimedium sagittatum*	NT
全叶延胡索	*Corydalis repens*	LC
樱果朴	*Celtis cerasifera*	NT
孩儿参	*Pseudostellaria heterophylla*	LC
杨桐	*Cleyera japonica*	LC
柃木	*Eurya japonica*	LC
尖萼紫茎	*Stewartia acutisepala*	LC
秋海棠	*Begonia grandis*	LC
中华秋海棠	*Begonia grandis* subsp. *sinensis*	LC
银钟花	*Halesia macgregorii*	NT
鸡麻	*Rhodotypos scandens*	NE
中南鱼藤	*Derris fordii*	LC
山绿豆	*Vigna minima*	LC
野豇豆	*Vigna vexillata*	LC
倒卵叶瑞香	*Daphne grueningiana*	LC
东方野扇花	*Sarcococca orientalis*	NE
三叶崖爬藤	*Tetrastigma hemsleyanum*	LC
天目槭	*Acer sinopurpurascens*	LC
秃叶黄檗	*Phellodendron chinense* var. *glabriusculum*	NE
菜头肾	*Strobilanthes sarcorrhiza*	LC
薏苡	*Coix lacryma-jobi*	LC
曲轴黑三棱	*Sparganium fallax*	LC
金刚大	*Croomia japonica*	EN

注:《中国生物多样性红色名录》中,"CR"表示极危;"EN"表示濒危;"VU"表示易危;"NT"表示近危;"LC"表示无危;"DD"表示数据缺乏;"NE"表示未予评估。

6.4 《中国生物多样性红色名录—高等植物卷》评估为易危及以上等级植物

天台县珍稀濒危植物中,《中国生物多样性红色名录》评估为易危及以上物种有南方红豆杉、中华水韭、台湾独蒜兰、春兰、水蕨、华重楼、天台鹅耳枥、花榈木、夏蜡梅、短萼黄连、黄精叶钩吻、天目木姜子、松叶蕨等 43 种(极危 2 种,濒危 10 种,易危 31 种,见图 6-1),占天台县珍稀濒危植物总数的 28.3%。其中,国家一级重点保护野生植物有 2 种,国家二级重点保护野生植物有 16 种;浙江省重点保护野生植物有 3 种;列入 CITES 附录(全为附录Ⅱ)的物种有 8 种;列入《浙江省极小种群规划》的有 7 种。具体名录详见表 6-5。

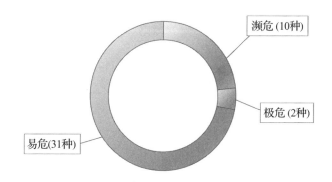

图 6-1 天台被《中国生物多样性红色名录》评估为易危及以上等级植物

表 6-5 天台被《中国生物多样性红色名录》评估为易危及以上等级植物

种中文名	种拉丁学名	保护级别	《中国生物多样性红色名录》	CITES	《浙江省极小种群规划》
瘤根真藓	*Bryum bornholmense*		VU		
卷叶扭口藓	*Barbula convoluta*		VU		
小杉兰	*Huperzia selago*	国家二级	VU		
长柄石杉	*Huperzia javanica*	国家二级	EN		
中华水韭	*Isoetes sinensis*	国家一级	EN		√
松叶蕨	*Psilotum nudum*	省重点	VU		
水蕨	*Ceratopteris thalictroides*	国家二级	VU		
金钱松	*Pseudolarix amabilis*	国家二级	VU		
南方红豆杉	*Taxus mairei*	国家一级	VU	附录Ⅱ	

续表

种中文名	种拉丁学名	保护级别	《中国生物多样性红色名录》	CITES	《浙江省极小种群规划》
夏蜡梅	*Sinocalycanthus chinensis*	国家二级	EN		√
天目木姜子	*Litsea auriculata*	省重点	VU		√
短萼黄连	*Coptis chinensis* var. *brevisepala*	国家二级	EN		√
牛鼻栓	*Fortunearia sinensis*		VU		
天台鹅耳枥	*Carpinus tientaiensis*	国家二级	CR		√
小叶猕猴桃	*Actinidia lanceolata*		VU		
南京椴	*Tilia miqueliana*		VU		
毛茛叶报春	*Primula cicutariifolia*		VU		
黄山紫荆	*Cercis chingii*		EN		
花榈木	*Ormosia henryi*	国家二级	VU		
临安槭	*Acer linganense*		VU		
稀花槭	*Acer pauciflorum*		VU		√
红花香椿	*Toona fargesii*		VU		
朵椒	*Zanthoxylum molle*		VU		
吴茱萸五加	*Gamblea ciliata* var. *evodiifolia*		VU		
明党参	*Changium smyrnioides*	国家二级	VU		
天目地黄	*Rehmannia chingii*		VU		
浙江七子花	*Heptacodium miconioides* subsp. *jasminoides*	国家二级	EN		
长花帚菊	*Pertya glabrescens*		EN		
小慈姑	*Sagittaria potamogetifolia*		VU		
水车前	*Ottelia alismoides*	国家二级	VU		
多枝霉草	*Sciaphila ramosa*		EN		
长苞谷精草	*Eriocaulon decemflorum*		VU		
禾秆薹草	*Carex graminiculmis*		VU		
华重楼	*Paris polyphylla* var. *chinensis*	国家二级	VU		
金刚大	*Croomia japonica*	省重点	EN		√
细柄薯蓣	*Dioscorea tenuipes*		VU		
大花无柱兰	*Amitostigma pinguicula*		CR	附录Ⅱ	
白及	*Bletilla striata*	国家二级	EN	附录Ⅱ	

续表

种中文名	种拉丁学名	保护级别	《中国生物多样性红色名录》	CITES	《浙江省极小种群规划》
多花兰	*Cymbidium floribundum*	国家二级	VU	附录Ⅱ	
春兰	*Cymbidium goeringii*	国家二级	VU	附录Ⅱ	
尖叶火烧兰	*Epipactis thunbergii*		VU	附录Ⅱ	
十字兰	*Habenaria schindleri*		VU	附录Ⅱ	
台湾独蒜兰	*Pleione formosana*	国家二级	VU	附录Ⅱ	

注：①保护级别中，"国家一级"表示国家一级重点保护野生植物；"国家二级"表示国家二级重点保护野生植物；"省重点"表示浙江省重点保护野生植物。

②《中国生物多样性红色名录》中，"CR"表示极危；"EN"表示濒危；"VU"表示易危；"NT"表示近危；"LC"表示无危；"DD"表示数据缺乏；"NE"表示未予评估。

 ## 6.5 列入《濒危野生动植物种国际贸易公约》附录植物

天台县珍稀濒危植物中，列入 CITES 附录的有 37 种，其中兰科植物有 21 属 33 种。其中，国家一级重点保护野生植物有 1 种，国家二级重点保护野生植物有 6 种；被《中国生物多样性红色名录》评为易危及以上等级的有 8 种（表 6-6）。

表 6-6　天台列入 CITES 附录植物

种中文名	种拉丁学名	保护级别	《中国生物多样性红色名录》	CITES
南方红豆杉	*Taxus mairei*	国家一级	VU	附录Ⅱ
南岭黄檀	*Dalbergia assamica*		NE	附录Ⅱ
黄檀	*Dalbergia hupeana*		NT	附录Ⅱ
香港黄檀	*Dalbergia millettii*		LC	附录Ⅱ
无柱兰	*Amitostigma gracile*		LC	附录Ⅱ
大花无柱兰	*Amitostigma pinguicula*		CR	附录Ⅱ
白及	*Bletilla striata*	国家二级	EN	附录Ⅱ
广东石豆兰	*Bulbophyllum kwangtungense*		LC	附录Ⅱ
齿瓣石豆兰	*Bulbophyllum levinei*		LC	附录Ⅱ
斑唇卷瓣兰	*Bulbophyllum pecten-veneris*		LC	附录Ⅱ
钩距虾脊兰	*Calanthe graciliflora*		NT	附录Ⅱ
银兰	*Cephalanthera erecta*		LC	附录Ⅱ
蜈蚣兰	*Cleisostoma scolopendrifolium*		LC	附录Ⅱ

续表

种中文名	种拉丁学名	保护级别	《中国生物多样性红色名录》	CITES
蕙兰	*Cymbidium faberi*	国家二级	LC	附录Ⅱ
多花兰	*Cymbidium floribundum*	国家二级	VU	附录Ⅱ
春兰	*Cymbidium goeringii*	国家二级	VU	附录Ⅱ
铁皮石斛	*Dendrobium officinale*	国家二级	NE	附录Ⅱ
尖叶火烧兰	*Epipactis thunbergii*		VU	附录Ⅱ
斑叶兰	*Goodyera schlechtendaliana*		NT	附录Ⅱ
绿花斑叶兰	*Goodyera viridiflora*		LC	附录Ⅱ
鹅毛玉凤花	*Habenaria dentata*		LC	附录Ⅱ
十字兰	*Habenaria schindleri*		VU	附录Ⅱ
见血青	*Liparis nervosa*		LC	附录Ⅱ
香花羊耳蒜	*Liparis odorata*		LC	附录Ⅱ
长唇羊耳蒜	*Liparis pauliana*		LC	附录Ⅱ
纤叶钗子股	*Luisia hancockii*		LC	附录Ⅱ
小沼兰	*Malaxis microtatantha*		NT	附录Ⅱ
长须阔蕊兰	*Peristylus calcaratus*		LC	附录Ⅱ
细叶石仙桃	*Pholidota cantonensis*		LC	附录Ⅱ
舌唇兰	*Platanthera japonica*		LC	附录Ⅱ
小舌唇兰	*Platanthera minor*		LC	附录Ⅱ
东亚舌唇兰	*Platanthera ussuriensis*		NT	附录Ⅱ
台湾独蒜兰	*Pleione formosana*	国家二级	VU	附录Ⅱ
朱兰	*Pogonia japonica*		NT	附录Ⅱ
香港绶草	*Spiranthes hongkongensis*		NE	附录Ⅱ
绶草	*Spiranthes sinensis*		LC	附录Ⅱ
带唇兰	*Tainia dunnii*		NT	附录Ⅱ

注:①保护级别中,"国家一级"表示国家一级重点保护野生植物;"国家二级"表示国家二级重点保护野生植物;"省重点"表示浙江省重点保护野生植物。

②《中国生物多样性红色名录》中,"CR"表示极危;"EN"表示濒危;"VU"表示易危;"NT"表示近危;"LC"表示无危;"DD"表示数据缺乏;"NE"表示未予评估。

6.6 列入《浙江省极小种群野生植物拯救保护规划(2010—2015)》植物

天台县珍稀濒危植物中,列入《浙江省极小种群规划》的有中华水韭、天台鹅耳枥、华顶杜鹃、短萼黄连、夏蜡梅、金刚大、倒卵叶瑞香、三叶崖爬藤、天目槭、天目木姜子、鸡麻、东方野扇花等21种。其中,国家一级重点保护野生植物有1种,国家二级重点保护野生植物有6种;浙江省重点保护野生植物有等9种;列入 CITES 附录Ⅱ的有2种;被《中国生物多样性红色名录》评估为极危的有1种,濒危的有4种,易危的有2种。具体名录详见表6-7。

表 6-7 天台列入《浙江省极小种群规划》植物

种中文名	种拉丁学名	保护级别	《中国生物多样性红色名录》	CITES
中华水韭	*Isoetes sinensis*	国家一级	EN	
夏蜡梅	*Sinocalycanthus chinensis*	国家二级	EN	
天目木姜子	*Litsea auriculata*	省重点	VU	
睡莲	*Nymphaea tetragona*	省重点	NE	
短萼黄连	*Coptis chinensis* var. *brevisepala*	国家二级	EN	
獐耳细辛	*Hepatica nobilis* var. *asiatica*			
天台鹅耳枥	*Carpinus tientaiensis*	国家二级	CR	
尖萼紫茎	*Stewartia acutisepala*	省重点	LC	
华顶杜鹃	*Rhododendron huadingense*	国家二级	DD	
鸡麻	*Rhodotypos scandens*	省重点	NE	
尾叶山黧豆	*Lathyrus caudatus*			
倒卵叶瑞香	*Daphne grueningiana*	省重点	LC	
东方野扇花	*Sarcococca orientalis*	省重点	NE	
三叶崖爬藤	*Tetrastigma hemsleyanum*	省重点	LC	
锐角槭	*Acer acutum*			
稀花槭	*Acer pauciflorum*		VU	
天目槭	*Acer sinopurpurascens*	省重点	LC	
竹节参	*Panax japonicus*	国家二级	NE	

续表

种中文名	种拉丁学名	保护级别	《中国生物多样性红色名录》	CITES
金刚大	*Croomia japonica*	省重点	EN	
齿瓣石豆兰	*Bulbophyllum levinei*		LC	附录Ⅱ
铁皮石斛	*Dendrobium officinale*	国家二级	NE	附录Ⅱ

注:①保护级别中,"国家一级"表示国家一级重点保护野生植物;"国家二级"表示国家二级重点保护野生植物;"省重点"表示浙江省重点保护野生植物。

②《中国生物多样性红色名录》中,"CR"表示极危;"EN"表示濒危;"VU"表示易危;"NT"表示近危;"LC"表示无危;"DD"表示数据缺乏;"NE"表示未予评估。

6.7 其他珍稀濒危植物

其他珍稀濒危植物是指那些在天台县范围内具有独特性、稀有性,或具有很高的观赏价值、药用价值及其他特殊用途,但未列入前述保护名单中的植物。通过调查、评估发现,天台县有其他珍稀濒危植物有 34 种,隶属于 29 科 34 属(表 6-8)。它们中有的数量极其稀少,如浙江琴柱草、华顶卷耳、条叶百合;有的有极高的观赏价值,如毛萼铁线莲、乳源木莲;有的仅在天台有分布,如华顶悬钩子;等等。

表 6-8 天台其他珍稀濒危植物

种中文名	种拉丁学名
腺毛肿足蕨	*Hypodematium glandulosum*
观光鳞毛蕨	*Dryopteris tsoongii*
黄山木兰	*Magnolia cylindrica*
乳源木莲	*Manglietia yuyuanensis*
大别山马兜铃	*Aristolochia dabieshanensis*
毛萼铁线莲	*Clematis hancockiana*
青钱柳	*Cyclocarya paliurus*
赤皮青冈	*Cyclobalanopsis gilva*
华顶卷耳	*Cerastium huadingense*
展毛栝楼	*Trichosanthes rosthornii* subsp. *patentivillosa*
云南山萮菜	*Eutrema yunnanense*
玉铃花	*Styrax obassia*
浙皖绣球	*Hydrangea zhewanensis*
湖北山楂	*Crataegus hupehensis*
华顶悬钩子	*Rubus huadingensis*

种中文名	种拉丁学名
天台猪屎豆	*Crotalaria tiantaiensis*
闽槐	*Sophora franchetiana*
浙江紫薇	*Lagerstroemia chekiangensis*
芫花	*Wikstroemia genkwa*
米面蓊	*Buckleya lanceolata*
瘿椒树	*Tapiscia sinensis*
紫花山芹	*Ostericum atropurpureum*
徐长卿	*Cynanchum paniculatum*
碎米桠	*Isodon rubescens*
浙江琴柱草	*Salvia nipponica* subsp. *zhejiangensis*
毛果短冠草	*Sopubia lasiocarpa*
日本假繁缕	*Theligonum japonicum*
毛萼忍冬	*Lonicera trichosepala*
黑果荚蒾	*Viburnum melanocarpum*
浙江垂头蓟	*Cirsium zhejiangense*
大花楔颖草	*Apocopis wrightii* var. *macrantha*
天台薹草	*Carex cercidascus*
永康荸荠	*Eleocharis pellucida* var. *yongkangensis*
条叶百合	*Lilium callosum*

6.8　分布格局

6.8.1　水平分布格局分析

统计天台县各乡镇(街道)珍稀濒危植物的种类,可以发现,其种数由多到少依次是石梁(102 种)、龙溪(59 种)、街头(38 种)、平桥(35 种)、赤城(31 种)、始丰(27 种)、白鹤(25 种)、雷峰(21 种)、福溪(20 种)、坦头(19 种)、泳溪(19 种)、洪畴(18 种)、三合(16 种)、南屏(15 种)、三州(14 种)。石梁物种丰富度最高,具有天台鹅耳枥、中华水韭、浙江七子花、红花香椿等 102 种,石梁的珍稀濒危植物种数占天台县珍稀濒危植物总种数的比例高达 67.1%,是天台县珍稀濒危植物最丰富的地区。这主要是因为石梁地区地形复杂,土地资源丰富,土壤类型多样,加之石梁有华顶山等山峰分布,海拔较高,适合多种植物生存和繁衍,为各种珍稀濒危植物的繁育提供了得天独厚的生境条件。这同时也与在天台山开展调查的频率较高有关。

在这些珍稀濒危植物中,薏苡、小叶猕猴桃、桧叶白发藓、野大豆、中华猕猴桃、天目地黄、野荞麦等分布广,数量多。仅分布于石梁的有天台鹅耳枥、大籽猕猴桃、华顶悬钩子、瘤根真藓、睡莲、全叶延胡索、中华水韭等 44 种;仅分布于白鹤的有菜头肾、大花楔颖草、浙江蘡薁 3 种;仅分布于赤城的有鹅毛玉凤花、毛萼铁线莲、明党参、长花帚菊 4 种;仅分布于洪畴的有南岭黄檀 1 种；仅分布于街头的有白及、带唇兰、松叶蕨、稀花槭 4 种；仅分布于龙溪的有东方野扇花、夏蜡梅、小沼兰、展毛栝楼、软枣猕猴桃等 10 种；仅分布于南屏的有多花兰 1 种；仅分布于平桥的有柃木 1 种；仅分布始丰的有天台薹草 1 种。这种分布不均的原因可能是这些地区生境差异较大，不完全适合这些珍稀濒危野生植物的生长，或者是由人为采摘、砍伐等破坏较严重所致，具体原因有待进一步查明。

6.8.2　垂直分布格局分析

在垂直分布方面，根据天台县的海拔高度，同时考虑到统计样本需要的数量，按照每隔海拔 200m 分段设置海拔梯度，分成 6 个区段，统计每个区段珍稀濒危植物的种数（由于部分物种来自历史资料，无海拔信息，本次不进行统计）。

从图 6-2 可以看出，天台珍稀濒危植物海拔分布较广，在海平面以上均有分布。在海拔 600m 以下，珍稀濒危植物种数随海拔升高而逐渐增加；在海拔 400～600m 区段分布的珍稀濒危植物最多，达有 57 种，占天台珍稀濒危植物总种数的 37.5％；而在海拔 600m 以上，珍稀濒危植物种数随海拔升高而逐渐降低。这可能是地形、地貌、人为活动、物种生活型等综合作用的结果。

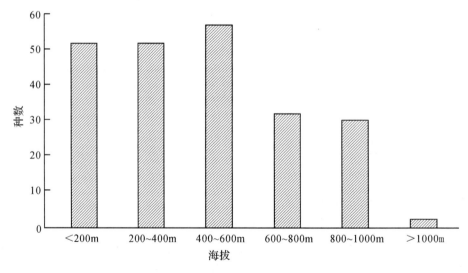

图 6-2　天台珍稀濒危植物物种数的海拔梯度分布

6.8.3　分布特点

研究珍稀濒危植物的分布特点，有利于了解区域内物种丰富度发生变化的基本规律，为进一步认识植物与环境之间的生态关系、制定保护策略等提供科学依据。

1. 生境复杂，物种丰富

天台县共有珍稀濒危野生植物 152 种，隶属于 71 科 124 属，其中苔藓植物有 3 科 3 属 3 种，占天台县野生植物总种数的 7.2％。天台国家重点保护野生植物有 37 种，包括国家一级重点保护野生植物 2 种，国家二级重点保护野生植物 35 种；浙江省重点保护野生植物有 29 种;被《中国生物多样性红色名录》列为易危及以上的有 43 种;列入《浙江省极小种群规划》的有 21 种;列入 CITES 附录(全为附录Ⅱ)的有 37 种;其他珍稀濒危物种有 34 种。

2. 明星物种,独树一帜

天台县 152 种珍稀濒危物种中,天台鹅耳枥、天台铁线莲、华顶杜鹃、华顶卷耳等模式标本均采自天台,且仅在浙江有分布。它们不仅分布区狭窄,数量稀少,而且或对研究植物的地理分布和生物多样性等具有重要的价值,或花型优美、色彩艳丽,为园艺家所青睐,是天台当之无愧的明星物种。

3. 重点分布区域突出

在水平分布上,珍稀濒危物种主要集中分布于石梁、龙溪、街头等乡镇(街道),主要是由于这些区域海拔高差大,生境类型多样,为植物的生长提供了优越的环境。同时,各乡镇(街道)分布物种各具特色,如菜头肾、大花樨颖草、浙江蘡薁仅分布于白鹤;鹅毛玉凤花、毛萼铁线莲、明党参、长花帚菊仅分布于赤城;南岭黄檀仅分布于洪畴;柃木仅分布于平桥;仅分布于石梁的有天台鹅耳枥、大籽猕猴桃、华顶悬钩子、瘤根真藓、睡莲、全叶延胡索、中华水韭等 45 种,占天台珍稀濒危植物总种数的 29.6%。推测这种分布不均的原因可能是这些地区生境差异较大,这些珍稀濒危野生植物不能完全适合,或者由人为采摘、砍伐等破坏较严重所致,具体原因有待进一步查明。

在垂直分布上,珍稀濒危植物集中分布于海拔 600m 以下,特别是海拔 400～600m 处,植物种类多,而在海拔 600m 以上的地区,由于海拔高、气温低、环境恶劣,许多珍稀濒危植物难以生存,导致分布的珍稀濒危植物总种数下降,这与浙江省珍稀濒危植物的垂直分布格局基本一致。

6.8.4 重视度评价及保护建议

1. 重视度评价

(1)评价指标

为了体现对珍稀濒危物种的重视程度,笔者采用"重视度"指标。从"是否是国家及浙江省重点保护野生植物""是否列入《浙江省极小种群规划》"等 5 个大项、12 个小项来评价具体的物种。"重视度"指标评价内容及标准参见表 6-9。

表 6-9 "重视度"指标评价内容及标准

指标内容	分数
重点保护野生植物	
国家一级重点保护野生植物	24
国家二级重点保护野生植物	18
浙江省重点保护野生植物	12
《浙江省极小种群规划》	
浙江省极小种群野生植物	24

续表

指标内容	分数
CITES	
附录Ⅱ	24
《中国生物多样性红色名录》	
极危(CR)	24
濒危(EN)	18
易危(VU)	12
近危(NT)	6
无危(LC)、数据缺乏(DD)、未予评价(NE)	0
其他珍稀濒危植物	
其他珍稀濒危植物	4

（2）评价结果

通过对天台县珍稀濒危植物进行"重视度"指标评价，总分100分，以20分为1个区间，可以分4个区间。从表6-10中可以看出分数在60分以上的有3种。它们基本是天台县目前最亟待重点保护和繁育的物种。

表6-10　天台珍稀濒危植物"重视度"指标评价表

分数区间	物种	物种数
0～20	腺毛肿足蕨、观光鳞毛蕨、榉树、黄山木兰、凹叶厚朴、乳源木莲、大别山马兜铃、毛萼铁线莲、毛叶铁线莲、天台铁线莲、草芍药、箭叶淫羊藿、全叶延胡索、牛鼻栓、瘤根真藓、卷叶扭口藓、青钱柳、赤皮青冈、华顶卷耳、孩儿参、野荞麦、杨桐、桧叶白发藓、枱木、软枣猕猴桃、中华猕猴桃、小叶猕猴桃、大籽猕猴桃、南京椴、展毛栝楼、秋海棠、中华秋海棠、云南山莨菜、银钟花、玉铃花、毛茛叶报春、浙皖绣球、湖北山楂、华顶悬钩子、黄山紫荆、天台猪屎豆、中南鱼藤、野大豆、闽槐、山绿豆、野豇豆、浙江紫薇、芫花、野菱、米面蓊、浙江蓣蓂、瘿椒树、临安槭、红花香椿、山橘、秃叶黄檗、朵椒、吴茱萸五加、紫花山芹、徐长卿、碎米桠、浙江琴柱草、天目地黄、毛果短冠草、菜头肾、日本假繁缕、毛萼忍冬、黑果荚蒾、浙江垂头蓟、长花帚菊、小慈姑、长苞谷精草、大花楔颖草、薏苡、天台薹草、禾秆薹草、永康莎芹、曲轴黑三棱、荞麦叶大百合、条叶百合、细柄薯蓣	81
21～40	小杉兰、长柄石杉、松叶蕨、水蕨、金钱松、睡莲、獐耳细辛、六角莲、樱果朴、椤树、尖萼紫茎、鸡麻、南岭黄檀、黄檀、香港黄檀、尾叶山鬟豆、花榈木、倒卵叶瑞香、东方野扇花、三叶崖爬藤、锐角槭、稀花槭、天目槭、明党参、香果树、浙江七子花、水车前、多枝霉草、华重楼、无柱兰、广东石豆兰、斑唇卷瓣兰、钩距虾脊兰、银兰、蜈蚣兰、尖叶火烧兰、斑叶兰、绿花斑叶兰、鹅毛玉凤花、十字兰、见血青、香花羊耳蒜、长唇羊耳蒜、纤叶钗子股、小沼兰、长须阔蕊兰、细叶石仙桃、舌唇兰、小舌唇兰、东亚舌唇兰、朱兰、香港绶草、绶草、带唇兰	54
41～60	南方红豆杉、夏蜡梅、天目木姜子、短萼黄连、华顶杜鹃、竹节参、金刚大、大花无柱兰、白及、齿瓣石豆兰、蕙兰、多花兰、春兰、台湾独蒜兰	14
61～100	中华水韭、天台鹅耳枥、铁皮石斛	3

2.建议

(1)开展珍稀濒危物种的繁育

珍稀濒危物种繁育是一项艰巨而持久的工作。在经费有限的情况下,建议优先考虑"重视度"指标在 60 分及以上的物种,如中华水韭、天台鹅耳枥、夏蜡梅、金刚大、华顶杜鹃等。

(2)提升对珍稀濒危物种的重视度

提高物种关注度也是珍稀濒危物种保护的一个重要手段。目前,"重视度"指标在 21～60 的大量物种正处在消亡边缘,但是并未引起足够的重视。

(3)加强薄弱区野外调查工作

野外调查是物种保护的基础,只有经过详细的野外调查,才能提出合理的物种保护措施。由于天台县地形复杂,高山峻岭,依旧有大量的区域需要专业人员去探索。

(4)发展民间力量

由于生活水平的提高,大量民间植物爱好者纷纷涌现,对天台珍稀濒危植物的发现与保护起到重要的作用。正确地引导、培训这些民间爱好者,不仅能扩大调查面,而且能提升宣传效果,是一举两得的好事。

第7章　外来入侵植物

7.1　调查方法

调查组采用标准样地和样带相结合的调查方法,对天台县不同生境下的外来入侵植物进行详细调查。调查生境主要包括山地、田地、水塘、村舍旁等。结合《浙江省外来入侵植物研究》及其他相关资料,对天台县外来入侵植物的组成及生物学特性进行了分析研究(栽培物种不纳入统计)。

7.2　外来入侵植物组成

7.2.1　科、属组成

根据《浙江省外来入侵植物研究》及其他相关文献资料,初步确定天台有外来入侵植物52种,隶属于25科39属,其中双子叶植物23科36属49种,单子叶植物2科3属3种(表7-1)。对科的统计发现(表7-2),天台外来入侵植物中,菊科有11种,占天台外来入侵植物总种数的21.2%,具有绝对的优势地位,这可能与菊科为广布的超大科、种子数量大、体积小、具有冠毛等利于传播的特殊构造有关;苋科有5种,占天台外来入侵植物总种数的9.6%;玄参科有4种,占天台外来入侵植物总种数的7.7%;大戟科、旋花科各有3种,各占天台外来入侵植物总种数的5.8%;藜科、十字花科、豆科、伞形科、茄科、禾本科各有2种,各占天台外来入侵植物总种数的3.8%;其余14科均为1种。

表 7-1　天台外来入侵植物

序号	种名	科名	危害程度	原产地
1	草胡椒 *Peperomia pellucida*	胡椒科	+	美洲
2	小叶冷水花 *Pilea microphylla*	荨麻科	+	美洲
3	土荆芥 *Chenopodium ambrosioides*	藜科	++	美洲
4	小藜 *Chenopodium serotinum*	藜科	+	欧洲
5	绿穗苋 *Amaranthus hybridus*	苋科	++	美洲

序号	种名	科名	危害程度	原产地
6	凹头苋 *Amaranthus lividus*	苋科	＋	美洲
7	刺苋 *Amaranthus spinosus*	苋科	＋＋	美洲
8	皱果苋 *Amaranthus viridis*	苋科	＋	美洲
9	喜旱莲子草 *Alternanthera philoxeroides*	苋科	＋＋＋	美洲
10	垂序商陆 *Phytolacca americana*	商陆科	＋＋	美洲
11	无瓣繁缕 *Stellaria apetala*	石竹科	＋＋	欧洲
12	刺果毛茛 *Ranunculus muricatus*	毛茛科	＋＋	欧洲
13	北美独行菜 *Lepidium virginicum*	十字花科	＋	美洲
14	臭荠 *Coronopus didymus*	十字花科	＋＋	美洲
15	田菁 *Sesbania cannabina*	豆科	＋＋	大洋洲
16	南苜蓿 *Medicago polymorpha*	豆科	＋	亚洲
17	野老鹳草 *Geranium carolinianum*	牻牛儿苗科	＋＋	美洲
18	白苞猩猩草 *Euphorbia heterophylla*	大戟科	＋	美洲
19	飞扬草 *Euphorbia hirta*	大戟科	＋＋	美洲
20	斑地锦 *Euphorbia maculata*	大戟科	＋＋	美洲
21	苘麻 *Abutilon theophrasti*	锦葵科	＋	亚洲
22	裂叶月见草 *Oenothera laciniata*	柳叶菜科	＋＋	美洲
23	粉绿狐尾藻 *Myriophyllum aquaticum*	小二仙草科	＋＋＋	美洲
24	细叶旱芹 *Apium leptophyllum*	伞形科	＋	美洲
25	野胡萝卜 *Daucus carota*	伞形科	＋	欧洲
26	瘤梗甘薯 *Ipomoea lacunosa*	旋花科	＋＋	美洲
27	三裂叶薯 *Ipomoea triloba*	旋花科	＋＋	亚洲
28	圆叶牵牛 *Pharbitis purpurea*	旋花科	＋＋＋	美洲
29	田野水苏 *Stachys arvensis*	唇形科	＋	欧洲
30	假酸浆 *Nicandra physalodes*	茄科	＋	美洲
31	牛茄子 *Solanum surattense*	茄科	＋＋	美洲
32	直立婆婆纳 *Veronica arvensis*	玄参科	＋	欧洲
33	婆婆纳 *Veronica didyma*	玄参科	＋	亚洲
34	蚊母草 *Veronica peregrina*	玄参科	＋	美洲
35	阿拉伯婆婆纳 *Veronica persica*	玄参科	＋＋	亚洲
36	北美车前 *Plantago virginica*	车前科	＋＋＋	美洲
37	阔叶丰花草 *Borreria latifolia*	茜草科	＋＋	美洲

续表

序号	种名	科名	危害程度	原产地
38	穿叶异檐花 *Triodanis perfoliata*	桔梗科	＋	美洲
39	藿香蓟 *Ageratum conyzoides*	菊科	＋＋＋	美洲
40	加拿大一枝黄花 *Solidago canadensis*	菊科	＋＋＋	美洲
41	钻叶紫菀 *Aster subulatus*	菊科	＋＋	美洲
42	一年蓬 *Erigeron annuus*	菊科	＋＋＋	美洲
43	糙伏毛飞蓬 *Erigeron strigosus*	菊科	＋	美洲
44	香丝草 *Conyza bonariensis*	菊科	＋	美洲
45	小蓬草 *Conyza canadensis*	菊科	＋＋	美洲
46	苏门白酒草 *Conyza sumatrensis*	菊科	＋＋＋	美洲
47	豚草 *Ambrosia artemisiifolia*	菊科	＋＋＋	美洲
48	裸柱菊 *Soliva anthemifolia*	菊科	＋＋	美洲
49	野茼蒿 *Crassocephalum crepidioides*	菊科	＋	美洲
50	野燕麦 *Avena fatua*	禾本科	＋	欧洲
51	毛花雀稗 *Paspalum dilatatum*	禾本科	＋	美洲
52	凤眼蓝 *Eichhornia crassipes*	雨久花科	＋＋＋	美洲

注:"＋＋＋"表示危害严重植物;"＋＋"表示危害中等植物;"＋"表示危害轻微植物。

表 7-2 天台外来入侵植物科的组成统计

序号	科名	植物类群	种数	占比/%
1	胡椒科	草胡椒	1	1.9
2	荨麻科	小叶冷水花	1	1.9
3	藜科	土荆芥、小藜	2	3.8
4	苋科	绿穗苋、凹头苋、刺苋、皱果苋、喜旱莲子草	5	9.6
5	商陆科	垂序商陆	1	1.9
6	石竹科	无瓣繁缕	1	1.9
7	毛茛科	刺果毛茛	1	1.9
8	十字花科	北美独行菜、臭荠	2	3.8
9	豆科	田菁、南苜蓿	2	3.8
10	牻牛儿苗科	野老鹳草	1	1.9
11	大戟科	白苞猩猩草、飞扬草、斑地锦	3	5.8
12	锦葵科	苘麻	1	1.9
13	柳叶菜科	裂叶月见草	1	1.9
14	小二仙草科	粉绿狐尾藻	1	1.9

序号	科名	植物类群	种数	占比/%
15	伞形科	细叶旱芹、野胡萝卜	2	3.8
16	旋花科	瘤梗甘薯、三裂叶薯、圆叶牵牛	3	5.8
17	唇形科	田野水苏	1	1.9
18	茄科	假酸浆、牛茄子	2	3.8
19	玄参科	直立婆婆纳、婆婆纳、蚊母草、阿拉伯婆婆纳	4	7.7
20	车前科	北美车前	1	1.9
21	茜草科	阔叶丰花草	1	1.9
22	桔梗科	穿叶异檐花	1	1.9
23	菊科	藿香蓟、加拿大一枝黄花、钻叶紫菀、一年蓬、糙伏毛飞蓬、香丝草、小蓬草、苏门白酒草、豚草、裸柱菊、野茼蒿	11	21.2
24	禾本科	野燕麦、毛花雀稗	2	3.8
25	雨久花科	凤眼蓝	1	1.9

7.2.2　生活型

参考《浙江植物志(新编)》确定外来入侵植物的生活型并进行统计(表 7-3),结果显示,天台县外来入侵植物以草本植物为主,其中,草本植物以一年生或二年生草本为主,共有 39 种,占天台外来入侵植物总种数的 75.0%;多年生草本有 9 种,占天台外来入侵植物总种数的 17.3%,其中,喜旱莲子草、粉绿狐尾藻、加拿大一枝黄花等分布较广;亚灌木有牛茄子 1 种,占天台外来入侵植物总种数的 1.9%;藤本植物有瘤梗甘薯、三裂叶薯、圆叶牵牛 3 种,占天台外来入侵植物总种数的 5.8%。

表 7-3　天台外来入侵植物生活型统计

序号	生活型	植物类群	种数	占比/%
1	亚灌木	牛茄子	1	1.9
2	藤本	瘤梗甘薯、三裂叶薯、圆叶牵牛	3	5.8
3	一年生或二年生草本	草胡椒、小叶冷水花、土荆芥、小藜、绿穗苋、凹头苋、刺苋、皱果苋、无瓣繁缕、刺果毛茛、北美独行菜、臭荠、田菁、野老鹳草、飞扬草、斑地锦、苘麻、裂叶月见草、细叶旱芹、野胡萝卜、田野水苏、假酸浆、直立婆婆纳、婆婆纳、蚊母草、阿拉伯婆婆纳、北美车前、穿叶异檐花、藿香蓟、钻叶紫菀、一年蓬、糙伏毛飞蓬、香丝草、小蓬草、苏门白酒草、豚草、裸柱菊、野茼蒿、野燕麦	39	75.0
4	多年生草本	喜旱莲子草、垂序商陆、南苜蓿、白苞猩猩草、粉绿狐尾藻、阔叶丰花草、加拿大一枝黄花、毛花雀稗、凤眼蓝	9	17.3

7.2.3 来源

对 52 种天台外来入侵植物的原产地进行分析(表 7-1、表 7-4),结果显示,有 39 种(占天台外来入侵植物总种数的 75.0%)外来入侵植物原产于美洲,来源于热带美洲、南美洲以及北美洲。原产于欧洲的有 7 种,约占天台外来入侵植物总种数的 13.5%;产于亚洲的有 5 种,约占天台外来入侵植物总种数的 9.6%;另有 1 种产于大洋洲。

表 7-4 天台外来入侵植物来源统计

序号	原产地	植物类群	种数	占比/%
1	美洲	草胡椒、小叶冷水花、土荆芥、绿穗苋、凹头苋、刺苋、皱果苋、喜旱莲子草、垂序商陆、北美独行菜、臭荠、野老鹳草、白苞猩猩草、飞扬草、斑地锦、裂叶月见草、粉绿狐尾藻、细叶旱芹、瘤梗甘薯、圆叶牵牛、假酸浆、牛茄子、蚊母草、北美车前、阔叶丰花草、穿叶异檐花、藿香蓟、加拿大一枝黄花、钻叶紫菀、一年蓬、糙伏毛飞蓬、香丝草、小蓬草、苏门白酒草、豚草、裸柱菊、野茼蒿、毛花雀稗、凤眼蓝	39	75.0
2	欧洲	小藜、无瓣繁缕、刺果毛茛、野胡萝卜、田野水苏、直立婆婆纳、野燕麦	7	13.5
3	亚洲	南苜蓿、苘麻、三裂叶薯、婆婆纳、阿拉伯婆婆纳	5	9.6
4	大洋洲	田菁	1	1.9

7.2.4 危害程度

依据外来入侵植物对天台的危害程度,将其分为危害严重植物、危害中等植物、危害轻微植物 3 类(表 7-1、表 7-5)。虽然大部分外来入侵植物对环境有一定的影响,但有些物种也会产生一定的经济效益。如粉绿狐尾藻形态美丽,色泽鲜艳,可做水生盆景植物,还能吸收水中的氮、磷等物质,净化水体,抑制蓝藻暴发。

表 7-5 天台外来入侵植物危害程度统计

类别	危害轻微	危害中等	危害严重	合计
种数	22	20	10	52
占比/%	42.3	38.5	19.2	100.0

1.危害严重植物

危害严重植物是指部分已经明确列为检验检疫的物种,在天台县的分布很广,且对天台县的生态环境破坏严重,造成明显的经济损失。天台危害严重植物有喜旱莲子草、粉绿狐尾藻、圆叶牵牛、北美车前、藿香蓟、加拿大一枝黄花、一年蓬、苏门白酒草、豚草、凤眼蓝等 10 种。

2.危害中等植物

危害中等植物指对生态环境有破坏,对农林牧渔业有一定的影响,但不严重,防除难度不大,成本较低。天台危害中等植物有土荆芥、绿穗苋、刺苋、垂序商陆、无瓣繁缕、刺果毛茛、臭荠、田菁、野老鹳草、飞扬草、斑地锦、裂叶月见草、瘤梗甘薯、三裂叶薯、牛茄子、阿拉伯婆婆纳、阔叶丰花草、钻叶紫菀、小蓬草、裸柱菊等 20 种。

3.危害轻微植物

危害轻微植物主要是指危害性一般的杂草,分布虽广,但没有造成明显的损失。天台危害轻微植物有草胡椒、小叶冷水花、小藜、凹头苋、皱果苋、北美独行菜、南苜蓿、白苞猩猩草、苘麻、细叶旱芹、野胡萝卜、田野水苏、假酸浆、直立婆婆纳、婆婆纳、蚊母草、穿叶异檐花、糙伏毛飞蓬、香丝草、野茼蒿、野燕麦、毛花雀稗等 22 种。

7.3 外来入侵植物特点

7.3.1 种类多

调查结果显示,天台县外来入侵植物多达 52 种,以菊科、苋科等占优势,且出现了凤眼蓝、喜旱莲子草、粉绿狐尾藻等危害性极高的类群。种类多的原因可能是入侵能力强的植物往往具有生长速率快、种子质量小、对生境适应性强和抗干扰等特性,在新环境中更容易生活与繁殖。例如,苏门白酒草的种子较小或有的具有冠毛,容易传播,有效的扩散机制、良好的集群能力以及不需要专化传粉者等特点致使其快速蔓延。部分外来入侵植物虽然具有一定的观赏、药用价值等,如菊科是常见的观赏植物,禾本科是世界性的主要粮食作物,豆科、苋科和十字花科也具有重要的经济价值,丰富了天台的生物多样性,但由于外来入侵植物的扩张能力过强,对天台本地物种的生存空间以及生态系统的平衡造成了一定的危害。

7.3.2 分布广

调查显示,菊科植物苏门白酒草已经遍布天台县的各个角落。粉绿狐尾藻也在多处水塘中被发现,尤其是在人为干扰比较频繁的区域,从其在群落中的盖度可以看出,它们在局部地区已经成为优势种。加拿大一枝黄花分布也较广,可能是因为加拿大一枝黄花更显著地影响了土壤理化性质,表现出比乡土植物更强的改善土壤养分有效性和影响土壤酶活性与有机碳组分的能力,进而改变了土壤的养分循环,即通过比较强烈地改善土壤环境而快速高效地获得养分,与乡土植物竞争资源,以创造有利于其入侵的土壤环境,促进其生长。

7.4 主要危害与入侵途径

7.4.1 主要危害

在 52 种外来入侵植物中,危害严重植物有 10 种,其中危害最大的是加拿大一枝黄花、苏门白酒草、风眼蓝等。水葫芦隶属雨久花科风眼蓝属，于1901年作为畜禽饲料被引入我国，曾作为观赏和净化水质植物推广种植，后逸为野生，繁殖极快，到处疯长，已被列为世界十大害草之一。其广泛分布于河流、湖泊和水塘中，覆盖水面，堵塞河道，影响航运及水上作业；降低阳光对水体的穿透力，影响水底生物生长，并增加水体CO_2浓度，污染水体，加剧水体富营养化程度；降低水中溶氧量，妨碍其他水生生物的生长，从而使生态链失去平衡，对生态系统造成不可逆转的破坏，导致生物多样性丧失，生态灾害频发。

外来入侵植物已经对天台县的农业生产和生态环境造成了很大危害。如喜旱莲子草、苏门白酒草等由于其超强的繁殖特性，占领了大量的废弃空地、耕地、菜地、交通道路两旁甚至一些林地等，这大大降低了农业、林业生产效率，破坏了生态结构。

7.4.2　入侵途径

生物入侵的途径主要是自然传入、人为引入和随人类活动（无意传入）3种。其中，人类传播（包括人为引入和随人类活动）是最广泛的外来物种传播途径，而且在速度和范围上远非自然传播和动物传播可比拟，对现代生物分布格局产生了深远的影响。

就天台县而言，外来入侵植物出现的主要原因还是人类活动的影响。由于外来入侵植物多具有很强的传播能力，因此人类在日常活动中随时可能在无意间将一些入侵物种带入。

一种植物可能是经过1种途径入侵的，也可能是经过2种或者2种以上途径交叉入侵的。多途径、多次数的入侵加大了外来入侵植物定植和扩散的可能性。

7.5　外来入侵植物防治对策

（1）加强检验检疫和宣传力度，从源头上杜绝外来入侵植物进入。提倡大力应用、发展乡土植物，在引种和应用国外植物时，需提前做好入侵危害的风险评估，做好防控工作预案。

（2）对外来入侵植物的入侵力和群落的可入侵性进行评估，包括其繁殖力、繁殖体扩散方式、种子萌发特性、幼苗生长状况、表型可塑性以及生态系统被入侵的特性。一旦发现危害程度较大的外来入侵植物，立即停止种植及销毁，防止大规模的扩散与暴发。

（3）加大投入力度，包括财政支出和人力防控投入，配备专项资金，组建科研体系，对关键问题进行联合攻关，并进行长期跟踪研究。对部分难以控制的外来入侵物种，根据其特性编制应急预案，一旦外来入侵植物出现大规模扩散或暴发，启动不同规模的应急预案将损失降到最低。

（4）加强土地管理、合理使用和利用资源也是防止外来入侵植物蔓延、暴发的关键所在。许多外来入侵植物是作为行道树、绿化植物或者药用植物引进的。这些引进的植物若不注意清理和修剪，便会肆意蔓延，不但起不到美化环境的作用，而且会破坏景观，故要加强对草坪、林缘、水体等生境中外来植物的打理和清理。

第8章 资源植物

 8.1 观赏植物

8.1.1 概况

观赏植物资源是指适用于城市绿化、美化环境,有观赏价值的各种植物,也包括能工巧匠精心选育、加工修剪及雕琢而成的,具有观叶、观茎、观果,奇形异态的各种植物。

天台县的野生观赏植物资源丰富。经调查统计,天台县具有较高观赏价值的植物共有1039种,隶属于171科557属。这些观赏植物具有广泛的园林用途。将天台县野生观赏植物根据其在园林中的用途进行分类,分成行道树、庭荫树、园景树、绿篱植物、垂直绿化植物、盆栽和盆景植物、花坛和花境植物、地被植物共8大类。天台县观赏植物分类结果见表8-1。

表 8-1 天台观赏植物分类统计

类别	行道树	庭荫树	园景树	绿篱植物	垂直绿化植物	盆栽和盆景植物	花坛和花境植物	地被植物	合计
种数	25	54	123	27	122	266	315	107	1039
占比/%	2.4	5.2	11.8	2.6	11.7	25.6	30.3	10.3	100.0

1.行道树

行道树是植在路侧及分车带的树木的总称。行道树通常树姿幽美,枝叶茂盛,树健壮,耐修剪,主要作用是为车辆和行人遮阴,减少路面辐射和反光,降温,防风,滞尘,减噪,美化街景。天台共有25种,如化香树、宁波木犀、乌桕、长柄柳、楝树、小叶白辛树、冬青、南京椴、香樟、女贞、油桐、枫杨、木荷、南川柳等。

2.庭荫树

庭荫树又称绿荫树,冠大荫浓、树形挺拔,可植于庭院或公园中以取其荫,为人遮阴纳凉的树种。天台共有54种,如紫弹树、甜槠、树参、米槠、笔罗子、盐肤木、檫木、垂枝泡花树、多脉鹅耳枥、云山八角枫、短尾鹅耳枥、银钟花、天仙果、朴树、木蜡树、拟赤杨、褐叶青冈、白栎、凹叶厚朴、青冈栎等。

3. 园景树

园景树指具有较高观赏价值,在园林绿地中能独自构成景致的树木,具有树形优美、花多或大而美丽、叶形秀丽、叶色美丽、果实鲜艳等特征。天台共有 123 种,如白杜、崖花海桐、缺萼枫香树、合轴荚蒾、短柄枹栎、深山含笑、朝鲜白檀、矮冬青、浙江尖连蕊茶、黄山木兰、野柿、短梗冬青、榉树、山鸡椒、浙江樟、钟花樱、金缕梅、光叶石楠、金钱松、浙闽樱、尖叶梣、南酸枣、浙江红山茶、江西绣球等。

4. 绿篱植物

绿篱植物指利用树木密植代替篱笆、栏杆和围墙的一种绿化形式,主要起隔离、围护和装饰作用。理想的绿篱应是萌发力强,耐修剪且愈伤力强,耐粗放管理,病虫害少,若有美丽之彩叶或花果则更佳。天台共有 27 种,主要有野蔷薇、隔药柃、雀梅、胡颓子、紫麻、醉鱼草、白马骨、栀子、粉团蔷薇、细齿柃、木半夏、毛花连蕊茶、六月雪、牛奶子、软条七蔷薇、檵木、小蜡、小果蔷薇、微毛柃等。

5. 垂直绿化植物

垂直绿化植物指茎蔓细长、不能直立生长而需攀附支持物向上生长的植物。此类植物在美化建筑立面、高架桥、棚架等方面有其独特之处。天台共有 122 种,主要有白背爬藤榕、鹰爪枫、羊角藤、绵草藓、过山枫、暗色菝葜、蓬莱葛、华双蝴蝶、三叶崖爬藤、光叶蛇葡萄、汉防己、小果菝葜、小叶葡萄、细茎双蝴蝶、菱叶葡萄、香花崖豆藤、异叶蛇葡萄、蛇葡萄、大血藤、王瓜、尾叶挪藤、网脉葡萄、三裂叶蛇葡萄、金线吊乌龟、日本薯蓣、毛葡萄、黑果菝葜、蔓胡颓子、土圞儿、对萼猕猴桃、薜荔、绿爬山虎等。

6. 盆栽和盆景植物

盆栽和盆景植物包括可用花盆栽培观赏、制作树桩盆景及用于盆景点缀的野生植物。盆栽植物以耐阴的多年生草本和灌木为主。树桩盆景材料主要选用生长缓慢、枝密叶小、干形古朴苍劲、耐修剪、易造型的树木。盆栽草本点缀植物则选用适应性强、生长期长、株矮叶细及姿态优美者。天台共有 266 种,主要有大罗伞树、扇叶铁线蕨、同形鳞毛蕨、杏香兔儿风、长江蹄盖蕨、宁波木蓝、蓟、母草、山姜、蕙兰、石松、马棘、虎耳草、滴水珠、石蒜、落萼叶下珠、附地菜、缩茎韩信草、羊蹄、江南卷柏、水田碎米荠、尖叶长柄山蚂蝗、紫花前胡、小舌唇兰等。

7. 花坛和花境植物

花坛植物指植株低矮、花色艳丽、枝叶茂盛,生长健壮,易于露地栽培,并能形成整体观赏效果的草花;花境植物通常指具有较高观赏价值的宿根、球根花卉或小型灌木等。天台共有 315 种,如透明鳞荸荠、细柱五加、荻、灯心草、春花胡枝子、山牛蒡、槐叶蘋、光风轮、小眼子菜、长戟叶蓼、蘋、庐山小檗、天台小檗、拟鼠麹草、拂子茅、插田泡、马松子、狭叶粉花绣线菊、小连翘、庐山薹草、鹅观草、风轮菜、线叶旋覆花、白及、蛇含委陵菜、密花孩儿草、五月艾、三角槭、紫苏、浮萍、蜡子树、翅果菊、冷水花、加拿大一枝黄花、尖齿臭茉莉、苦参、鱼眼草、仙百草、宽叶金粟兰、华东杏叶沙参等。

8. 地被植物

地被植物指可用于草坪、路侧、林下、公园坡地、岩石园及墙面等处绿化美化的植物。根据植物习性不同,可分为木本地被和草本地被。天台共有 107 种,主要有晚红瓦松、爬岩红、苦苣苔、异穗卷柏、瓦韦、皱果蛇莓、瓶尔小草、长梗过路黄、地菍、牛筋草、蜈蚣兰、茅膏菜、褐果薹草、中华薹草、槲蕨、石韦、里白、垂穗石松、签草、过路黄、冠盖藤等。

8.1.2　主要观赏植物

(1)三尖杉 *Cephalotaxus fortunei* Hook. f.

形态特征:乔木或小乔木,高达 20m。树皮褐色或红褐色,裂成不规则片状。小枝稍下垂。芽鳞宿存。叶排成微下垂的 2 列,条状披针形,微弯,长 4～13cm,宽 0.3～0.5cm,先端长渐尖,基部楔形,中脉隆起,下面气孔带白色,较绿色边带宽 3～4 倍。雄球花 8～10 聚生成头状,生于去年生枝的叶腋;雌球花具长 1.2～2.0cm 的花序梗,有 3～8 粒胚珠可发育成种子。种子椭球形或近球形,长 1.5～2.5cm,顶端有小尖头,假种皮成熟时呈紫褐色。花期 3—4 月,种子次年 8—10 月成熟。

园林应用:树冠匀称、饱满,有较明显的层次感,终年常绿,婀娜多姿;种子成熟时,绿叶红果相映成趣,可作为园景树。是国家生态建设工程首选树种,可营建水土保持林和水源涵养林,亦可制作室内盆景。

繁殖方式:播种、嫁接、扦插繁殖。

附注:枝、叶、根皮及种子均含有多种生物碱(主要为高三尖杉酯碱和一些紫杉醇类似物),以幼树皮中含量最高,对白血病、淋巴肿瘤等恶性肿瘤疗效显著;木材纹理直,结构细密坚实,不翘不裂,刨面光滑,油漆性能良好,为高级家具、室内装饰之良材。

(2)青冈 *Cyclobalanopsis glauca* (Thunb.) Oerst.

形态特征:常绿乔木,高达 15m。树皮灰褐色,不开裂;小枝无毛。叶片倒卵状椭圆形或长椭圆形,长 6～13cm,宽 2.0～5.5cm,先端渐尖或短尾尖,基部圆形或宽楔形,叶缘中部以上有疏锯齿,侧脉 9～13 对,叶背贴生整齐的白色柔毛,后渐脱落,无蜡粉层;叶柄长 1～3cm。壳斗(1)2 或 3 个聚生,碗状,包被坚果的 1/3～1/2,直径 0.9～1.4cm,高 0.6～0.8cm,被薄毛;苞片合生成 5 或 6 条同心环带,环带全缘或有细缺刻,排列紧密。坚果卵球形、长卵球形或椭球形,直径 0.9～1.4cm,高 1.0～1.6cm,无毛或被薄毛;果脐平坦或微突起。花期 4—5 月,果期 9—10 月。

园林应用:树形优美,四季常绿,生性强健,为优良的园林绿化乡土树种,宜丛植、群植为庭院、大型公园、荒坡、工矿地的绿篱、防风林、防火林等,亦适合于石灰岩地区作景观绿化。

繁殖方式:播种繁殖。

附注:木材坚韧,可作桩柱、车船、工具柄等用材;种子含淀粉 60%～70%,可作饲料、酿酒;树皮含鞣质 16%,壳斗含鞣质 10%～15%,可制栲胶。

(3)井栏边草 *Pteris multifida* Poir.

形态特征:植株最高可达 70cm。根状茎短,直立,顶端密被栗褐色、线状钻形鳞片。叶簇生,二型;叶柄长可达 35cm,禾秆色,有 4 棱,光滑,上面有沟;叶片长卵形至长圆形;不育叶有侧生羽片 2～4 对,无柄,线状披针或披针形;叶脉明显,侧脉单一或 2 叉;不育叶草质,能育叶坚纸质,两面无毛;叶轴禾秆色,两侧有由羽片的基部下延而成的翅。孢子囊群线形;囊群盖线形,膜质,全缘。

园林应用:叶丛细柔,形态优美,是室内垂吊盆栽观叶佳品,可在庭院或绿化地中作为地被植物。

繁殖方式:孢子、分株繁殖。

附注:全草入药,味甘淡、微苦,性凉,有消肿解毒、清热利湿、凉血止血、生肌的功能。

(4)毛茛 *Ranunculus japonicus* Thunb.

形态特征:多年生草本。茎直立,高 30~60cm,中空,有槽,具分枝,被开展或伏贴的柔毛。基生叶为单叶,多数,叶片三角状肾圆形或五角形,茎下部叶与基生叶相似,渐向上叶柄变短,叶片变小,乃至最上部叶变为线形,全缘,无柄。聚伞花序有多数花,疏散;花直径 1.5~2.0cm;萼片 5,椭圆形;花瓣 5,黄色,倒卵状圆形。聚合果近球形,喙短直或外弯。花期 4—6 月,果期 6—8 月。

园林应用:叶形特异,花朵娇小、明艳,果实观赏性强,花果期长,适用于花境、林下地被及湿地美化,也可盆栽供观赏。

繁殖方式:播种、分株繁殖和组织培养。

附注:全草含原白头翁素,有毒,可作发泡剂和杀菌剂;捣烂外敷可截疟,治黄疸、水肿、结膜炎、哮喘、关节痛、淋巴结结核及疮癣等。

(5)虎耳草 *Saxifraga stolonifera* Curtis

形态特征:多年生草本。匍匐茎细长,分枝,红紫色。叶通常数枚至 10 余枚基生;叶片肉质,圆形或肾形,上面绿色,通常具白色或淡绿色斑纹,下面紫红色,两面被伏毛,边缘浅裂并具不规则浅牙齿。花序疏圆锥状;苞片披针形,具柔毛;花不整齐;萼片 5 枚,卵形,花时反折;花瓣白色,5 枚,上方 3 枚小,有黄色及紫红色斑点,卵形,下方 2 枚大,无斑纹,披针形。花期 4—8 月,果期 6—10 月。

园林应用:植株矮小,叶片可爱,花朵奇特,可作地被装饰,也可盆栽供观赏。

繁殖方式:分株、播种繁殖。

附注:全草供药用,能清热解毒、祛风止痛,主治中耳炎、咽炎、疮疖等症。

(6)硕苞蔷薇 *Rosa bracteata* Wendl.

形态特征:常绿匍匐灌木。有长匍枝;小枝粗壮,密被黄褐色柔毛,并混生针刺和腺毛。复叶有小叶 5~9 枚,稀 11~13 枚;小叶片革质,椭圆形或倒卵形,上面深绿色,有光泽,下面色较淡。花单生或 2~3 朵集生;苞片数枚,大形,宽卵状,边缘有不规则缺刻状锯齿;花瓣白色,倒卵形,先端微凹。果球形,密被黄褐色柔毛。花期 4—5 月,果期 9—11 月。

园林应用:温暖地带繁殖容易,插条、压条均可生根,栽培作绿篱,常绿,并有密刺,满布白花也很美丽。

繁殖方式:播种、分株、扦插、压条、嫁接繁殖。

附注:根、叶、花及果实入药;根能补脾益肾、收敛涩精、祛风活血、消肿解毒;花用于润肺止咳;叶可收敛解毒;果实有健脾利湿之效。

（7）楝树 *Melia azedarach* L.

形态特征:落叶乔木,高 15～20m。树皮灰褐色,纵裂。小枝粗壮,有叶痕。叶为 2～3 回羽状复叶,互生;小叶片卵形,上面深绿色,下面淡绿色。圆锥花序腋生,长约与复叶相等;花芳香;花萼 5 裂,裂片披针形;花瓣深紫色,5 枚,倒披针形,平展或反曲。核果较小,成熟时淡黄色,近球形或卵形;果常宿存在树上,次年春季始逐渐脱落。花期 5—6 月,果期 10—11 月。

园林应用:树形优美,枝条秀丽,花香味浓郁;耐烟尘,抗二氧化硫能力强,并能杀菌。适宜作庭荫树和行道树,是良好的城市及矿区绿化树种。

繁殖方式:播种、分枝、萌蘖繁殖。

附注:速生树种。木材供制作家具、建筑、农具、船舶等;果实可酿酒,种子榨油;树皮、叶、果实入药有驱虫、止痛和收敛的功效;花可蒸提芳香油。本种对二氧化硫的抗性较强,适合在二氧化硫污染较严重的地区栽培。

（8）刺楸 *Kalopanax septemlobus*（Thunb.）Koidz.

形态特征:落叶乔木,高 10～30m。树皮灰褐色,纵裂。小枝粗壮,散生基部宽扁的皮刺。叶片纸质,在长枝上互生,在短枝上簇生,近圆形,直径 9～30cm,掌状 3～9 浅裂,裂片三角状宽卵形至卵状长椭圆形,有细锯齿,先端渐尖,基部心形,上面暗绿色,几无毛,下面幼时疏生短柔毛,基出脉 5～7;叶柄长 6～20cm。伞形花序聚生成圆锥花序;伞形花序花多数,花序梗长 2.0～3.5cm;花梗长 5～12mm,果时增长;花白色或淡绿黄色;花萼有 5 小齿;花瓣 5;雄蕊 5;子房下位,2 室,花柱合生成柱状,柱头 2 裂。果近球形,直径约 5mm,成熟时呈蓝黑色。花期 7—10 月,果期 9—12 月。

园林应用:枝干挺拔,冠大荫浓,树皮布满鼓针状刺,颇美观。夏季白花覆树,秋叶黄色或红色,是花叶俱佳的观赏树种,适宜孤植为庭荫树、园景树、背景树;也可散植或丛植数株于石旁、溪侧,或与其他树种混植;还可作城乡接合部混交林、风景林、防风林;枝叶不易引火,可作防火林带。

繁殖方式:播种繁殖,也可分根或插根繁殖。

附注:嫩叶可食;树皮、根皮入药;种子含油量约 38%,可供制肥皂等用;木材干燥容易,加工容易,切削面光洁,花纹美丽,宜制作家具、车辆、室内装饰、人造板、纤维材料等。

8.2 食用植物

8.2.1 野菜

1.野菜的分类

野菜既指可做菜肴的野生植物,又包含部分不以蔬食为目的的栽培植物。随着我国经济的快速发展、生活水平的不断提高、工业污染的加重、化肥农药的大量施用,栽培蔬菜已不能完全满足人们的需求,而野菜既可让年轻人追新,也可令年长者怀旧,还可避免污染,调节口味。多数野菜不仅营养丰富,而且具独特的保健功效。因此,野菜以其新颖独特的风味及功效越来越受到人们的青睐。采食野菜已成为当今社会集美食、保健、运动、学习、娱乐、交友、体验作用于一体的一种时尚活动。

天台拥有较丰富的野菜植物资源,共 102 科 285 属 548 种,一年四季均可采收和食用。根据食用部位不同,野菜可分为叶菜类、茎菜类、花菜类、果菜类、根菜类 5 类,详见表 8-2。

表 8-2　天台野菜分类统计

类别	叶菜类	茎菜类	花菜类	果菜类	根菜类	合计
种数	199	240	45	26	38	548
占比/%	36.3	43.8	8.2	4.7	6.9	100.0

不少野菜可有 2 种以上器官供食用。如硕苞蔷薇既可食用花瓣,又可食用嫩芽及果;野菊及葛则嫩茎、叶、花等均可食用。为避免重复,上述分类仅选择某一主要食用器官进行归类。

现就各类野菜的选择标准、种类状况和主要代表种简述如下。

(1)叶菜类

叶菜类指主要以带叶幼芽、幼苗、嫩叶、叶柄做菜食用的种类。天台共有 199 种,占天台野菜总种数的 36.3%,采集季节多为春季。主要有菜蕨、蕨、东方荚果蕨、糯米团、羊蹄、马齿苋、荠、紫花地丁、刺楸、树参、水芹、鸭儿芹、乌饭树、大青、豆腐柴、益母草、龙葵、白花败酱、马兰、三脉紫菀、薤白、紫萼、翅果菊、蕈菜等。

(2)茎菜类

茎菜类指主要以地上嫩茎做菜食用的种类。天台共有 240 种,占天台野菜总种数的43.8%。主要有虎杖、透茎冷水花、金灯藤、水竹、苦竹、五节芒、四季竹、芒、斑茅、芦苇、水烛、牯岭凤仙花、石菖蒲、垂盆草、透茎冷水花、齿叶矮冷水花、山冷水花等。

(3)花菜类

花菜类指主要以花瓣、花朵或花序做菜食用的种类。天台共有 45 种,占天台野菜总种数的8.2%。主要有紫藤、映山红、栀子、野菊、萱草、金樱子、硕苞蔷薇、马棘、马银花、忍冬、荞麦叶大百合、野百合、药百合、蕙兰、春兰、多花黄精等。

(4)果菜类

果菜类指主要以果实、肉质果序梗或种子做菜食用的种类。天台有 26 种,占天台野菜总种数的4.7%。主要有苦槠、白栎、短柄枹栎、杭州榆、榔榆、光叶毛果枳椇、栲树、花椒簕、野菱等。

(5)根菜类

根菜类指主要以地下部分如根皮、块根、肉质根、块茎、鳞茎、球茎及根状茎等做菜食用的种类。天台有 38 种,占天台野菜总种数的6.9%。主要有葴菜、羊乳、薤头、棘茎楤木、轮叶沙参、野荞麦、天目地黄、天门冬、麦冬、薯蓣、明党参等。

2.值得开发的野菜

(1)豆腐柴 *Premna microphylla* Turcz.

识别特征:马鞭草科、豆腐柴属

落叶灌木。幼枝有柔毛,后脱落。叶片纸质,揉之有气味和黏液,卵状披针形、椭圆形或卵形,长 4~11cm,先端急尖或渐尖,基部楔形或下延,边缘有疏锯齿至全缘。圆锥花序顶生;花淡黄色,顶端 4 浅裂,略呈二唇形。核果近球形,熟时紫黑色,有光泽。花期 5—6 月,果期 7—9 月。

采收与加工:4—10 月采摘较嫩叶片,洗净、捣碎,装入布袋并浸入水中不断揉搓、挤压,使叶汁融入水中,当液色碧绿、手感腻滑时取出布袋,并捞去浮沫;也可将树叶放锅内煮出汁液后,捞去叶片。再取少量新鲜草木灰,加适量水调成草木灰液,过滤液与豆腐柴汁液混合,并搅拌均匀,待其凝固后切成大块,即得绿豆腐,将之置流水中去除异味,备用。

烹调:①香辣绿豆腐:将绿豆腐切成小块备用;油锅烧热,将切细的大蒜、红辣椒、小葱煸香,加少许开水及酱油、味精调匀,放入绿豆腐,烧至入味盛出即可。②木耳芹菜翡翠汤:锅中放猪油烧热,倒入切好的芹菜及泡发好的黑木耳略加翻炒,加开水并倒入绿豆腐块煮沸,投入辣椒、蒜泥、细盐、味精即可起锅。

成分与功效:豆腐柴叶颜色翠绿,营养丰富,天然、无污染,由于果胶含量高、叶汁凝胶持水力强、黏弹性好等特性,具有良好的食品加工性能,可制成豆腐、提取果胶。豆腐柴的根、叶入药,可治阑尾炎、无名肿毒、烫伤、外伤出血、风湿痹痛及毒蛇咬伤等。

注意事项:草木灰宜用豆荚灰或硬柴灰,忌用竹炭灰。绿豆腐不能长时间搁置,特别是加醋后很容易化为一滩绿水,故应及时食用或放冰箱保存。

(2)乌饭树 *Vaccinium bracteatum* Thunb.

识别特征:杜鹃花科、越橘属

常绿灌木,高 1~4m。幼枝略被细柔毛,后变无毛。叶片革质,椭圆形、长椭圆形或卵状椭圆形,长 3~5cm,宽 1.0~2cm。小枝基部几枚叶常略小,先端急尖,基部宽楔形,边缘具细锯齿,中脉偶有微毛,其余无毛,下面脉上有刺突,网脉明显;叶柄长 2~4mm。总状花序腋生,有短柔毛;苞片披针形,长 4~10mm,常宿存,边缘具刺状齿;花梗下垂,被短柔毛;花萼钟状,5 浅裂,裂片三角形,被黄色柔毛;花冠白色,卵状圆筒形,长 6~7mm,5 浅裂,被细柔毛;雄蕊 10,花丝被灰黄色柔毛,花药无芒状附属物,顶端伸长成 2 条长管状;子房密被柔毛。浆果球形,被细柔毛或白粉。花期 6—7 月,果期 8—10 月。

采收与加工:若炒食叶片,可在 4—5 月采摘嫩叶,若经常修剪,则至 11 月仍有嫩叶,采摘后洗净备用。若制乌米饭,则老叶也可用,但以嫩叶为佳,全年均可采。10—11 月采果。

烹调:①乌饭炒豆腐:将洗净的嫩乌饭树叶加豆腐用油爆炒,加调料起锅配色即可。②美味乌米饭:将幼嫩乌饭树叶捣碎(老叶可切成条片后用榨汁机榨碎),浸入冷开水中,2 小时后用纱布滤去叶渣,取上等糯米或粳米浸入叶汁中 12 小时,将米取出,沥干水分,加嫩豌豆、肉丁及盐等拌匀,蒸或煮熟;或将切细的叶子放在锅中煮烂,把糯米浸入滤出的深色汁液中 2 小时,捞出,加入瘦肉等搅拌,经文火炊透即可。乌饭树叶汁具防腐作用,其饭置常温可数日不馊。③凉拌乌饭果:将成熟果实洗净,加佐料凉拌食用。

成分与功效:乌饭树叶及果含有丰富的对人体有益的氨基酸、胡萝卜素、维生素C、槲皮素、酚苷、荭草素、异荭草素、乌饭树苷、山楂酸等,以及铁、硼、锰、锌等矿物元素。味甘、酸,性温。能益精气、强筋骨、明目乌发、止咳安神、健脾益肾、消食。常食有轻身延年、抗老驻颜之效。用于治疗梦遗、赤白带下、消化不良、牙龈溃烂等症。

注意事项:做乌米饭的叶宜在上午无露水时采摘,采下后应松散放在篮中,避免揩压发热,并及时处理。当气温在30℃以上时,碎叶浸泡2个小时即可;若气温低于20℃,浸泡时间应适当延长。

(3)马兰 *Kalimeris indica* (L.) Sch. -Bip.

识别特征:菊科、马兰属

多年生草本。嫩茎常匍匐斜升。茎下部叶片卵形、披针形至倒卵状长圆形,长3～7cm,宽1.0～2.5cm,先端钝或尖,基部渐狭,边缘从中部以上具2～4对浅齿或深齿,被疏微毛或近无毛,具长柄;上部叶片渐小,全缘,无柄。头状花序直径2.5cm,单生于枝端并排列成疏伞房状;总苞片倒卵状长圆形,被疏毛;缘花舌状,蓝紫色。瘦果长1.5～2.0mm。花果期5—10月。

采收与加工:4—5月采摘嫩茎叶,焯水后,用清水漂洗去除苦涩味,挤去水分备用。

烹调:①马兰三丁:将处理好的马兰切细,油锅烧热,放入笋丁煸炒一会儿,再加入香干丁、马兰、红椒丁翻炒,加精盐、蒜泥、味精等拌匀即成。②马兰炒鸡蛋:将马兰切细,鸡蛋加盐、料酒打散。油锅烧热,煸香葱花,倒入鸡蛋炒成小块,再投入马兰,炒至入味,加入味精即可。

成分与功效:马兰是人们最喜欢食用的野菜之一。它富含糖类、蛋白质、粗脂肪、膳食纤维、维生素C、维生素E、胡萝卜素及18种氨基酸,并含钾、镁、铜、锰、钙、磷、铁、锌、硒等矿物元素,还有乙酸龙脑酯、甲酸龙脑酯、酚类、二聚戊烯、辛酸、倍半萜烯、倍半萜醇等成分。味辛、苦,性凉。具清肺滋阴、清热解毒、凉血降压、益气健胃、补肝明目、补气养血、利尿消肿等功效,对肝炎、慢性支气管炎、胃及十二指肠溃疡、肺结核、阴虚咳嗽、咽喉肿痛、腮腺炎、尿路感染、小便不利、月经不调、贫血等有良好的食疗作用。

注意事项:公路旁受汽车尾气污染的植株不宜采食。

(4)杜鹃 *Rhododendron simsii* Planch.

识别特征:杜鹃花科、杜鹃花属

半常绿灌木,高达3m。小枝密被棕褐色扁平糙伏毛。叶二型:春叶纸质,卵状椭圆形,长2.5～6.0cm,先端短渐尖,基部楔形,全缘,两面均被扁平糙伏毛;夏叶较小,倒披针形,长1.0～1.5cm,两面被短糙毛,冬季不脱落,叶柄长3～5mm,密被与枝同类毛。花2～6朵簇生于枝顶;花冠鲜红色,宽漏斗形,5裂,上侧3裂片上有深红色斑点;雄蕊10枚。蒴果被糙伏毛。花期4—5月,果期9—10月。

采收与加工:4—5月开花时采摘盛开之鲜花,去除花萼、花心,留取花冠洗净备用。

烹调:①凉拌红杜鹃:取洗过的新鲜花冠,加食盐、麻油、味精等凉拌食用。②杜鹃豌豆羹:将大巢菜嫩叶洗净切段,与蒜泥同放油锅内煸熟,加水烧开,放淀粉调成糊状,放入杜鹃花及精盐等,拌匀即可。

成分与功效：花含花色苷、黄酮醇类(杜鹃花醇、杜鹃花醇苷)、挥发油(其中杜鹃酮有镇咳作用)。花味甘、酸,性平。具清热解毒、祛痰止咳等功效。用于治疗风湿痹痛、风湿性关节炎、支气管炎、咳嗽等。

注意事项：每次不宜过量食用,且必须去掉花心,否则易引起鼻出血。

(5)栀子 *Gardenia jasminoides* J. Ellis

识别特征：茜草科、栀子属

常绿灌木。叶对生或 3 叶轮生；叶革质,倒卵状椭圆形至倒卵状长椭圆形,先端渐尖至急尖,基部楔形,全缘,无毛,侧脉 7～12 对；叶柄短；托叶鞘状。花多单生于枝顶,芳香；花萼长 2.0～3.5cm,顶端 5～7 裂,萼筒倒圆锥形；花冠白色,高脚碟状,直径 4～6cm,筒长 3～4cm,顶端通常 6 裂。果橙黄色至橙红色,具 5～8 纵棱,顶端有宿存的绿色萼裂片。花期 5—7 月,果期 8—11 月。

采收与加工：5—7 月于清晨采摘欲开未开之花蕾或刚开放之花朵,取花冠,洗净焯水后捞出沥干或晒干备用。

烹调：①清炒栀子花：油锅烧热,倒入切碎的栀子花,炒至八分熟,加少许水及盐、红椒片、蒜叶段再翻炒一会儿,加味精后起锅。②凉拌栀子花：将焯水后挤干水分的新鲜栀子花冠撕开,置于盘中,撒上葱花、姜丝,浇入香油、陈醋,酌放食盐、鸡精,拌匀即可。③栀花炖猪蹄：猪蹄斩块,过沸水后洗净,置砂锅内,加入姜片、料酒,沸后转文火慢炖,至九成熟时,加入浸胀的栀子花干、精盐,炖至肉烂即成。也可炖鸡、鸭等。

成分与功效：含栀子花苷、栀子黄色素、挥发油等及钙、镁、锌、铜、锰、铁等矿物元素。味甘、苦,性寒。具清肺止咳、凉血止血等功效。用于治疗肺热咳嗽、鼻出血、肿毒等症。浙江民间有以栀子花为清热降脂食疗用材的传统习惯。现代研究发现,栀子花提取液有利胆、镇静、降压、抗菌等作用。此外,栀子花中所含的化学物质京尼平有助于改善糖尿病病情。

注意事项：栀子花苦寒伤胃,脾胃虚寒及年老、久病、体弱者不宜多食。

8.2.2　野果

1. 野果的分类

野生果树的果实营养丰富,风味独特,除鲜食外,也可速冻或制成饮料、果酱、果脯等,经常食用有益健康,具有防病保健、益寿延年之功效。此外,许多野生果树有的是栽培果树的优良砧木和抗性育种材料,有的是重要的观赏、蜜源、药用、香料、油脂和保持水土树种。天台蕴藏的野生果树资源十分丰富,据调查统计,达 147 种之多,隶属于 37 科 55 属。现按果实类型列举主要种类如下。

(1)聚花果类

聚花果亦称复果,是由整个花序发育形成的复合果实。天台有 11 种,是构树、天仙果、异叶榕、珍珠莲、变叶榕、薜荔、柘、桑、鸡桑、秀丽四照花、四照花。

(2)聚合果类

聚合果是由一朵花中多数离生雌蕊发育而成的果实,每一个雌蕊都形成一个独立的小果,集生在膨大的花托上。天台有 28 种,如武夷悬钩子、光果悬钩子、三花莓、东南悬钩子、翼梗五味子、蓬蘽、东亚五味子、高粱泡、锈毛莓、太平莓、南五味子、红腺悬钩子、空心泡等。

（3）核果类

核果是由单心皮雌蕊、上位子房形成的果实,亦有由合生心皮雌蕊或下位子房形成的果实。典型的核果外果皮薄,中果皮肉质,内果皮坚硬,形成坚硬的果核,每个核内含1粒种子。天台有34种,主要有蓝果树、雀梅藤、米面蓊、蔓胡颓子、胡颓子、饭汤子、黑弹树、钟花樱、钩刺雀梅藤、莢蒾、南酸枣、迎春樱、佘山胡颓子、刺藤子、杨梅、薯豆、黑果莢蒾、浙闽樱、赤楠、牛奶子、中华杜英等。

（4）浆果类

浆果是单心皮或多心皮合生雌蕊,上位或下位子房发育形成的柔软多汁的肉质果,外果皮薄,内有1至多粒种子。天台有34种,主要有短尾越橘、网脉葡萄、短药野木瓜、中华猕猴桃、黑蕊猕猴桃、小叶葡萄、浙江蘡薁、山柿、毛葡萄、葛藟、软枣猕猴桃、龙葵、野柿、白木通、小叶猕猴桃、木通、罗浮柿、异色猕猴桃、小果菝葜、菝葜、乌饭树等。

（5）梨果类

梨果是1种假果,由5个合生心皮、下位子房与花筒一起发育形成;肉质可食部分是由原来的花筒与外、中果皮一起发育而成,其界线不明显;内果皮坚韧,革质或木质;常分隔成2～5室,每室常含2粒种子。天台有豆梨、小叶石楠、湖北山楂、毛叶石楠、毛山荆子、水榆花楸、中华石楠、伞花石楠、东亚唐棣、短叶中华石楠、绒毛石楠等14种。

（6）坚果类

坚果是闭果的1个分类,果皮坚硬,内含1粒或者多粒种子。坚果一般营养丰富,富含蛋白质、油脂、矿物质、维生素,对人体生长发育、增强体质、预防疾病有极好的功效。天台有水青冈、钩栗、川榛、亮叶水青冈、苦槠、甜槠、米槠、米心水青冈、细果野菱、华东野核桃等13种。

（7）其他

天台其他种类的野果如下:种子类,如三尖杉、粗榧、榧树等;瘦果类,有紫麻、火炭母、杠板归等。

2. 值得开发的野果

（1）中华猕猴桃 *Actinidia chinensis* Planch.

猕猴桃科、猕猴桃属

木质藤本。幼枝密被灰白色茸毛、褐色长硬毛、铁锈色硬毛状刺毛,老时秃净或留有断损残毛;皮孔长圆形,比较显著或不甚显著;髓白色至淡褐色,片层状。叶纸质,倒阔卵形至倒卵形或阔卵形至近圆形,顶端截平形并中间凹入或具突尖、急尖至短渐尖,基部钝圆形、截平形至浅心形,边缘具睫状小齿;腹面深绿色,无毛,或中脉和侧脉上有少量软毛,或散被短糙毛;背面苍绿色,密被灰白色或淡褐色星状茸毛。聚伞花序1～3花,花初放时白色,放后变淡黄色,有香气。果黄褐色,具小而多的淡褐色斑点。花期5月,果期8—9月。

果实具有调中理气、生津润燥、解热除烦的功效,用于治疗消化不良、食欲缺乏、呕吐、烧伤烫伤。果实口感甜酸、可口，风味极佳，除鲜食外，也可以加工成各种食品和饮料，如果酱、果汁、罐头、果脯、果酒、果冻等，具有丰富的营养价值，是高级滋补营养品。

（2）山莓 *Rubus corchorifolius* L. f.

蔷薇科、悬钩子属

直立灌木，高 1～3m。枝具皮刺，幼时被柔毛。单叶，卵形至卵状披针形，长 4～10cm，宽 2.0～5.5cm，顶端渐尖，基部微心形，有时近截形或近圆形，上面色较浅，沿叶脉有细柔毛，下面色稍深，幼时密被细柔毛，逐渐脱落至老时近无毛，沿中脉疏生小皮刺，边缘不分裂或 3 裂，通常不育枝上的叶 3 裂，有不规则锐锯齿或重锯齿，基部具 3 脉；叶柄长 1～2cm，疏生小皮刺，幼时密生细柔毛；托叶线状披针形，具柔毛。花单生或少数生于短枝上；花梗长 0.6～2.0cm，具细柔毛；花直径可达 3cm；花萼外密被细柔毛，无刺，萼片卵形或三角状卵形，长 5～8mm，顶端急尖至短渐尖；花瓣长圆形或椭圆形，白色，顶端圆钝，长 9～12mm，宽 6～8mm，长于萼片；雄蕊多数，花丝宽扁；雌蕊多数，子房有柔毛。聚合果近球形或卵球形，成熟时红色，密被细柔毛；核具皱纹。花期 2—3 月，果期 4—6 月。

果味甜，含糖、苹果酸、柠檬酸及维生素 C 等，易被人体吸收，具有促进其他营养物质的吸收和消化、改善新陈代谢、增强体质的作用，可供生食、制果酱及酿酒。果、根及叶入药，有活血、解毒、止血之效；根皮、茎皮、叶可提取栲胶。

（3）柘 *Maclura tricuspidata* Carrière

桑科、柘属

落叶灌木或小乔木，高可达 10m。树皮灰褐色；小枝无毛，略具棱，有棘刺；冬芽赤褐色。叶片卵形或菱状卵形，长 2.5～11.0cm，宽 2～7cm，不裂或偶为 3 裂，先端渐尖，基部楔形至圆形，表面深绿色，背面绿白色，无毛或被柔毛；叶柄被微柔毛。雌雄异株，均为球形头状花序，单生或成对腋生，具短花序梗；雄花萼片 4，基部有 2 或 4 枚苞片，附着于花被片上；雌花萼片 4，花柱线形。聚花果近球形，肉质，成熟时橘红色或橙黄色。花期 5—6 月，果期 9—10 月。

果实可作水果生食或酿酒。根、皮入药，有清热、凉血、通络功效。

（4）三叶木通 *Akebia trifoliata* （Thunb.）Koidz.

木通科、木通属

落叶藤本。小枝灰褐色，有稀疏皮孔。掌状复叶，叶柄长 5.5～10.5cm；小叶 3 片，卵形或宽卵形，长 4～7cm，宽 2.0～4.5cm，中央小叶通常较大，先端钝圆或有凹缺，有小尖头，基部截形或圆形，边缘具明显的浅波状，上面深绿色，下面淡绿色；中央小叶柄长 2～5cm，两侧小叶柄长 5～15mm。总状花序，长 6～12.5cm，花梗长 2～5mm；萼片近圆形，淡紫色，雄花萼片长约 3mm，宽 1.5～2mm，雌花萼片较大，长 7～12mm，宽约 10mm。果椭圆形，稍弯，长 6～10（14）cm，直径达 5.0～8.5cm，成熟时淡红色，粗糙，沿腹缝开裂。种子黑褐色，扁圆形，长 5～7mm。花期 5 月，果期 9 月。

果实作为水果，又名“八月炸”，味甜可口，风味独特。果实可供药用，有消炎利尿、除湿镇痛之功效，也可治关节炎和骨髓炎。果实含 17 种氨基酸，维生素 C 含量高，其营养成分与沙棘相当。

8.3 药用植物

天台县拥有十分丰富的药用植物资源。据统计,天台共有 1315 种药用植物,占天台野生植物总种数的 63.1%,包括常用的中药材原植物和具一定药用功效的民间草药。其中,《中华人民共和国药典》2020 版所收录的原植物有 185 种,隶属于 80 科 152 属,主要有山麦冬、大血藤、土茯苓、牵牛、海金沙、薤白、孩儿参、猫爪草、过路黄、金樱子、中国旌节花、天葵、三白草、杠板归、粉背薯蓣、地锦草、大戟、蛇床、伏生紫堇、天南星、枸骨、威灵仙、旋覆花、东亚五味子、马尾松、楝树、菰腺忍冬、蓟、轮叶沙参、铁冬青、野荞麦、麦冬、苦木、射干、鹿蹄草、紫花地丁、地榆、忍冬、香樟、藁本、三叶木通、车前、枸杞、南酸枣、线叶旋覆花、龙胆、瓜子金、积雪草、薤白、龙芽草、卷柏、薯蓣、冬青等。

根据中草药有关文献,结合民间常用中草药的特性,将天台 1315 种药用植物归为解表药、清热药、祛风湿药、活血化瘀药、安神药、消导药、理气药、止血药、温里药、利水渗湿药、解毒杀虫止痒药等 19 类(详见表 8-3)。

表 8-3 天台药用植物分类统计

类别	种数	占比/%	类别	种数	占比/%
解表药	38	2.9	止血药	107	8.1
清热药	344	26.2	活血化瘀药	196	14.9
泻下药	9	0.7	化痰止咳平喘药	91	6.9
祛风湿药	127	9.7	安神药	9	0.7
利水渗湿药	81	6.2	平肝息风药	10	0.8
温里药	6	0.5	开窍药	2	0.2
理气药	53	4	补益药	87	6.6
消导药	47	3.6	收涩药	36	2.7
驱虫药	8	0.6	解毒杀虫止痒药	59	4.5
化湿药	5	0.4	合计	1315	100.0

1.解表药

凡以发散表邪、解除表证为主要作用的药物,称解表药。本类药物多辛散发表,有促使肌体发汗或微发汗、使表邪随汗出而解的作用。天台共有 38 种,如短毛独活、聚花过路黄、刺子莞、滴水珠、浮萍、杭子梢、金鸡脚假瘤蕨、小花荠苎、桑草、薄荷、山牛蒡、大叶冬青、白药谷精草、香樟、异叶茴芹、驴蹄草、大叶柴胡、九头狮子草等。

2.清热药

凡药性寒凉、以清解里热为主要作用、主治里热证的药物,称清热药。此类药物是天台县药用植物资源中最为丰富的一类。天台共有 344 种,主要有三白草、白花苦灯笼、大叶火焰草、白花碎米荠、节节草、甘菊、野雉尾金粉蕨、穗花狐尾藻、苦苣苔、下田菊、刺苋、蓝果树、打破碗花花、直立婆婆纳、戟叶蓼、白马骨、夏枯草、秋牡丹、黄荆、大叶白纸扇、天蓝苜蓿、草芍药、京黄芩、绿冬青、蕺菜、绿叶胡枝子、长刺酸模、野古草、大叶唐松草、盾果草、凹叶景天、瓦韦、禹毛茛、对马耳蕨、节节菜、野菰、镰片假毛蕨、毛白前、青蒿、灯台兔儿风、疏头过路黄等。

3. 泻下药

凡能引起腹泻,或润滑大肠、促进排便的药物,称为泻下药。天台共有 9 种,有商陆、美洲商陆、郁李、山乌桕、白木乌桕、光叶毛果枳椇、圆叶牵牛、毛臂形草、银兰。

4. 祛风湿药

凡能祛除风湿、以治疗风湿痹证为主要功效的药物,称为祛风湿药。本类药物能祛除留着于肌肉、经络、筋骨的风湿,有些药兼有散寒、活血、通经、舒筋、止痛或补肝肾、强筋骨等作用,适用于治疗风湿痹痛的肢体疼痛、关节不利、筋脉拘挛等。本类药在天台县药用植物资源中占第 3 位,计 127 种,如长鬃蓼、鹅掌草、羊蹄躅、苦枥木、荷青花、箭叶蓼、乌头、小叶葡萄、纤细薯蓣、汉防己、橘草、圆盖阴石蕨、野蔷薇、粉背薯蓣、椿叶花椒、威灵仙、铜锤玉带草、丝穗金粟兰、秀丽槭、树参、黄山乌头、糙叶五加、尖叶菝葜、映山红、异色猕猴桃等。

5. 利水渗湿药

凡以渗利水湿、通利小便为主要功效的药物,称利水渗湿药。本类药物适用于治疗水湿停蓄体内所致的水肿、胀满、小便不利,以及湿邪为患或湿热所致的淋浊、湿痹、湿温、腹泻、黄疸、痰饮、疮疹等。天台共有 81 种,如球穗扁莎、北美独行菜、白木通、矮蒿、刺蓼、饭汤子、无毛粉花绣线菊、丁香蓼、碎米荠、钩腺大戟、乳浆大戟、牛筋草、破铜钱、光叶粉花绣线菊、亮叶桦、套鞘薹草、蒲公英、光叶石楠、透骨草等。

6. 温里药

凡以温里祛寒、治疗里寒证为主要作用的药物,称为温里药。本类药物具有温里散寒、回阳救逆、温经止痛等作用,主要适用于治疗脘腹冷痛、呕吐泄泻、舌淡苔白、畏寒肢冷、汗出神疲和四肢厥逆等。天台共有 6 种,是水蓼、马鞍树、巴东胡颓子、附地菜、香果树、琴叶紫菀。

7. 理气药

凡以疏理气机、治疗气滞或气逆为主要作用的药物,称理气药。本类药物有理气健脾、疏肝解郁、理气宽胸等功效。其由于性能不同,分别适用于治疗脾胃气滞证、肝气郁滞证及肺气壅滞证。部分药物还有燥湿化痰、温肾散寒等功效,用于治疗咳嗽痰多、肾阳不足、下元虚冷等。天台共有 53 种,如异型莎草、石栎、百齿卫矛、枸橘、麦李、光里白、里白、深山含笑、薤头、中华薹草、爬藤榕、伏生紫堇、白檀、细叶香桂、山胡椒、女贞、木半夏、蔓剪草、灰毛泡、翅桴、乳源木莲等。

8. 消导药

凡以消食导滞、促进消化、治疗饮食积滞为主要作用的药物,称为消导药。本类药物除有消化饮食、导行积滞、行气消胀外,兼有健运脾胃、增进食欲之功效,主要适用于脘腹胀满、嗳腐吞酸、恶心呕吐、不思饮食、大便失常、脾胃虚弱、纳谷不佳、消化不良等。天台共有 47 种,主要有野山楂、糯米团、尖连蕊茶、水蕨、水田白、竖毛鸡眼草、蝴蝶戏珠花、渐尖毛蕨、合轴荚蒾、白花龙、女萎、马兜铃、显子草、夏蜡梅、野茼蒿、书带蕨、中华猕猴桃、马兰等。

9. 驱虫药

凡以驱除或杀灭人体寄生虫为主要作用的药物,称为驱虫药。本类药物对人体内的寄生虫,特别是肠道寄生虫虫体有杀灭或麻痹作用,可使其排出体外,主要用于治蛔虫病、蛲虫病、绦虫病、钩虫病、姜片虫病等多种肠道寄生虫。天台共有 8 种,是阔鳞鳞毛蕨、同形鳞毛蕨、镰羽贯众、金钱松、南方红豆杉、天目木姜子、春榆、云实。

10. 化湿药

凡气味芳香、以化湿运脾为主要作用的药物,称为化湿药。本类药物主要适用于治疗湿浊内阻,脾胃湿困、运化失常所致的呕吐泛酸、大便溏薄、食少体倦、舌苔白腻等。天台共有 5 种,为星宿菜、粉团蔷薇、香薷、海州香薷、石香薷。

11. 止血药

凡以制止体内外出血为主要作用的药物,称为止血药。本类药物根据有性寒、温、散、敛之异,分别具有凉血止血、化瘀止血、收敛止血、温经止血等功效,故可分为凉血止血药、化瘀止血药、收敛止血药和温经止血药四类,主要适用于治疗内外出血病症,如咯血、衄血、吐血、便血、尿血、崩漏、紫癜以及外伤出血等。天台共有 107 种,如短毛金线草、雀稗、宽叶拟鼠麹草、江南星蕨、秋海棠、野漆树、山矾、珠芽景天、元宝草、网脉葡萄、黄瑞木、红马蹄草、野燕麦、华南铁角蕨、水芹、细齿柃、长柄石杉、小巢菜、牛奶子、单毛刺蒴麻、大青等。

12. 活血化瘀药

凡以通畅血行、消除瘀血为主要作用的药物,称活血化瘀药。本类药物具有行血、散瘀、通经、活络、续伤、利痹、定痛、消肿散结、破血消症等功效,可分为活血止痛药、活血调经药、活血疗伤药和破血消症药四类。本类药物应用范围很广,适用于一切瘀血阻滞之症,如胸、腹、头痛,半身不遂,肢体麻木,关节痹痛日久,跌打损伤,瘀肿疼痛,痈肿疮疡等。本类药物为天台县第 2 大类药,计 196 种,如日本粗叶木、黑腺珍珠菜、小果珍珠花、伞花石楠、宽叶金粟兰、北枳椇、庐山楼梯草、穿龙薯蓣、藤葡蟠、水苦荬、榕叶冬青、卫矛、异叶爬山虎、秀丽野海棠、毛瑞香、寒莓、奇蒿、铁马鞭、三角叶冷水花、三桠乌药、毛轴莎草、大芽南蛇藤、南岭黄檀、竹节参、鼠尾草、建始械、线蕨、缺萼枫香树、枫香树、三角叶风毛菊、女娄菜、益母草、黄背越橘、南京椴、小连翘、木荷、短梗南蛇藤、巴东过路黄、贵州娃儿藤等。

13. 化痰止咳平喘药

凡以祛痰或消痰为主要作用的药物,称化痰药;以制止或减轻咳嗽和喘息为主要作用的药物,称止咳平喘药。由于化痰药多兼能止咳,而止咳平喘药也多兼有化痰作用,故将其合为一类。本类药物主要用于治疗痰多咳嗽气喘之症,如气喘咳嗽、呼吸困难、咯痰不爽、痰饮眩悸等。本类药物天台有 91 种,如毛脉翅果菊、紫金牛、东南茜草、冠盖绣球、土圞儿、黄山木兰、明党参、豆茶山扁豆、鹿角杜鹃、吴茱萸、日本马瓞儿、绞股蓝、多茎鼠麹草、华泽兰、小二仙草、细叶鼠麹草、车前、蛇含委陵菜、佘山胡颓子、圆叶茅膏菜、中日老鹳草、天南星、黄独、石蒜、毛竹、山蒟、无瓣蔊菜等。

14. 安神药

凡以安定神志为主要作用、主治神志失常的药物,称安神药。此类药物主要用于治心神不宁、失眠多梦、惊风、癫痫、目赤肿痛、头晕目眩等。天台共有 9 种,为蕨、蜡瓣花、山合欢、狭叶香港远志、瓜子金、夜香牛、野灯心草、玉山针蔺、粉条儿菜。

15. 平肝息风药

凡以平肝潜阳、息风止痉为主要作用,主治肝阳上亢或肝风内动的药物,称平肝息风药。此类药物主要用于治疗心神不宁、失眠多梦、惊风、癫痫、目赤肿痛、头晕目眩等。天台共有 10 种,是阴地蕨、虎尾铁角蕨、箐姑草、火炭母、田麻、老鸦柿、薄叶山矾、金疮小草、钩藤、畦畔莎草。

16. 开窍药

凡以开窍醒神为主要作用、主要用于治疗闭证神昏的药物,称开窍药。本类药物能开启闭塞之窍机,具通关开窍、启闭回苏、醒脑复神、开窍醒神之效,用于治疗中风昏厥、惊风、癫痫、中恶、中暑等窍闭神昏之患。天台共有斑茅、菖蒲 2 种。

17. 补益药

凡能补充人体气血、改善脏腑功能、增强体质、提高抗疾病的能力、消除虚证的药物,称为补益药。本类药物能补虚扶弱、扶正祛邪。根据各种药物的功效及主治证候的不同,可分为补气药、补阳药、补血药及补阴药四类,主治神疲乏力、少气懒言、饮食减少等众多虚症。天台共有 87 种,如莓叶委陵菜、软枣猕猴桃、大狼杷草、黑鳗藤、金缕梅、插田泡、香花崖豆藤、多花兰、乌饭树、齿瓣石豆兰、箭叶淫羊藿、野大豆、阔叶山麦冬、茵草、铁皮石斛、小叶猕猴桃、茅莓、水马桑、牛膝、小舌唇兰、锈毛莓、细柱五加等。

18. 收涩药

凡以收涩为主要作用的药物,称为收涩药。本类药物根据功效不同,可分为固表止汗药、敛肺止咳药、涩肠止泻药、涩精止遗药和固崩止带药,分别具有固表止汗、敛肺止咳、涩肠止泻、固精缩尿、收敛止血、固崩止带等收敛固脱作用,适用于治疗久病体虚、正气不固、脏腑功能衰退所致的自汗、盗汗、久咳虚喘、久痢久泻、遗精、滑精、遗尿、尿频、崩漏不止等滑脱不禁之证。天台共有 36 种,如毛山荆子、麻栎、光叶铁仔、米心水青冈、钩栗、青叶苎麻、小野芝麻、秀丽四照花、铁角蕨、雀麦、毛叶老鸦糊、野桐、槲栎、短尾越橘、苦槠、薯莨、小叶青冈、冬青、野柿、悬铃木叶苎麻、密腺小连翘等。

19. 解毒杀虫止痒药

凡以解毒疗疮、攻毒杀虫、燥湿止痒为主要作用的药物,称为解毒杀虫止痒药。本类药物以外用为主,兼可内服,主要适用于治疗疥癣、湿疹、痈疮疔毒、麻风、梅毒、毒蛇咬伤等。天台共有 59 种,主要有小鱼仙草、春兰、苦木、圆叶鼠李、江南桤木、马醉木、藜、刺柏、山檀、中南鱼藤、盾子木、醉鱼草、直立酢浆草、窃衣、酸模、贯众、刻叶紫堇、青钱柳等。

8.4 其他植物

1. 纤维植物

纤维植物是指植物体内含有大量纤维组织的一类植物。纤维广泛存在于维管植物中。一般木本植物纤维含量可以占植物体的40%～55%；禾本科植物的茎秆纤维含量在35%左右，有些种类可高达50%以上。纤维或纤维植物可直接利用，如编织绳索、草帽、麻袋、草席、筐、箩等；植物的茎干和木材可用于建造房屋、架桥，制造家具；纤维也可作为纺织和造纸的原材料。由此可见纤维植物是一类重要的资源。

据调查统计，天台重要的纤维植物有152种。从种类上看，天台纤维植物以禾本科、榆科、桑科、荨麻科、豆科、大戟科居多。主要的乔木种类有马尾松、黄山松、化香树、紫弹树、构树、柘、野桐、乌桕等；竹类有毛竹等；灌木和亚灌木有牡荆、山油麻、紫麻、扁担杆、北江荛花等；木质藤本有紫藤、小叶猕猴桃、忍冬等；草本有牛筋草、五节芒、芒、狗尾草等；草质藤本有葎草等。

2. 油脂植物

油脂植物的果实、种子或块根中含有丰富的油脂，可食用或供工业用。

据调查统计，天台油脂含量较高的植物有218种，主要集中在松科、木兰科、樟科、芸香科、大戟科、漆树科、山茶科、唇形科、葫芦科、菊科等科。常见的山胡椒、南五味子、山鸡椒、乌桕等乔灌木的种子含油量高达30%以上；益母草、紫苏、苍耳、鬼针草等草本植物的种子含油量在20%～40%；马尾松、黄山松等裸子植物的种子含油量也在20%以上。

3. 色素植物

色素作为染料，广泛应用于纺织、印染、橡胶、塑料、食品、饮料等行业。在相当长的一段时间里，化工合成色素由于来源容易、生产成本低廉、品色众多，所以一直占据染料市场的主要位置。近年来，大量的研究证明，很多合成色素有致癌作用，对人体危害巨大，而合成色素在食品中使用的危害性更大。植物色素是天然染料的来源，如叶绿素、花青素、类胡萝卜素等，具有许多优点，如不污染环境、对人体无害等，属安全食用色素。

天台重要的色素植物有129种，如垂序商陆、木防己、金线吊乌龟、华中五味子、周毛悬钩子、寒莓、掌叶覆盆子、山莓、蓬蘽、高粱泡、太平莓、三花悬钩子、东南悬钩子、冬青、毛冬青、铁冬青等。其中，掌叶覆盆子、柘、金樱子、杨梅、枸骨、茶荚蒾等的果均具有红色素，可作食用色素；乌饭树等植物的果中含蔓越橘色素，可用于饮料、酒的着色；栀子的果、野菊的花、黄芩属植物的根都含有黄色素，是天然的食品添加剂；葡萄属植物的果含有葡萄紫色素；东南茜草的根含有黄红色素，用铝盐作媒染剂可染成红色等。

4. 芳香植物

芳香植物是一类含有挥发性香气物质的植物。这类香气物质常以"油"的状态存在于植物的油腺细胞、油腺或腺毛中，称为芳香油。芳香油可存在于芳香植物的各个部分，也有只存在于植物的茎皮、枝叶、花、果、种子及根部的，通常含量较低，常在1%以下。天台重要的芳香植物有167种，主要集中在樟科、芸香科、伞形科、唇形科、百合科、菊科等，常见的种类有血见愁、栀子、紫苏、杏香兔儿风、奇蒿、香茶菜、藿香蓟、菖蒲、小鱼仙草、活血丹等。

芳香植物具有多种多样的用途。例如,芳香植物挥发出来的苯甲醇、芳樟醇等物质,能杀死有害微生物,因而可以净化空气;芳香类物质能通过人的嗅觉通路作用于中枢神经系统,调控和平衡人类神经系统,从而令人产生镇定、放松、愉悦的感觉,对人体预防和治疗疾病起到辅助作用。有研究表明,芳香植物能通过增加空气中的负氧离子含量达到提高人体免疫力、消除身心疲劳、调节肌体功能平衡等功能,在日本、德国流行的"森林浴""森林疗法"等都是利用空气中的负氧离子进行的保健活动。

5. 鞣质植物

鞣质也称单宁,广泛存在于植物中,是植物细胞液的主要组成成分之一。鞣质在印染、纺织、制革等工业中应用广泛。种子植物普遍含有鞣质,不少科、属的植物鞣质含量丰富,是提取鞣质的重要原料。

天台含鞣质丰富的种类有 110 种,主要有苦茶槭、毛枝三花冬青、枫香树、莓叶委陵菜、薯莨、老鹳草、楝树、细叶青冈、齿果酸模、纤细薯蓣、刺楸、大叶冬青、冬青、短梗冬青、绿冬青、映山红、金锦香、檵木、薯蓣、栓皮栎、甜槠、暗色菝葜等。曾经被广泛利用的有化香树和壳斗科植物的果,蔷薇科植物的红根,马尾松等松属植物的树皮,杨梅的树皮和根,盐肤木的虫瘿等。

6. 树脂植物

树脂是植物体内的一种胶体状物质,是由高分子化合物组成的复杂混合物,常存在于植物的根、茎、叶、果实、种子的树脂细胞、树脂道、乳管、瘤及其他储藏器官中,在经受人为或自然机械损伤后,便会从体内分泌出来。树脂植物广泛用于国防、造纸、纺织、塑料、酿造、制漆、皮革、橡胶、医药、食品等工业,是一种重要的植物资源。

据调查统计,天台富含树脂的植物主要有郁香安息香、山合欢、紫花前胡、马尾松、垂珠花、赛山梅、黄丹木姜子、软条七蔷薇、香港黄檀、黄山松、薄叶润楠、小果蔷薇、亮叶桦等 33 种。其中,马尾松、黄山松是我国采脂、提炼松香和松节油的重要树种之一;枫香树的树干含枫香脂、类苏合香脂,可代替苏合香用。

8.5　植物资源的保护与利用

植物资源是人类发展中不可缺少的重要资源。植物作为生态系统中的主体之一,对改善生态环境、维持生态平衡起着重要的作用。植物资源能够按物种自身的繁育特点和生长速率源源不断地进行自我更新、繁殖扩大,成为取之不尽、用之不竭的自然资源。虽然植物资源具有再生性的特点,但是如果过度利用,将导致资源不可逆转的消耗。只有正确处理好野生植物资源保护与合理利用的关系,才能实现野生植物资源的可持续发展。根据天台县植物资源现状,对资源的利用提出以下几点建议。

1. 以保护为基础,科学利用

保护好资源是开发利用的根本,而永续利用是资源保护的目的。在保护好资源的前提下,科学合理地进行开发,方能达到自然资源充分为人类服务的目的。在本次调查中,发现斑竹林区的生境条件优越,物种丰富,珍稀濒危物种多,建议在开发过程中,尽量少或不直接采挖野生植物资源,可通过采集种子或插条,选择适宜的立地条件进行人工繁殖,从而做到永续利用。

2.综合开发利用,减少资源浪费

资源植物常常具有多种用途,如百合科植物的很多种类可供观赏,又可供食用和药用。因此,充分挖掘和利用资源植物的多用性的特点,可以大大提高资源植物开发利用的效益和减少资源植物的消耗。

3.积极宣传、普及资源保护意识

积极宣传资源保护的重要意义,通过各种途径加强宣传教育,普及植物知识。如目前中小学生的授课老师本身缺乏植物学实践知识,很少带学生去野外认识植物、采标本,因此,天台相关部门可利用假期时间,组织开展自然教育类的夏令营活动,宣传植物学知识,让学生采集、制作植物标本,激发学生的兴趣,培养学生的自然保护意识。

4.建立繁育基地,形成特色产业

开发植物资源不能追求数量,必须因地制宜,综合规划,力求高质量、有特色地开发,从而获得经济效益、社会效益和生态效益的统一,实现可持续发展。可根据天台县本身的特点,以野菜、野果和珍贵苗木为主要特色资源,在天台县选择合适的位置建立野菜、野果、药用植物、珍贵树木、乡土树种等繁育基地。在区系地理成分上,天台偏温性,引种时要考虑物种的耐寒性。

上述几类资源植物中目前可以重点或优先开发利用的有以下几类。①观赏植物:井栏边草、小蜡、杜鹃、流苏树等;②药用植物:多花黄精、车前、栀子、忍冬等;③野菜植物:蕨、大青、树参、薤白、三脉紫菀等;④野果植物:华中五味子、掌叶覆盆子、柘等。

第 9 章　佛教植物

佛教与植物一直有着密切的联系,植物不仅承载着佛教内涵的抽象意象,而且能在物理上阻隔噪声,营造幽静的环境。佛教植物承载着佛教的生态智慧,一些植物的药用与食用价值也能满足寺庙生活的日常所需。中国传统文化中,植物一直有着不同的文化意象,汉化佛教自然也吸收了这些传统文化,并与传统的佛教意象植物融合,形成了独特的汉化佛教植物意象体系。

9.1　调查范围及内容

天台县现存佛教寺、院、庵、居、道场等,根据历年资料收集情况及实地访问,本专题,共调查 7 个乡镇(街道)的 21 个寺庙内的植物(表 9-1)。

表 9-1　天台县寺庙一览表

乡镇(街道)	寺庙名称				
赤城街道	国清寺	桐柏宫	传教院	济公东院	济公西院
石梁镇	高明寺	通玄寺	方广寺	华顶寺	智者塔院
白鹤镇	万年寺	地藏寺	护国寺	秀岩寺	
坦头镇	慧明寺	极乐寺			
三合镇	宝华寺				
龙溪乡	明岩寺	寒岩寺			
平桥镇	开岩寺	普门寺			

9.1.1　调查方法

通过历年资料收集及实地访问调研,对天台县现存寺庙内的植物进行详细记录,做好数据统计及分类整理,系统分析天台县的佛教植物特色及其文化内涵。

植物种类的鉴定主要依据《浙江植物志(新编)》《中国植物志》、*Flora of China*、《江苏植物志》等权威专著。

9.1.2 调查结果

佛教植物一般是指与佛教有直接或间接关系的植物。由于年代久远,世事沧桑,加上语言、文字的差异,不少佛经上记载的植物现已无法考证究竟为何种。佛教涉及极为丰富的植物文化,佛教与植物一直是密不可分的。例如,释迦牟尼曾在无忧树下降生,在菩提树下顿悟;佛教里有"五树六花"的说法。佛教中植物的主要功能包括帮助修行、供奉佛陀、医疗药用以及作为某些尊者的法器。

根据调查,天台寺庙中共有植物 120 科 361 属 540 种,其中佛教植物有 54 科 89 属115 种,分别占调查寺庙中植物总科、属、种数的 45.0%、24.7%、21.3%,表明天台寺庙中佛教植物丰富多样。根据习性统计,天台寺庙中,常绿乔木 68 种,落叶乔木 49 种;常绿灌木 61 种,落叶灌木 44 种;常绿木质藤本 13 种,落叶木质藤本 16 种;多年生草本 170种,一年生草本 91 种,二年生草本 7 种,草质藤本 21 种。这充分体现了天台寺庙中植物的多样性。

根据佛教植物的分类方式进行统计(有的植物具 2 种以上的关系或用途,本书只列入主要类别中)。天台佛教植物中,佛荫植物种类最为丰富,有 68 种,说明天台寺庙注重植物景观的营造;佛药植物最少,为 2 种,这是由于大部分植物有多种功能,此次统计以主要功能归类,以致佛药植物统计较少。

天台佛教植物名录见表 9-2。

表 9-2 天台佛教植物名录

序号	种中文名	种拉丁学名
一、苏铁科 Cycadaceae		
1	苏铁	*Cycas revoluta*
二、银杏科 Ginkgoaceae		
2	银杏	*Ginkgo biloba*
三、松科 Pinaceae		
3	雪松	*Cedrus deodara*
4	白皮松	*Pinus bungeana*
5	马尾松	*Pinus massoniana*
6	日本五针松	*Pinus parviflora*
7	金钱松	*Pseudolarix amabilis*
四、杉科 Taxodiaceae		
8	柳杉	*Cryptomeria fortunei*
9	水杉	*Metasequoia glyptostroboides*
五、柏科 Cupressaceae		
10	柏木	*Cupressus funebris*

序号	种中文名	种拉丁学名
11	侧柏	*Platycladus orientalis*
12	圆柏	*Sabina chinensis*
13	龙柏	*Sabina chinensis*
14	铺地柏	*Sabina procumbens*

六、罗汉松科 Podocarpaceae

15	竹柏	*Nageia nagi*
16	罗汉松	*Podocarpus macrophyllus*
17	短叶罗汉松	*Podocarpus macrophyllus* var. *maki*

七、红豆杉科 Taxaceae

18	南方红豆杉	*Taxus mairei*
19	榧树	*Torreya grandis*

八、金粟兰科 Chloranthaceae

20	金粟兰	*Chloranthus spicatus*

九、杨柳科 Salicaceae

21	垂柳	*Salix babylonica*

十、杨梅科 Myricaceae

22	杨梅	*Myrica rubra*

十一、壳斗科 Fagaceae

23	苦槠	*Castanopsis sclerophylla*
24	青冈	*Cyclobalanopsis glauca*

十二、榆科 Ulmaceae

25	朴树	*Celtis sinensis*
26	榔榆	*Ulmus parvifolia*

十三、桑科 Moraceae

27	构树	*Broussonetia papyrifera*
28	榕树	*Ficus microcarpa*
29	菩提树	*Ficus religiosa*
30	笔管榕	*Ficus subpisocarpa*

十四、睡莲科 Nymphaeaceae

31	莲	*Nelumbo nucifera*

续表

序号	种中文名	种拉丁学名
32	白睡莲	*Nymphaea alba*
十五、毛茛科 Ranunculaceae		
33	芍药	*Paeonia lactiflora*
34	牡丹	*Paeonia suffruticosa*
十六、小檗科 Berberidaceae		
35	南天竹	*Nandina domestica*
十七、木兰科 Magnoliaceae		
36	夜香木兰（夜合）	*Magnolia coco*
37	荷花玉兰	*Magnolia grandiflora*
38	紫玉兰	*Magnolia liliiflora*
39	白兰	*Michelia alba*
40	含笑	*Michelia figo*
十八、蜡梅科 Calycanthaceae		
41	蜡梅	*Chimonanthus praecox*
十九、樟科		
42	香樟	*Cinnamomum camphora*
43	乌药	*Lindera aggregata*
44	刨花润楠	*Machilus pauhoi*
45	红楠	*Machilus thunbergii*
46	舟山新木姜子（佛光树）	*Neolitsea sericea*
47	闽楠	*Phoebe bournei*
48	紫楠	*Phoebe sheareri*
49	浙江楠	*Phoebe chekiangensis*
二十、景天科 Crassulaceae		
50	佛甲草	*Sedum lineare*
二一、金缕梅科 Hamamelidaceae		
51	枫香树	*Liquidambar formosana*
二二、蔷薇科 Rosaceae		
52	梅	*Armeniaca mume*
53	桃	*Amygdalus persica*
54	日本晚樱	*Cerasus lannesiana*
55	月季花	*Rosa chinensis*

序号	种中文名	种拉丁学名
二三、豆科 Fabaceae		
56	龙爪槐	*Sophora japonica* f. *pendula*
57	紫藤	*Wisteria sinensis*
二四、芸香科 Rutaceae		
58	柚	*Citrus maxima*
59	佛手	*Citrus medica* var. *sarcodactylis*
60	金橘	*Fortunella margarita*
61	九里香	*Murraya exotica*
二五、黄杨科 Buxaceae		
62	黄杨	*Buxus sinica*
二六、冬青科 Aquifoliaceae		
63	枸骨	*Ilex cornuta*
二七、槭树科 Aceraceae		
64	鸡爪槭	*Acer palmatum*
65	红枫	*Acer palmatum*
66	羽毛槭	*Acer palmatum*
二八、七叶树科 Hippocastanaceae		
67	七叶树	*Aesculus chinensis*
二九、无患子科 Sapindaceae		
68	无患子	*Sapindus saponaria*
三十、椴树科 Tiliaceae		
69	南京椴	*Tilia miqueliana*
70	毛芽椴	*Tilia tuan* var. *chinensis*
三一、锦葵科 Malvaceae		
71	木芙蓉	*Hibiscus mutabilis*
72	木槿	*Hibiscus syriacus*
三二、梧桐科 Sterculiaceae		
73	梧桐	*Firmiana simplex*
三三、山茶科 Theaceae		
74	红山茶	*Camellia japonica*
75	茶梅	*Camellia sasanqua*
76	茶	*Camellia sinensis*

续表

序号	种中文名	种拉丁学名
三四、仙人掌科 Cactaceae		
77	昙花	*Epiphyllum oxypetalum*
78	单刺仙人掌	*Opuntia monacantha*
三五、瑞香科 Thymelaeaceae		
79	金边瑞香	*Daphne odora* f. *marginata*
80	结香	*Edgeworthia chrysantha*
三六、千屈菜科 Lythraceae		
81	紫薇	*Lagerstroemia indica*
三七、石榴科 Punicaceae		
82	石榴	*Punica granatum*
三八、杜鹃花科 Ericaceae		
83	云锦杜鹃	*Rhododendron fortunei*
84	锦绣杜鹃	*Rhododendron* × *pulchrum*
三九、紫金牛科 Myrsinaceae		
85	朱砂根	*Ardisia crenata*
四十、柿科 Ebenaceae		
86	柿	*Diospyros kaki*
四一、木犀科 Oleaceae		
87	茉莉花	*Jasminum sambac*
88	木犀	*Osmanthus fragrans*
四二、茄科 Solanaceae		
89	曼陀罗	*Datura stramonium*
90	枸杞	*Lycium chinense*
四三、紫葳科 Bignoniaceae		
91	凌霄	*Campsis grandiflora*
四四、茜草科 Rubiaceae		
92	栀子	*Gardenia jasminoides*
四五、忍冬科 Caprifoliaceae		
93	忍冬	*Lonicera japonica*
四六、菊科 Asteraceae		
94	艾蒿	*Artemisia argyi*
95	菊花	*Chrysanthemum morifolium*

序号	种中文名	种拉丁学名
四七、禾本科 Poaceae		
96	方竹	*Chimonobambusa quadrangularis*
97	罗汉竹	*Phyllostachys aurea*
98	紫竹	*Phyllostachys nigra*
99	毛竹	*Phyllostachys edulis*
四八、棕榈科 Arecaceae		
100	棕竹	*Rhapis excelsa*
101	棕榈	*Trachycarpus fortunei*
四九、天南星科 Araceae		
102	菖蒲	*Acorus calamus*
五十、百合科 Liliaceae		
103	浙江山麦冬	*Liriope zhejiangensis*
104	麦冬	*Ophiopogon japonicus*
105	吉祥草	*Reineckia carnea*
106	万年青	*Rohdea japonica*
五一、石蒜科 Amaryllidaceae		
107	文殊兰	*Crinum asiaticum* var. *sinicum*
108	朱顶红	*Hippeastrum vittatum*
109	石蒜	*Lycoris radiata*
五二、芭蕉科 Musaceae		
110	芭蕉	*Musa basjoo*
111	地涌金莲	*Musella lasiocarpa*
五三、姜科 Zingiberaceae		
112	姜花	*Hedychium coronarium*
五四、兰科 Orchidaceae		
113	建兰	*Cymbidium ensifolium*
114	蕙兰	*Cymbidium faberi*
115	春兰	*Cymbidium goeringii*

 9.2 佛教植物分类

本书结合天台县调查的情况,根据植物与佛教的关系或在佛教中的用途,将佛教植物大致分为下列八类。

1. 佛缘植物

佛缘植物指与佛祖释迦牟尼降生、开悟、成佛等密切相关的植物,也包括后来演变而成的一些地域替代植物。

在天台,佛缘植物共有菩提树、七叶树、夜香木兰(夜合)、昙花、地涌金莲、石蒜、曼陀罗、莲花、毛竹9种。菩提树:最重要的佛教植物之一,相传释迦牟尼在菩提树下顿悟成佛。七叶树:在我国与佛教有着很深的渊源,据说释迦牟尼的精舍周围种满七叶树,故其被称为佛树。夜香木兰(夜合)和昙花:在寺庙中常用来替代山玉兰(优昙花),相传释迦牟尼出世时优昙花始开,佛经中常以优昙花比喻稀有之事。石蒜(曼殊沙华)和曼陀罗:是佛教的天花,相传释迦牟尼成佛之时,天降曼陀罗华(花)、摩诃曼陀罗华、曼殊沙华、摩诃曼殊沙华四花雨,后此四花被用以表示祥瑞。莲花:是释迦牟尼的宝座,佛教中将它视为成熟、神圣、圣洁之花,为佛教五树六花之一。毛竹:佛教寺庙起初常建于竹园,竹林精舍也成为佛教寺庙的代名词。

2. 佛事植物

佛事植物指与佛事活动相关的植物,包括礼茶、供佛花卉、供佛果品、制香植物、佛珠植物、佛经载体植物、佛灯用油植物等。

在天台,佛事植物共有茶、睡莲、牡丹、菊花、刨花润楠、毛芽椴、南京椴、茉莉花、无患子、栀子、文殊兰、构树、棕榈13种。天台县寺庙僧侣礼佛时常用到这几种植物。睡莲、牡丹、菊花、栀子、茉莉花:均具有香气,是佛教中的礼仪之花,常用于佛前供奉。茶:是僧侣的主要饮料,也常用于供佛,茶文化与佛文化息息相关。毛芽椴、无患子、南京椴:种子常被用于制作佛珠,被当地人誉为"菩提树",天台寺庙常见栽培。刨花润楠:也称楠木,是制作寺庙熏香的重要原材料。文殊兰:又名供奉之花,代表虔诚的理念,常被用于供奉神佛,为佛教五树六花之一。构树和棕榈:构树的树皮可以制作经书的纸;棕榈的叶子可当贝叶棕的替代品,用于抄写经书。

3. 佛理植物

佛理植物指隐含或喻示深奥禅理的植物,也包括助人悟道的植物,如苏铁、梅、桃、芥菜(芥子)、忍冬等。

在天台,佛理植物共有苏铁、梅、桃、忍冬、榕树和笔管榕6种。苏铁(俗称铁树):代表长寿、坚定,禅宗以"铁树华开世界"来比喻尽法界一切物都是由无心无作之妙用所显现,铁树开花则被视为固定不变而实有变化之禅理。梅:代表品格高雅,梅花自古便是僧侣悟禅之花,国清寺有一株最古老的"隋梅",据称树龄已达1400多年,相传是佛教天台宗的创始人智𫖮大师亲手所植。桃:自古以来,佛、道、儒都将桃花视为镇恶驱邪的吉祥之花,相传有不少禅宗祖师见花而参破顿悟。忍冬:又名金银花,越冬而不死,佛教用其象征人的"灵魂不死";东汉末期开始,其相关元素被用在佛教艺术上,以南北朝时最流行,莲花纹和忍冬纹(也称卷草纹)成为当时最具有特色的纹样,广泛出现在绘画、雕刻和刺绣等艺术品的装饰上,而佛像上更是少不了忍冬纹。榕树和笔管榕:榕树寿命极长,寓意家族兴旺和事业发达,为佛教五树六花之一。

4.佛佑植物

佛佑植物指可驱邪镇恶、庇佑众生、给人好运的植物,如菖蒲、艾蒿、仙人掌、酸豆树、凤凰木、吉祥草等。

在天台,佛佑植物共有菖蒲、艾蒿、单刺仙人掌、紫竹、吉祥草、垂柳 6 种。菖蒲、单刺仙人掌:常被视为有镇邪的作用,寺庙喜种。吉祥草:佛教中视其为吉祥之物、神圣之草,是宗教仪式中必不可少的植物。垂柳:也称鬼怖木,常被视为有镇邪的作用,同时也是佛教树种无忧花替代种,寓意扫除人间的烦恼、污浊。紫竹:紫竹林是观音修真之所。

5.佛名植物

佛名植物指植物名称与佛教相关的植物,如观音竹、佛肚竹、罗汉竹、罗汉松、罗汉柏、佛光树(舟山新木姜子)、印度毗兰树(大叶桂樱)、佛手等。

在天台,佛名植物共有罗汉松、短叶罗汉松、佛光树(舟山新木姜子)、佛甲草、罗汉竹、佛手 6 种。罗汉松:因种子与种托形似罗汉而得名。舟山新木姜子:因其新叶密生金黄色绢毛,在阳光照耀下金光闪闪,酷似佛光,故被称为佛光树。罗汉竹、佛甲草、佛手:其名与佛教相关。

6.佛荫植物

佛荫植物指寺庙绿化、美化喜栽的植物,如柳杉、圆柏、侧柏、翠柏、玉兰、黄兰、香樟、龙爪槐、瑞香、山茶花、石榴、云锦杜鹃、鸡蛋花、万年青、芭蕉、黄姜花、兰花等。

在天台,佛荫植物共有雪松、日本五针松、金钱松、柳杉、圆柏、侧柏、竹柏、玉兰、荷花玉兰、香樟、枫香树、龙爪槐、紫藤、柚、梧桐、石榴、云锦杜鹃、柿、方竹、万年青、姜花、芭蕉、兰花等 68 种。此类植物是我国寺庙中常见的植物,是造景的重要元素,也承担着供游客观赏与休息的作用。在天台的寺庙中,松、柏、杉树形挺拔,坚韧有形,给人严肃、静穆的庄严与神圣感,点缀枫香树、红枫等秋色叶植物,与禅意的意境相吻合。在天台寺庙,观花观果植物的花大多以白色、淡黄色为主,果实以红色为主,颜色较为丰富,一般种植在游客观赏休息区。

7.佛材植物

佛材植物指寺庙建筑、佛像雕刻、佛堂用具等材用植物,如香樟、柚木、楠木等。

在天台,佛材植物共有银杏、香樟、闽楠、紫楠、浙江楠 5 种。银杏:唐代之前,就尊称银杏树为"圣果树",称其果为"圣果",素有"逢庙必栽银杏树"之说,迄今保存下来的银杏古树多见于寺庙,均为历代僧侣精心养护的结果。香樟:木材纹理美丽,不蛀不裂,软硬适中,常用以雕刻佛像、建造寺庙等,用其制作的香料是为佛像沐浴的特定植物香料;冠大荫浓,四季常绿,花香清雅,也是寺庙中最喜栽植的景观树种之一。闽楠、紫楠、浙江楠:是寺庙建筑的优良用材。

8.佛药植物

佛药植物指佛教常用的药用植物,如余甘子、枸杞、胡椒、番红花、姜黄、郁金、清风藤等。

在天台,佛药植物共有乌药、枸杞 2 种。注:寺庙中可作为药用的植物种类繁多,如银杏等,因已归入其他种类,故此类中不再计入。

9.3 天台县佛教植物举例

1. 天台特色佛教植物

(1)毛芽椴 *Tilia tuan* Szyszyl. var. *chinensis* Rehd. et Wils.

椴树科落叶大乔木。高达 20m,树皮灰色,直裂;小枝及顶芽有茸毛。叶片阔卵形,先端短尖或渐尖,基部单侧心形或斜截形,下面有灰色星状茸毛,边缘有明显锯齿。聚伞花序;苞片狭倒披针形,无柄,先端钝,基部圆形或楔形,上面通常无毛,下面有星状柔毛,下半部与花序柄合生。果实球形,直径约 1cm,无棱,有小突起,被星状茸毛。花期 7 月,果期 9—10 月。

在天台具有悠久的栽培、加工历史,各大寺庙均有栽培。果实用于制作佛珠。因树形优美,叶形与菩提树的树叶相似,常用来替代"菩提树",亦被认为是天台山"菩提树"。天台寺庙中栽培的还有同属植物南京椴。

(2)乌药 *Lindera aggregata* (Sims) Kosterm.

樟科常绿灌木。高可达 4m。根常膨大成纺锤状,外皮淡紫红色,内皮白色。叶互生;叶片革质,卵形、卵圆形至近圆形,先端尾尖,基部圆形至宽楔形,上面绿色、有光泽,下面灰白色,幼时密被灰黄色伏柔毛,基出三脉,在上面凹下,在下面隆起;叶柄幼时被褐色茸毛。伞形花序生于二年生枝叶腋;花梗被柔毛;花黄绿色;花被裂片被白色柔毛。果卵形至椭球形,长 0.6～1.0cm,成熟时呈亮黑色。花期 3—4 月,果期 9—11 月。

日本佛教天台宗将乌药视为中药之上品,故乌药又称"天台乌药"。根可供药用,有散寒、理气、健胃等功效;果、根、叶可提取芳香油,供制皂;根、种子磨粉,可杀虫;枝叶茂密,终年翠绿,可供园林观赏。

2. 重要佛教植物

(1)菩提树 *Ficus religiosa* L.

桑科常绿大乔木。树皮灰色,平滑或微具纵纹,冠幅广展;小枝灰褐色,幼时被微柔毛。叶片革质,三角状卵形,上面深绿色、有光泽,下面绿色,先端骤缩为长 2～5cm 的细长尾尖,基部宽截形至浅心形,全缘或呈波状,基出三脉,侧脉 5～7 对;叶柄纤细,与叶片等长或较长;托叶小,卵形,先端急尖。隐花果球形至扁球形,直径 1～1.5cm,成熟时呈红色,光滑,无梗;基生苞片 3,卵圆形。花期 3—4 月,果期 5—6 月。

原产于印度,故称印度菩提树,又名毕钵罗树、觉悟树、智慧树、思维树等。国清寺有栽培。在室外易受冻害。相传梁武帝天监元年(502 年),印度僧人智药三藏最早从天竺(印度)引种菩提树至广州光孝寺。现我国广东、云南、福建、台湾等地均有菩提树引种。普陀山也有引种,但在露地生长不良,需温室种植。

"菩提"一词为古印度语(即梵文)Bodhi 的音译,意思是觉悟、启智,用以指人豁然开悟、茅塞顿开。据传在 2000 多年前,佛祖释迦牟尼正是在菩提树下悟道成佛,成就"无上菩提",因而,此树得名"菩提"。禅宗六祖慧能有关于菩提的偈诗:"菩提本无树,明镜亦非台；本来无一物，何处惹尘埃。"菩提树为佛教五树六花之一。

（2）莲（荷花）*Nelumbo nucifera* Gaertn.

睡莲科多年生水生草本。根状茎肥厚，横走，具节，节部缢缩，节间膨大，内有多数纵行通气孔道。叶分浮水叶和挺水叶二型；叶片盾状圆形，直径 25～90cm，全缘稍呈波状，上面光滑、具白粉，下面淡绿色，叶脉从中央向外辐射，具 1 或 2 回叉状分枝；叶柄中空，外面散生小刺。花单生于花梗顶端，单瓣、复瓣或重瓣；瓣状花被片多数，红色、粉红色、白色或复色，长圆状椭圆形至倒卵形，呈舟状弧弯；花药条形，花丝细长，着生于花托之下；花柱极短，柱头顶生。坚果椭球形或卵形；果皮革质，坚硬，成熟时呈黑褐色。种子椭球形或卵形，种皮红色或白色。花期 6—9 月，果期 8—10 月。

莲花是佛教五树六花之一，也是佛教九大象征之一，见于天台各寺庙。佛教对莲花赋予了极大的赞美。《摄大乘论释》记载"莲花有四德，一香二净三柔软四可爱，譬法界真如总有四德，谓常乐我净"。人们常将僧侣住所称莲界或莲房，佛经称莲经，佛座称莲座或莲台，佛寺称莲宇，袈裟称莲衣，念佛称"口吐莲花"。《随园诗话》中有"南屏五百西方佛，散尽天花总是莲"之句，以咏西湖莲花。莲花是佛教的重要符号和吉祥物。大乘佛教天台宗的经典著作之一为《妙法莲华经》，莲华即莲花。

（3）地涌金莲 *Musella lasiocarpa* (Franch.) C. Y. Wu ex H. W. Li

芭蕉科多年生草本。假茎矮小，高不及 60cm，基部有宿存的叶鞘。叶片长椭圆形，长达 0.5m，宽约 20cm，先端锐尖，基部近圆形，两侧对称，有白粉。花序直立，直接生于假茎上，密集如球穗状，苞片干膜质，黄色或淡黄色，有花 2 列，每列 4～5 花；合生花被片卵状长圆形，先端具齿裂；离生花被片先端微凹，凹陷处具短尖头。浆果三棱状卵形，长约 3cm，外面密被硬毛，果内具多数种子；种子大，扁球形，黑褐色或褐色，光滑，腹面有大而白色的种脐。

原产于我国云南、四川，因花开似莲，花色金黄，层层叠叠，故又称金莲花、金菠萝花、千瓣莲花。国清寺、高明寺有栽培。地涌金莲是佛教五树六花之一、南传佛教寺庙常见的"佛花""圣花"，还是南传佛教造像下莲花宝座的原型。据《佛祖本生传》记载，佛祖诞生时，于四方各行七步，其步下即涌出莲花。由于地涌金莲植株矮小，金黄色花顶生，开花时花瓣由下而上逐渐展开，恰似一朵莲花从地下冒出，于是认为地涌金莲即是释迦牟尼诞生之日所涌出的"莲花"。

（4）夜香木兰（夜合）*Magnolia coco* (Lour.) DC.

木兰科常绿灌木或小乔木，高 2～4m。全体无毛。树皮灰色；小枝绿色，平滑，稍具棱角。叶片革质，椭圆形、狭椭圆形或倒卵状椭圆形，先端长渐尖，基部楔形，上面深绿色，有光泽，稍具波皱，边缘稍反卷，硬化增厚；侧脉 8～10 对，网脉稀疏，托叶痕达叶柄顶端。花圆球形，夜间极香；花梗向下弯垂；花被片 9，肉质，外轮 3 枚白色，稍带绿色，有 5 条纵线，内 2 轮纯白色。聚合蓇葖果近木质。花期夏季，果期秋季。

原产于华南及江西、福建、四川、云南。国清寺有栽培。可露地越冬。名贵的庭院观赏树种；花可提取香精，亦可掺入茶叶内作熏香剂；根皮可入药，有散瘀除湿等功效。江南寺庙中常用来替代山玉兰（优昙花）。

（5）白兰 *Michelia* × *alba* DC.

木兰科常绿乔木，高达 17m。树皮灰色；幼枝、托叶被脱落性淡黄白色绢毛。叶片薄革质，长椭圆形或披针状椭圆形，先端长渐尖或尾尖，基部楔形，上面无毛，下面绿色，疏生微柔毛，干时两面网脉均明显；叶柄疏被微柔毛，托叶与叶柄贴生，托叶痕几达叶柄中部。花白色，极芳香；花被片 10，披针形；雌蕊群柄长约 4mm。聚合果长圆柱状；蓇葖果成熟时呈鲜红色。花期 4—9 月，夏季盛开，通常不结实。

原产于印度尼西亚爪哇岛。国清寺、高明寺有盆栽。江南寺庙中用以替代佛教五树之一的黄缅桂（黄兰），为庭院观赏及芳香花木；花可提取香精或用于熏茶，也可提制浸膏供药用，有行气化浊、治咳嗽等功效；鲜叶可提取香油，称白兰叶油，可供调配香精；根皮入药，可治便秘。

（6）茶 *Camellia sinensis* (L.) O. Kuntze.

山茶科常绿灌木。小枝有细柔毛。叶片椭圆形至长椭圆形，先端短急尖，常钝或微凹，基部楔形，上面深绿色，下面淡绿色，边缘有锯齿。花 1～3 朵腋生或顶生，白色，芳香；花瓣 5～8，近圆形，稍合生，先端内凹；雄蕊多数，外轮花丝连合成短筒，并与花瓣合生；子房密生柔毛，花柱先端 3 裂。蒴果钝三棱状球形，稀椭球形或近球形，3 瓣裂，内含中轴及扁球形种子。花期 10—11 月，果期次年 10—11 月。

分布于我国南方，在我国栽培历史悠久。余姚田螺山遗址考古证实，河姆渡人早在 6000 多年前即已开始种植。茶叶中含有咖啡碱、茶碱、可可碱、黄嘌呤、鞣酸以及挥发油等成分，具有兴奋中枢神经的作用；以茶为饮料，有助于消化、提神、强心、利尿、止泻等；种子油可供食用或工业用；为蜜源植物；也适作绿篱。

种茶是僧侣的重要事务之一。茶是禅僧的主要饮料，也常用于供佛。饮茶易使人进入平静、和谐、专心、虔敬、清明的境界，可以帮助学禅，在中国禅宗中被礼仪化，成为茶礼。唐代怀海禅师制定了《禅门规式》（后称为《百丈清规》），以法典的形式规范了佛门的茶事、茶礼及其制度，从而使茶与禅结缘更深，有"茶禅一味"之说。《百丈清规》云："丛林（禅宗寺庙）以茶汤为盛礼"。

（7）茉莉花 *Jasminum sambac* (L.) Aiton

木犀科常绿香花灌木。小枝绿色，疏被柔毛。单叶，对生；叶片纸质，卵形至椭圆形，先端圆或钝，稀微凹，常有小尖头，基部宽楔形至微心形，全缘；叶柄被短柔毛。聚伞花序顶生或腋生，常具 3～8 花；花萼杯状，裂片线形；花冠白色，极芳香，裂片 5 或重瓣，长圆形至近圆形，先端钝或圆；子房上位，无毛。花期 5—11 月，尤以 7 月最盛。

原产于印度、伊朗、阿拉伯等地。天台寺庙多有栽培。为著名的花茶原料和重要的香精原料，许多佛香即是以此花作为制香原料；常盆栽供观赏；花、叶可供药用，有止咳化痰的功效；根有毒，入药有接骨、镇痛的功效。

茉莉花以其纯洁、芬芳和美丽，在印度一直被作为佛教的吉祥物。在阿旃陀壁画上，菩萨的宝冠上就有镂金的茉莉花。在印度，人们按佛教习俗，把茉莉花用丝线串成花环，供奉于佛像前。据史料记载：中国五台山的佛教为东汉永平十一年（公元 68 年）由印度高僧摄摩腾、竺法兰传入，域外的茉莉花也传入了五台山。以茉莉花为原型编写的《八段锦》的曲调随着僧人们的四处云游而被传至江南，并受到江南民众的喜欢，之后又经多次加工,形成了响誉中外的江南民歌《茉莉花》。

(8)石蒜 *Lycoris radiata* (L'Hér.) Herb.

石蒜科多年生草本。鳞茎宽椭圆形或近圆球形,鳞茎皮紫褐色。叶秋季抽出,至次年夏季枯死;叶片狭带状,先端钝,深绿色,中间有粉绿色带。花茎高约 30cm;伞形花序具 4～7 花;总苞片 2,干膜质,棕褐色,披针形;花鲜红色;花被裂片狭倒披针形,强度皱缩并向外卷曲;雄蕊显著伸出花被外,比花被长 1 倍左右。花期 8—10 月,果期 10—11 月。

原产于我国。赤城山常见,寺庙常有栽培。鳞茎可入药,有解毒、消肿、催吐、杀虫的功效;花、叶可供观赏,用于花境配置或作地被植物。

石蒜又名彼岸花、曼殊沙华等。曼殊沙华之名出自梵语“Ma ju aka”,是柔软、慈悲的意思。《妙法莲华经》记载:“佛说此经已,结跏趺坐,入于无量义处三昧,身心不动。是时天雨曼陀罗华,摩诃曼陀罗华,曼殊沙华,摩诃曼殊沙华,而散佛上及诸大众。”作为四天花之一的曼殊沙华,在佛教中有着吉祥、圆满、庄严的形象,具呈献祝福和功德圆满的寓意。

然而,在日本民间对石蒜有着不同的解读。在颜色上,人们认为它的颜色艳丽奇特,似血妖冶,虽美却带着攻击性。在生长特点上,它花叶两者不能相见,开花时间恰好是“彼岸节”,故被认为是分离相错的寄意,故被称为彼岸花。在传说中,彼岸花也是冥界的花,也叫引魂花。这些都使石蒜承载了一种凄美、绝望、离合、死亡的悲戚含义。

第 10 章　结论与建议

10.1　结论

研究表明,天台县植物区系总体上表现为植物类群丰富、地理成分复杂多样、特有成分丰富、珍稀濒危物种众多、可利用资源丰富、多种成分汇集且具有过渡性和古老性的特点。

根据本次调查数据及《浙江植物志(新编)》《中国苔藓志》、CVH 上的影像标本等资料进行统计,天台县共有野生及栽培植物 275 科 1088 属 2609 种(包括种下分类单位,下同),其中苔藓植物 29 目 58 科 101 属 180 种,维管植物 217 科 987 属 2429 种。科、属、种分别占全省野生及栽培植物科的 80.9％、属的 57.8％、种的 44.8％。

通过对天台县各乡镇(街道)的植物资源分析发现,各乡镇(街道)依据物种数由多到少排序,依次是石梁(1477 种)、龙溪(1201 种)、街头(1059 种)、平桥(1018 种)、始丰(1005 种)、赤城(954 种)、白鹤(941 种)、泳溪(858 种)、三合(851 种)、福溪(833 种)、坦头(828 种)、雷峰(817 种)、三州(812 种)、南屏(800 种)、洪畴(779 种)。天台各乡镇(街道)间的物种多有密切关系,无周缘及疏远关系。在区系上,天台县植物区系表现为较明显的过渡性质,处于温带植物区系与亚热带植物区系的交汇区。

通过对珍稀濒危植物进行统计,天台共有 71 科 125 属 152 种,包括苔藓植物 3 种。天台有重点保护野生植物 66 种,包括国家一级重点保护野生植物 2 种,国家二级重点保护野生植物 35 种,浙江省重点保护野生植物 29 种。天台另有其他珍稀濒危植物 86 种。

通过外来入侵植物的调查,天台共有 25 科 39 属 52 种,其中占主要优势的科为菊科,生活型以草本植物为主。天台有危害严重物种 10 种,危害中等物种 20 种,危害轻微物种 22 种。

通过对天台县资源植物的分析发现,天台县共有野生资源植物 189 科 277 属 1592 种,包括观赏植物 171 科 557 属 1039 种、野菜 102 科 285 属 548 种、野果 37 科 55 属 147 种、药用植物 185 科 669 属 1315 种、佛教植物 54 科 89 属 115 种、纤维植物 40 科 93 属 152 种、油脂植物 69 科 116 属 218 种、色素植物 23 科 47 属 129 种、芳香植物 38 科 86 属 167 种、鞣质植物 31 科 54 属 110 种、树脂植物 11 科 12 属 33 种。

10.2　建议

1.加强对石梁、龙溪地区的保护

调查发现石梁(1477种)和龙溪(1201种)是天台县物种多样性的集中地,特别是石梁的华顶、狮子岩坑、大同坑,龙溪的岩坦、岭里、大雷山保存了大量天台的特有植物,如草芍药、天台鹅耳枥、软枣猕猴桃等,建议将石梁的狮子岩坑、大同坑,龙溪的岭里、岩坦、大雷山区域划出禁止开发区,用于保护生物多样性。

2.加强对珍稀濒危植物的保护

根据实地调查及搜集的历史资料,天台县共有珍稀濒危野生植物152种。通过统计发现,天台县分布的种群数量在100株以下的物种有90种,占59.2%,濒危程度较严重。因此,在今后的物种保育规划中要加强对种群数量在100株以下的物种的保护力度,特别是10株以下的物种要加强野外调查和室内保育研究,使物种能完整地延续。

3.优化对植物资源的开发与利用

据调查,天台县野生高等植物有255科909属2123种。其中,天台共有药用植物1315种,占天台县野生高等植物总种数的61.9%;观赏植物有1039种,占天台县野生高等植物总种数的48.9%;野菜资源有245种,占天台县野生高等植物总种数的11.5%;野果资源共有147种,占天台县野生高等植物总种数的6.9%;其他还有纤维植物(152种)、油脂植物(218种)、色素植物(129种)、芳香植物(167种)、鞣质植物(110种)、树脂植物(33种)等。这些都是天台的"大宝藏"。目前,天台产的铁皮石斛、乌药、黄精已经名声在外,给天台县带来了丰厚的收入。如何深入挖掘剩余的植物资源、优化植物资源的开发利用、发展天台植物资源特色将是今后的重要研究方向。

4.重视已有成果,扩大野外调查

由于调查时间有限,调查任务艰巨,项目组尚未完全摸清天台县的植物资源本底,许多历史记载的珍稀濒危植物,如竹节参等寻找未果。原先有明确分布点的天目木姜子、中华水韭等,也在近年的开发建设中销声匿迹。因此,建议对天台县出台县级优先保护植物名录,加强对已经明确分布点的百株以下物种的保护,同时应着重开展野外调查,深化调查精度,继续找寻消失的物种。

5.加强分类人才的队伍培养

随着我国城市化的发展,金钱至上的思潮涌向全国,大量技术人才进入城市就业。基层特别是偏远的山区,难以留住专业技术人才,出现人才断档、青黄不接的现象。珍稀濒危野生植物往往分布在较偏远的山区,其监督、管理、繁育、推广等工作都需要专业的人才,特别需要懂得一些植物分类知识的人才,以有效地实施监管与保护。目前,天台仅有少量分类专业技术人员,且年龄较大,随着老职工的退休,年轻的工作人员对物种基本不认识、不了解,导致其对物种保护重视程度不足,难以扛起保护珍稀濒危植物的重担。

6.加强宣传,提高基层工作人员的业务水平

随着生态文明建设的不断深入,大众的生态环保意识大幅提升,但某些基层工作人

员对保护野生植物资源的认识不到位、放任式懒政的管理模式是造成严重生态环境破坏的主要原因。一方面,管理高投入、低产出,加大了资源的浪费;另一方面,管理和生产技术落后,进一步加剧了对资源的破坏。地方林业部门对植物保护的监督、管理力度还不够,重视木材资源、轻视珍稀物种资源的短视思维依旧难以根除。在调查时,原先有明确分布点的天目木姜子、中华水韭因华顶林场的职工认识不够、操作不当而销声匿迹;早年有大量采集记录的竹节参也因后续无人跟进而不知所踪。因此,加强宣传,特别是对基层具体工作人员进行培训,提高他们的认知,尤为重要。

参考文献

［1］《浙江植物志(新编)》编辑委员会.浙江植物志(新编):第1～10卷［M］.杭州:浙江科学技术出版
社,2020-2021.

［2］ Flora of China:vols. 1-25［M/OL］.Beijing:Science Press；St. Louis:Missouri Botanical Garden
Press,1994-2013［2023-10-13］. http://flora. huh. harvard. edu/china/.

［3］ IUCN 2024. The IUCN Red List of Threatened Species:Version 2023-1［EB/OL］. ［2023-10-13］.
http://www. iucnredlist. org/.

［4］ Noguchi A. Illustrated Moss Flora of Japan:Par 1［M］. Nichinan:The Hattori Botanical
Laboratory,1987.

［5］ Noguchi A. Illustrated Moss Flora of Japan:Par 2［M］. Nichinan:The Hattori Botanical
Laboratory,1988.

［6］ Noguchi A. Illustrated Moss Flora of Japan:Par 3［M］. Nichinan:The Hattori Botanical
Laboratory,1989.

［7］ Noguchi A. Illustrated Moss Flora of Japan:Par 4［M］. Nichinan:The Hattori Botanical
Laboratory,1991.

［8］ Noguchi A. Illustrated Moss Flora of Japan:Par 5［M］. Nichinan:The Hattori Botanical
Laboratory,1994.

［9］ Yan L A,Tong C A,Guo S L A. The Mosses of Zhejiang Province,China:An Annotated
Checklist［J］. Arctoa:Journal of Bryology,2005,14(1):95-134.

［10］ Zhu R L,So M L,Ye L X. A Synopsis of The Hepatic Flora Of Zhejiang,China［J］. The Journal
of the Hattori Botanical Laboratory,1998,84:159-174.

［11］ 陈邦杰,万宗玲,高谦,等.中国藓类植物属志:上册［M］.北京:科学出版社,1963.

［12］ 陈邦杰,万宗玲,高谦,等.中国藓类植物属志:下册［M］.北京:科学出版社,1978.

［13］ 高谦,吴玉环.中国苔纲和角苔纲植物属志［M］.北京:科学出版社,2010.

［14］ 高谦,吴玉环.中国苔藓植物志:第10卷［M］.北京:科学出版社,2008.

［15］ 高谦.中国苔藓植物志:第1卷［M］.北京:科学出版社,1994.

［16］ 高谦.中国苔藓植物志:第2卷［M］.北京:科学出版社,1996.

［17］ 高谦.中国苔藓植物志:第9卷［M］.北京:科学出版社,2003.

［18］ 郭巧生.药用植物资源学［M］.北京:高等教育出版社,2007.

［19］ 国家林业和草原局,农业农村部.国家重点保护野生植物名录［EB/OL］. (2021-09-08)［2023-10-
13］. http://www. forestry. gov. cn/main/3954/20210908/163949170374051. html.

［20］ 胡人亮,王幼芳.中国苔藓植物志:第7卷［M］.北京:科学出版社,2005.

［21］ 环境保护部,中国科学院. 关于发布《中国生物多样性红色名录——高等植物卷》的公告［EB/

OL].(2013-09-12)[2023-10-13]. https://www.mee.gov.cn/gkml/hbb/bgg/201309/t20130912_260061.htm.

[22] 金孝锋,鲁益飞,丁炳扬,等.浙江种子植物物种编目[J].生物多样性,2022,30(6):31-39.

[23] 黎兴江.云南植物志:第18卷[M].北京:科学出版社,2002.

[24] 黎兴江.云南植物志:第19卷[M].北京:科学出版社,2008.

[25] 黎兴江.中国苔藓植物志:第3卷[M].北京:科学出版社,2000.

[26] 黎兴江.中国苔藓植物志:第4卷[M].北京:科学出版社,2006.

[27] 李根有,陈征海,桂祖云.浙江野果200种精选图谱[M].北京:科学出版社,2013.

[28] 李根有,陈征海,杨淑贞.浙江野菜100种精选图谱[M].北京:科学出版社,2011.

[29] 刘敏.观赏植物学[M].北京:中国农业大学出版社,2016.

[30] 刘启新.江苏植物志:第1~5卷[M].江苏:凤凰科学技术出版社,2015-2017.

[31] 陆树刚.蕨类植物学[M].北京:高等教育出版社,2007.05.

[32] 麻馨尹,张芬耀,黄文专,等.浙江省苔类植物新记录科——小叶苔科.杭州师范大学学报(自然科学版),2022,21(6):590-594.

[33] 马金双,李惠如.中国外来入侵植物名录[M].北京:高等教育出版社,2018.

[34] 吴鹏程,贾渝.中国苔藓植物志:第8卷[M].北京:科学出版社,2004.

[35] 吴鹏程.中国苔藓植物志:第5卷[M].北京:科学出版社,2011.

[36] 吴鹏程.中国苔藓植物志:第6卷[M].北京:科学出版社,2002.

[37] 吴征镒,周哲昆,孙航,等.种子植物分布区类型及其起源和分化[M].昆明:云南科技出版社,2006.

[38] 吴征镒,周浙昆,李德铢,等.世界种子植物科的分布区类型系统[J].云南植物研究,2003,25(3):245-257.

[39] 吴征镒.《世界种子植物科的分布区类型系统》的修订[J].云南植物研究,2003,25(5):535-538.

[40] 吴征镒.中国种子植物属的分布区类型[J].植物资源与环境学报,1991(S4):1-3.

[41] 闫小玲,寿海洋,马金双.浙江省外来入侵植物研究[J].植物分类与资源学报,2014,36(1):77-88.

[42] 闫小玲,寿海洋,马金双.浙江省外来入侵植物研究[J].植物分类与资源学报,2014,36(1):77-88.

[43] 姚振生,熊耀康.浙江药用植物资源志要[M].上海:上海科学技术出版社,2016.

[44] 张忠钊,谢文远,张培林.天台县大雷山夏蜡梅群落学特征分析[J].浙江农林大学学报,2021,38(2):9.

[45] 张忠钊,谢文远,张培林.天台县大雷山夏蜡梅群落学特征分析[J].浙江农林大学学报,2021,38(2):262-270.

[46] 浙江省人民政府.浙江省人民政府关于公布省重点保护野生植物名录(第一批)的通知[EB/OL].(2015-12-30)[2023-10-13]. https://www.zj.gov.cn/art/2015/12/30/art_1229017138_64458.html.

[47] 郑朝宗.浙江种子植物检索鉴定手册[M].杭州:浙江科学技术出版社,2005.

[48] 中国科学院中国植物志编辑委员会.中国植物志[M].北京:科学出版社,1959-2004.

[49] 中华人民共和国濒危物种科学委员会.2019年CITES附录中文版[EB/OL].(2019-12-11)[2023-10-13]. http://www.cites.org.cn/zxgg/zxzn/201912/t20191211_531787.html.

[50] 朱封鳌.天台山佛教史[M].北京:宗教文化出版社,2012.

[51] 朱太平,刘亮,朱明.中国资源植物[M].北京:科学出版社,2007.

[52] 黄乐乐.印度佛教圣树——艺术体现及其文化和宗教意义[J].佛学研究,2023(2):349-363.

［53］ 王新婷.从禅宗看佛教的中国化[J].湖南科技大学学报(社会科学版),2010,13(1):54-57.

［54］ 袁洁.佛教植物文化研究[D].杭州:浙江农林大学,2013.

［55］ 鄢光润.莲与佛教[J].邵阳师专学报,1997(1):62-64.

［56］ 袁枚.随园诗话[M].长春:吉林大学出版社,2011.

［57］ 颜晓佳,周云龙,李韶山.佛教寺庙常见植物[J].生物学通报,2013,48(11):7-11.

［58］ 和久博隆.仏教植物辞典[M].东京:国书刊行会,1982.

［59］ 段红,彭明瀚.《百丈清规》与禅门茶事[J].农业考古,1996(4):264-266.

［60］ 德辉.敕修百丈清规[M].李继武,校点.郑州:中州古籍出版社,2011.

［61］ 杨嘉丽."曼殊沙华"花卉装饰在陶瓷设计中的运用[D].景德镇:景德镇陶瓷大学,2021.

［62］ 王新阳,靳程,黄力,等.中国佛教寺庙植物多样性和佛教树种替代[J].生物多样性,2020,28(6):668-677.

［63］ 关传友.中国植柳史与柳文化.北京林业大学学报(社会科学版),2006,4:8-12.

［64］ 张忠钊,陈锋,谢文远,等.浙江东部蔷薇科一新种——华顶悬钩子[J].杭州师范大学学报(自然科学版),2023,22(6):611-615.

附录　天台县植物编目

据调查,天台县共有野生及常见栽培植物 275 科 1088 属 2609 种(包括种下分类单位,下同)。其中,苔藓植物 29 目 58 科 101 属 180 种,包括藓类植物 15 目 34 科 76 属 145 种,苔类植物 12 目 22 科 23 属 33 种和角苔植物 2 目 2 科 2 属 2 种。维管植物 217 科 987 属 2429 种,包括蕨类植物 36 科 67 属 157 种,裸子植物 9 科 23 属 43 种,被子植物 172 科 897 属 2229 种(双子叶植物 141 科 687 属 1735 种,单子叶植物 31 科 210 属 494 种)。

苔藓植物名录

一、藓类植物门 Bryophyta(34 科,76 属,145 种)

1. 泥炭藓科 Sphagnaceae

泥炭藓 *Sphagnum palustre* L. 见于龙溪;生于海拔 400m 左右的沼泽地或湿润岩壁上

2. 金发藓科 Polytrichaceae

狭叶仙鹤藓 *Atrichum angustatum* (Brid.) Bruch et Schimp. 见于街头;生于海拔 180~260m 的湿土或石头上

小仙鹤藓 *Atrichum crispulum* Schimp. ex Besch. 见于雷峰;生于海拔 110~520m 的潮湿路边、林地或石头上

小胞仙鹤藓 *Atrichum rhystophyllum* (Müll. Hal.) Paris 见于街头、石梁等乡镇(街道);生于海拔 180~490m 的潮湿路边、林地或石头上

仙鹤藓多蒴变种 *Atrichum undulatum* (Hedw.) B. Peauv. var. *gracilisetum* Besch. 见于石梁;生于海拔 380~920m 的潮湿路边、林地或岩面上

小金发藓 *Pogonatum aloides* (Hedw.) P. Beauv. 见于洪畴;生于海拔 360m 左右的阴湿土面

刺边小金发藓 *Pogonatum cirratum* (Sw.) Brid. 见于三州、石梁等乡镇(街道);生于海拔 400~460m 的湿润林地、石壁、岩面或树基上

东亚小金发藓 *Pogonatum inflexum* (Lindb.) S. Lac. 见于洪畴;生于海拔 365m 的温暖湿润林地

注:①科的系统排序采用 Frey(2009)的分类系统。②属和种按拉丁字母顺序排列。③"＊"为浙江分布新记录种。④所有苔藓植物标本均存放于杭州师范大学植物标本馆(HTC)。

或路边阴湿土坡上

苞叶小金发藓 *Pogonatum spinulosum* Mitt. 见于街头；生于海拔 185～365m 的阴湿土坡、土壁或林地

台湾拟金发藓 *Polytrichastrum formosum*（Hedw.）G. L. Sm. 见于三州、石梁等乡镇（街道）；生于海拔 402～583m 的林地土坡或路边石壁上

金发藓 *Polytrichum commune* Hedw. 见于石梁；生于海拔 400m 左右的路边土坡或林地土面

3. 短颈藓科 Diphysciaceae

乳突短颈藓 * *Diphyscium chiapense* Norris 见于赤城国清寺；生于海拔 220m 左右的路边岩石、林下岩面或树干

东亚短颈藓 *Diphyscium fulvifolium* Mitt. 见于石梁；生于海拔 430m 左右的具土岩面、朽木、土坡或林地上

4. 葫芦藓科 Funariaceae

葫芦藓 *Funaria hygrometrica* Hedw. 全县广布；生于海拔 400m 左右的田边、林缘或路边土面上

红萌立碗藓 *Physcomitrium eurystomum* Sendtn. 见于三合、赤城、石梁等乡镇（街道）；生于海拔 110～820m 的潮湿土面上、山林、沟谷边、农田

日本立碗藓 *Physcomitrium japonicum*（Hedw.）Mitt. 见于石梁；生于海拔 450m 左右的潮湿土地、山林、沟谷边、农田旁或阴湿土壁

梨萌立碗藓 *Physcomitrium pyriforme*（Hedw.）Brid. 见于三合；生于海拔 220m 左右的林下土面或农田边湿土上

立碗藓 *Physcomitrium sphaericum*（C. Ludw.）Brid. 见于赤城、街头等乡镇（街道）；生于海拔 110～500m 林地、沟谷边或阴湿土地

5. 缩叶藓科 Ptychomitriaceae

齿边缩叶藓 *Ptychomitrium dentatum*（Mitt.）A. Jaeger 见于坦头；生于海拔 300m 左右的路边石头、岩面或岩面薄土上

狭叶缩叶藓 *Ptychomitrium linearifolium* Reimers 见于石梁；生于海拔 400m 左右的干燥岩石或石壁上

威氏缩叶藓 *Ptychomitrium wilsonii* Sull. & Lesq. 见于石梁；生于海拔 400m 左右的路边岩面或石头上

6. 紫萼藓科 Grimmiaceae

毛尖紫萼藓 *Grimmia pilifera* P. Beauv. 见于洪畴等乡镇（街道）；生于海拔 350m 左右的干燥岩石或林下石头上

东亚砂藓 *Racomitrium japonicum* Dozy et Molk 见于坦头、龙溪等乡镇（街道）；生于海拔 250～420m 的岩石、岩面薄土或沙地上

7. 无轴藓科 Archidiaceae

中华无轴藓 *Archidium ohioense* Schimp. ex Müll. Hal. 见于赤城；生于海拔 250m 的土面或石缝上

8. 牛毛藓科 Ditrichaceae

牛毛藓 *Ditrichum heteromallum*（Hedw.）E. Britton 见于龙溪、三州等乡镇（街道）；生于海拔 250～400m 的土面或岩面上

黄牛毛藓 *Ditrichum pallidum*（Hedw.）Hampe 见于三合；生于海拔 200m 左右的路边树干、山地土坡或路边石头上

9. 小烛藓科 Bruchiaceae

长蒴藓 *Trematodon longicollis* Michx. 见于坦头；生于海拔 300m 左右的土坡、平地土面上或水沟边湿润土面上

10. 小曲尾藓科 Neckeraceae

南亚小曲尾藓 *Dicranella coarctata*（Müll. Hal.）Bosch & S. Lac. 见于洪畴；生于海拔 350m 左右的湿砂质土、岩面、沟边、路边土面或林边开阔地

11. 曲背藓科 Oncophoraceae

湖南高领藓 *Glyphomitrium hunanense* Broth. 见于石梁；生于海拔 350m 左右的树干、岩石或土面上

12. 曲尾藓科 Dicranaceae

钩叶曲尾藓 *Dicranum hamulosum* Mitt. 见于石梁；生于海拔 400m 左右的树基、土坡或路边石壁上

硬叶曲尾藓 *Dicranum lorifolium* Mitt. 见于雷峰；生于海拔 600m 左右的林下、灌丛下的树干基部或腐木上

13. 白发藓科 Leucobryaceae

节茎曲柄藓 *Campylopus umbellatus*（Arn.）Paris 见于石梁、泳溪等乡镇（街道）；生于海拔 300～630m 的岩石或土面上

狭叶白发藓 *Leucobryum bowringii* Mitt. 见于雷峰；生于海拔 600m 左右的林下土坡，石壁，树干或溪边土面上

短枝白发藓 * *Leucobryum humillimum* Cardot 见于石梁；生于海拔 600m 左右的岩面或树干上

爪哇白发藓 *Leucobryum javense*（Brid.）Mitt. 见于三合、雷峰等乡镇（街道）；生于海拔 200～630m 的土面、岩面或树干生

桧叶白发藓 *Leucobryum juniperoideum*（Brid.）Müll. Hal. 见于街头；生于海拔 370m 的林下树干或路边土面上

疣叶白发藓 *Leucobryum scabrum* S. Lac 见于坦头；生于海拔 300m 左右的林下树干或土面、路边干燥石壁上

14. 凤尾藓科 Fissidentaceae

东亚微形凤尾藓 * *Fissidens closteri* subsp. *kiusiuensis*（Sakurai）Z. Iwats. 见于石梁；生于海拔 630m 左右的竹林下土面、湿润土壤中

黄叶凤尾藓 *Fissidens crispulus* Brid. 见于三合；生于海拔 200m 左右的路边薄土、石头或岩面上

卷叶凤尾藓 *Fissidens dubius* P. Beauv. 见于赤城国清寺；生于海拔 220m 的岩面、树干或土面上

内卷凤尾藓 *Fissidens involutus* Wilson ex Mitt. 见于赤城国清寺；生于海拔 150m 的路边土坡、山林或土面上

大凤尾藓 *Fissidens nobilis* Griff. 见于石梁；生于海拔 450m 左右的溪沟边湿润石头或土面上

鳞叶凤尾藓 *Fissidens taxifolius* Hedw. 见于平桥；生于海拔 450m 左右的溪流边湿润石壁、阴湿土坡或岩面薄土上

南京凤尾藓 *Fissidens teysmannianus* Dozy & Molk. 见于赤城国清寺；生于海拔 200m 左右的路边石头、土面、岩面或树干

15. 丛藓科 Pottiaceae

丛本藓 *Anoectangium aestivum*（Hedw.）Mitt. 见于石梁；生于海拔 300m 左右的溪边土面或石

壁上

卷叶扭口藓 *Barbula convoluta* Hedw. 见于泳溪；生于海拔 520m 左右的土面上

扭口藓 *Barbula unguiculata* Hedw. 见于坦头、白鹤等乡镇（街道）；生于海拔 300～350m 的石阶、岩面、岩面薄土、林地和草地上

陈氏藓 *Chenia leptophylla*（Müll. Hal.）R. H. Zander 见于白鹤；生于海拔 300～350m 的住宅旁土面或石缝上

狭叶拟合睫藓 *Chionoloma angustatum*（Mitt.）M. Menzel 见于石梁；生于海拔 500m 左右的阴湿岩石上或潮湿林地中岩面薄土上

尖叶对齿藓 *Didymodon constrictus*（Mitt.）K. Saito 见于白鹤、石梁等乡镇（街道）；生于海拔 300～650m 的岩面、岩面薄土或石缝中

土生对齿藓 *Didymodon vinealis*（Brid.）R. H. Zander 见于石梁；生于海拔 400m 左右的岩石、石缝、岩面薄土或树干基部

净口藓 *Gymnostomum calcareum* Nees & Hornsch. 见于石梁、泳溪等乡镇（街道）；生于海拔 400～620m 的流水岩面、岩缝或岩面薄土上

Hydrogonium orientale（F. Weber）Jan Kučera 见于三合、三州等乡镇（街道）；生于海拔 150～410m 的石头或土坡上

立膜藓 *Hymenostylium recurvirostrum*（Hedw.）Dixon 见于石梁；生于海拔 400m 左右的水流边阴凉岩石或土面上

卷叶湿地藓 *Hyophila involuta*（Hook.）A. Jaeger 见于洪畴；生于海拔 360m 左右的石面、土面或草地上

花状湿地藓 *Hyophila nymaniana*（M. Fleisch.）Menzel 见于雷峰；生于海拔 400m 左右的路边土面、林中岩石、岩面薄土或林下树干基部上

芽胞湿地藓 *Hyophila propagulifera* Broth. 见于雷峰、白鹤等乡镇（街道）；生于海拔 340～420m 左右的湿润岩面、石壁或石阶上

匙叶湿地藓 *Hyophila spathulata*（Harv.）A. Jaeger 见于三合；生于海拔 200m 左右的岩面、岩壁、土面或石头上

泛生墙藓 *Tortula muralis* Hedw. 见于白鹤、平桥等乡镇（街道）；生于海拔 330～430m 的潮湿岩面或路边石阶上

毛口藓 *Trichostomum brachydontium* Bruch 见于坦头；生于海拔 300m 左右的石头、岩面、林地或岩面薄土上

平叶毛口藓 *Trichostomum planifolium*（Dixon）R. H. Zander 见于坦头；生于海拔 270m 左右的潮湿的岩石、岩面薄土或针阔混交林地上

阔叶毛口藓 *Trichostomum platyphyllum*（Broth. ex Ihsiba）P. C. Chen 见于白鹤；生于海拔 330m 左右的潮湿岩面、岩面薄土或路边石缝上

波边毛口藓 *Trichostomum tenuirostre*（Hook. f. & Taylor）Lindb. 见于三州、龙溪等乡镇（街道）；生于海拔 250～400m 的土面、林地、阴湿岩石上或生于林下树干基部

芒尖毛口藓 *Trichostomum zanderi* Redf. & B. C. Tan 见于平桥；生于海拔 440m 左右的溪流边石壁、岩面、阴湿土坡或岩面薄土上

小石藓 *Weissia controversa* Hedw. 见于赤城国清寺；生于海拔 220m 左右的路边石头、岩面或岩面薄土上

皱叶小石藓 *Weissia crispa*（Hedw.）Mitt. 见于石梁；生于海拔 400m 左右的路边石壁、岩面、岩壁、阴湿土坡或岩面薄土上

缺齿小石藓 *Weissia edentula* Mitt. 见于街头、三合、赤城等乡镇（街道）；生于海拔 190～420m 的

路边石头、土面、岩面或岩面薄土上

东亚小石藓 *Weissia exserta*（Broth.）P. C. Chen 见于石梁、街头等乡镇（街道）；生于海拔200～500m的林下岩石、树干、腐木、溪边岩面或土面上

16. 虎尾藓科 Hedwigiaceae

虎尾藓 *Hedwigia ciliata* Ehrh. ex P. Beauv. 见于龙溪、坦头等乡镇（街道）；生于海拔260～410m的石堆石头、裸岩面上

17. 珠藓科 Bartramiaceae

梨蒴珠藓 *Bartramia pomiformis* Hedw. 见于石梁、泳溪等乡镇（街道）；生于海拔390～530m的土面、岩面或腐木上

细叶泽藓 *Philonotis thwaitesii* Mitt. 见于平桥、白鹤、石梁等乡镇（街道）；生于海拔190～410m的路边石头、潮湿岩面或河岸边石头上

东亚泽藓 *Philonotis turneriana*（Schwägr.）Mitt. 见于平桥、石梁、南屏等乡镇（街道）；生于海拔100～420m的湿润石壁、潮湿岩面或河岸边石头上

18. 真藓科 Bryaceae

皱蒴短月藓 *Brachymenium ptychothecium*（Besch.）Ochi 见于平桥；生于海拔350m左右的石壁、岩面薄土、溪边石头

真藓 *Bryum argenteum* Hedw. 全县广布；生于海拔195～420m的土面、房屋周边土墙、溪边石壁、石堆石头上

比拉真藓 *Bryum billarderi* Schwägr. 全县均有分布；生于海拔195～420m的岩面、溪边、石头或土坡上

瘤根真藓 *Bryum bornholmense* Wink. & R. Ruthe 见于石梁；生于海拔800m以上的林地路边或岩面薄土上

丛生真藓 *Bryum caespiticium* Hedw. 见于三合、平桥等乡镇（街道）；生于海拔275～410m的水池边石壁、路边石头、土面或岩面薄土上

柔叶真藓 *Bryum cellulare* Hook. 见于坦头、三合等乡镇（街道）；生于海拔190～350m的湿润土面、岩面薄土或钙化土面上

圆叶真藓 *Bryum cyclophyllum*（Schwägr.）Bruch & Schimp. 见于街头、平桥等乡镇（街道）；生于海拔195～280m的溪沟边石壁或土面上

双色真藓 *Bryum dichotomum* Hedw. 见于白鹤、街头等乡镇（街道）；生于海拔195～350m的林缘、土坡、岩面薄土、石阶或石缝中

宽叶真藓 *Bryum funkii* Schwägr. 见于街头；生于海拔195m左右的溪边湿润石壁或土面上

沼生真藓 *Bryum knowltonii* Barnes 见于三合；生于海拔275m左右的路边或溪沟边石头或土面上

近土生真藓 *Bryum riparium* I. Hagen 见于三州；生于海拔400m左右的潮湿岩面或石头上

垂蒴真藓 *Bryum uliginosum*（Brid.）Bruch & Schimp. 见于平桥；生于海拔310m左右的石面、岩面薄土、溪沟边石壁上

暖地大叶藓 *Rhodobryum giganteum*（Schwägr.）Paris 见于石梁；生于海拔600m左右的林下草丛、湿润腐殖质或阴湿岩面薄土上

19. 提灯藓科 Mniaceae

小叶藓 *Epipterygium tozeri*（Grev.）Lindb. 见于白鹤；生于海拔330m左右的路边土坡或岩面薄土上

平肋提灯藓 *Mnium laevinerve* Cardot 见于石梁等乡镇（街道）；生于海拔520m左右的林地、树干、

路边或溪沟旁湿润石头、土坡上

偏叶提灯藓 *Mnium thomsonii* Schimp. 见于街头、福溪等乡镇（街道）；生于海拔 100～260m 的林地、腐木、枯木、林缘土坡、石壁、阴湿路边或沟旁

尖叶匍灯藓 *Plagiomnium acutum*（Lindb.）T. J. Kop. 见于三合；生于海拔 300m 左右的溪边石头、路旁土坡、石壁或林下潮湿的林地上

匍灯藓 *Plagiomnium cuspidatum*（Hedw.）T. J. Kop. 全县均有分布；生于海拔 250～820m 的林地、土坡、石壁薄土、沟边土面上

全缘匍灯藓 *Plagiomnium integrum*（Bosch & S. Lac.）T. J. Kop. 见于南屏；生于海拔 100m 左右的潮湿岩面或河岸边石头上

侧枝匍灯藓 *Plagiomnium maximoviczii*（Lindb.）T. J. Kop. 见于坦头；生于海拔 300m 左右的沟边湿润石壁、林地或林缘阴湿地上

大叶匍灯藓 *Plagiomnium succulentum*（Mitt.）T. J. Kop. 见于坦头、南屏等乡镇（街道）；生于海拔 170m 左右的林地、岩面薄土、土坡、溪沟边湿润石壁、砂土上

长蒴丝瓜藓 *Pohlia elongata* Hedw. 见于街头；生于海拔 110m 左右的土面、岩面薄土或石壁上

疣齿丝瓜藓 *Pohlia flexuosa* Harv. 见于三合；生于海拔 190m 左右的土面、岩面薄土或土壁上

异芽丝瓜藓 *Pohlia leucostoma*（Bosch & S. Lac.）M. Fleisch. 见于三合；生于海拔 190m 左右的潮湿岩石、岩面薄土上或路边石头上

疣灯藓 *Trachycystis microphylla*（Dozy & Molk.）Lindb. 见于赤城、三合等乡镇（街道）；生于海拔 150～200m 的林地、路边土坡或岩面薄土上

20. 桧藓科 Rhizogoniaceae

大桧藓 *Pyrrhobryum dozyanum*（S. Lac.）Manuel 见于石梁；生于海拔 400～460m 的路边土坡或岩面薄土上

21. 卷柏藓科 Racopilaceae

薄壁卷柏藓 *Racopilum cuspidigerum*（Schwägr.）Angstr. 见于街头；生于海拔 85～260m 的溪沟边土坡石壁、土面上

22. 油藓科 Hookeriaceae

尖叶油藓 *Hookeria acutifolia* Hook. & Grev. 见于街头、石梁、坦头等乡镇（街道）；生于海拔 240～570m 的林内阴湿土面或溪边阴湿土坡上

23. 棉藓科 Plagiotheciaceae

垂蒴棉藓 *Plagiothecium nemorale*（Mitt.）A. Jaeger 见于石梁；生于海拔 435m 左右的土生或岩面上

阔叶棉藓 *Plagiothecium platyphyllum* Mönk. 见于白鹤；生于海拔 270m 左右的林下土表、岩面、腐木或土坡土面

24. 碎米藓科 Leskeaceae

东亚附干藓 *Schwetschkea laxa*（Wilson）A. Jaeger 见于赤城国清寺；生于海拔 150m 左右的路边石壁或树干上

25. 万年藓科 Climaciaceae

东亚万年藓 *Climacium japonicum* Lindb. 见于雷峰；生于海拔 450m 左右的林下土面或岩石上

26. 薄罗藓科 Leskeaceae

拟草藓 *Pseudoleskeopsis zippelii*（Dozy & Molk.）Broth. 见于南屏、始丰等乡镇（街道）；生于海

拔 160～235m 的路边湿润土面、树干或溪流边湿润岩石上

27. 羽藓科 Thuidiaceae

狭叶麻羽藓 *Claopodium aciculum*（Broth.）Broth. 见于洪畴；生于海拔 340m 左右的路边具土岩面或阴湿土面上

狭叶小羽藓 *Haplocladium angustifolium*（Hampe & Müll. Hal.）Broth. 见于龙溪、坦头等乡镇（街道）；生于海拔 150～600m 的路边石头，溪流边湿润石头或林下腐木上

细叶小羽藓 *Haplocladium microphyllum*（Sw. ex Hedw.）Broth. 见于三合、南屏等乡镇（街道）；生于海拔 190～220m 的腐木、土面或石上

绿羽藓 *Thuidium assimile*（Mitt.）A. Jaeger 见于石梁、白鹤等乡镇（街道）；生于海拔 250～570m 的林地或树干上

大羽藓 *Thuidium cymbifolium*（Dozy & Molk.）Dozy & Molk. 全县广布；生于海拔 100～540m 的阴湿石面、腐殖土、腐木或倒木上

28. 青藓科 Brachytheciaceae

多褶青藓 *Brachythecium buchananii*（Hook.）A. Jaeger 见于石梁；生于海拔 450m 左右的土面、岩面或树干上

柔叶青藓 *Brachythecium moriense* Besch. 见于雷峰；生于海拔 360m 左右的石壁或土面上

尖叶拟美喙藓 *Eurhynchiadelphus eustegia*（Besch.）Ignatov & Huttunen 见于雷峰；生于海拔 350m 左右的岩面或树干基部

鼠尾藓 *Myuroclada maximowiczii*（G. G. Borshch.）Steere & W. B. Schofield 见于三合；生于海拔 100m 左右的水沟旁石头或岩面薄土上

长枝褶藓 *Okamuraea hakoniensis*（Mitt.）Broth. 见于南屏；生于海拔 150m 左右的树干或石头上

宽叶尖喙藓 *Oxyrrhynchium hians*（Hedw.）Loeske 见于坦头；生于海拔 160m 左右的土面、树基或岩面上

疏网尖喙藓 *Oxyrrhynchium laxirete*（Broth.）Broth. 见于泳溪；生于海拔 520m 左右的石生、土面、岩面或树干上

密叶尖喙藓 *Oxyrrhynchium savatieri*（Schimp. ex Besch.）Broth. 见于石梁；生于海拔 440m 左右的土面或岩面上

缩叶长喙藓 *Rhynchostegium contractum* Cardot 见于平桥；生于海拔 310m 左右的石壁上

水生长喙藓 *Rhynchostegium riparioides*（Hedw.）Cardot 见于赤城国清寺；生于海拔 230m 左右的溪流边湿润石头上

匐枝长喙藓 *Rhynchostegium serpenticaule*（Müll. Hal.）Broth. 见于坦头；生于海拔 160m 左右的溪沟边湿润土面或岩面上

29. 蔓藓科 Meteoriaceae

大灰气藓 *Aerobryopsis subdivergens*（Broth.）Broth. 见于坦头、龙溪等乡镇（街道）；生于海拔 310～410m 的树干或岩面上

垂藓 *Chrysocladium retrorsum*（Mitt.）M. Fleisch. 见于雷峰；生于海拔 570m 左右的常绿阔叶林下土坡，石壁或树干上

东亚蔓藓 *Meteorium atrovariegatum* Cardot & Thér. 见于龙溪；生于海拔 400m 左右的岩面或石堆上

30. 灰藓科 Hypnaceae

平叶偏蒴藓 *Ectropothecium zollingeri*（Müll. Hal.）A. Jaeger 见于龙溪；生于海拔 190m 左右的

树干、树基、腐木、岩石上

多变粗枝藓 *Gollania varians*（Mitt.）Broth.　见于平桥、龙溪等乡镇（街道）；生于海拔 170～440m 的石壁上或土面上

美灰藓 *Hypnum leptothallum*（Müll. Hal.）Paris　见于赤城国清寺；生于海拔 125m 左右的溪边石头或岩面薄土上

南亚灰藓 *Hypnum oldhamii*（Mitt.）A. Jaeger　见于平桥；生于海拔 380～410m 的石壁、岩面或枯木上

大灰藓 *Hypnum plumaeforme* Wilson　见于石梁、龙溪等乡镇（街道）；生于海拔 400～1200m 的腐木、树干、树基、岩面或土面上

美丽拟鳞叶藓 *Pseudotaxiphyllum pohliaecarpum*（Sull. & Lesq.）Z. Iwats.　见于石梁、雷峰等乡镇（街道）；生于海拔 310～930m 的石头、土坡或树干上

31. 塔藓科 Hylocomiaceae

平叶梳藓 *Ctenidium homalophyllum* Broth. & Yasuda ex Ihsiba　见于平桥；生于海拔 425m 左右的路边石壁、岩面上

羽枝梳藓 *Ctenidium pinnatum*（Broth. & Paris）Broth.　见于洪畴；生于海拔 345m 左右的林下树干、腐木或湿润土面上

小蔓藓 *Meteoriella soluta*（Mitt.）S. Okamura　见于白鹤；生于海拔 700m 左右的树上、岩面或土坡土面上

32. 绢藓科 Entodontaceae

柱蒴绢藓 *Entodon challengeri*（Paris）Cardot　见于街头；生于海拔 170m 左右的树干、树枝、岩面或土坡上

长柄绢藓 *Entodon macropodus*（Hedw.）Müll. Hal.　见于白鹤；生于海拔 150m 左右的树干、树基、腐木、岩石上，稀生于土面上

绿叶绢藓 *Entodon viridulus* Cardot　见于街头、雷峰等乡镇（街道）；生于海拔 265～820m 左右的石上或土上

33. 平藓科 Neckeraceae

扁枝藓 *Homalia trichomanoides*（Hedw.）B. S. G.　见于雷峰、南屏、赤城等乡镇（街道）；生于海拔 110～415m 的溪边砂土或岩石、树干上

拟扁枝藓 *Homaliadelphus targionianus*（Mitt.）Dixon & P. de la Varde　见于龙溪；生于海拔 80m 左右的树干、腐木、岩面或石堆石头上

树平藓 *Homaliodendron flabellatum*（Sm.）M. Fleisch.　见于雷峰、石梁等乡镇（街道）；生于海拔 350～400m 的枯木、树干或石壁上

疣叶树平藓 *Homaliodendron papillosum* Broth.　见于洪畴；生于海拔 300m 左右的路边石壁、树干或腐木上

刀叶树平藓 *Homaliodendron scalpellifolium*（Mitt.）M. Fleisch.　见于石梁；生于海拔 310～440m 的竹林或路边石壁或树干上

南亚木藓 *Thamnobryum subserratum*（Hook. ex Harv.）Nog. & Z. Iwats.　见于赤城国清寺；生于海拔 125m 左右的阴湿石头上

34. 牛舌藓科 Anomodontaceae

小牛舌藓 *Anomodon minor*（Hedw.）Lindb.　见于三合、南屏等乡镇（街道）；生于海拔 155～190m 的路边岩壁上或溪沟边石头上

皱叶牛舌藓 *Anomodon rugelii* (Müll. Hal.) Keissl. 见于赤城国清寺；生于海拔 125m 左右的溪边石头上

羊角藓 *Herpetineuron toccoae* (Sull. & Lesq.) Cardot 见于洪畴；生于海拔 345m 左右的阴湿石壁，湿润土面上

二、苔类植物门 Marchntiophyta(22 科,23 属,33 种)

1. 疣冠苔科 Aytoniaceae

石地钱 *Reboulia hemisphaerica* (L.) Raddi 全县均有分布；生于海拔 110～585m 的干燥石壁、土坡或岩缝土面上

2. 蛇苔科 Conocephalaceae

蛇苔 *Conocephalum conicum* (L.) Dumort. 全县均有分布；生于海拔 100～600m 的溪边林下阴湿碎石或土面上

3. 地钱科 Marchantiaceae

楔瓣地钱 *Marchantia emarginata* 见于赤城、街头、石梁等乡镇(街道)；生于海拔 110～710m 的土面上

地钱 *Marchantia polymorpha* L. 全县广布；生于海拔 125～630m 的阴湿土面上

4. 毛地钱科 Dumortieraceae

毛地钱 *Dumortiera hirsuta* (Sw.) Nees 全县广布；生于海拔 100～630m 的阴湿土面或岩石表面上

5. 钱苔科 Ricciaceae

叉钱苔 *Riccia fluitans* L. 见于雷峰；生于海拔 500m 左右的水沟沉水中或河边湿土上

钱苔 *Riccia glauca* L. 见于石梁；生于海拔 630m 左右的河边或林下湿土上

6. 小叶苔科 Fossombroniaceae

日本小叶苔 * *Fossombronia japonica* Schiffn. 见于赤城国清寺；生于海拔 125～220m 的土面上

7. 南溪苔科 Makinoaceae

南溪苔 *Makinoa crispata* (Steph.) Miyake 见于石梁；生于海拔 420m 左右的山地林下沟谷中潮湿岩面或土面上

8. 带叶苔科 Pallaviciniaceae

长刺带叶苔 *Pallavicinia subciliata* (Austin) Steph. 见于坦头、洪畴等乡镇(街道)；生于海拔 250～1000m 的谷地溪边湿石上

9. 溪苔科 Pelliaceae

溪苔 *Pellia epiphylla* (L.) Corda 全县广布；生于海拔 165～760m 的溪边、石上或湿土面上

10. 全萼苔科 Gymnomitriaceae

东亚钱袋苔 *Marsupella yakushimensis* (Horik.) S. Hatt. 见于龙溪；生于海拔 600m 左右的湿润石头表面或湿土上

11. 护蒴苔科 Calypogeiaceae

刺叶护蒴苔 *Calypogeia arguta* Nees & Mont. 见于石梁；生于海拔 630m 左右的土坡或田埂上

护蒴苔 *Calypogeia fissa* (L.) Raddi 见于石梁；生于海拔 580m 左右的土面或石壁上

12. 大萼苔科 Cephaloziaceae

大萼苔 *Cephalozia bicuspidata*（L.）Dumort.　见于赤城国清寺；生于海拔 150m 左右的路边土坡或岩面薄土上

13. 拟大萼苔科 Cephaloziellaceae

长胞拟大萼苔 * *Cephaloziella inaequalis* R. M. Schust.　见于石梁；生于海拔 630m 左右的竹林下土面、湿润土壤中

小叶拟大萼苔 *Cephaloziella microphylla*（Steph.）Douin　见于石梁；生于海拔 800m 左右的林下树基、湿土或石壁上

弯叶筒萼苔 *Cylindrocolea recurvifolia*（Steph.）Inoue　见于石梁；生于海拔 390～600m 的湿润石壁、岩面上

14. 合叶苔科 Scapaniaceae

刺边合叶苔 *Scapania ciliata* S. Lac.　见于雷峰；生于海拔 455m 左右的路边石壁、岩面薄土上

柯氏合叶苔 *Scapania koponenii* Potemkin　见于石梁；生于海拔 520m 左右的林下湿润石壁、岩面或溪边石壁上

舌叶合叶苔多齿亚种 *Scapania ligulata* subsp. *stephanii*（Müll. Frib.）Potemkin，Piippo ＆ T. J. Kop.　见于石梁；生于海拔 430m 左右的溪边湿润岩石或岩面薄土上

15. 睫毛苔科 Blepharostomataceae

小睫毛苔 *Blepharostoma minus* Horik.　见于赤城国清寺；生于海拔 220m 左右的路边石头、树干或岩面上

16. 指叶苔科 Lepidoziaceae

三齿鞭苔 *Bazzania tricrenata*（Wahlenb.）Lindb.　见于雷峰；生于海拔 500m 左右的林下酸性岩面、树干基部或腐木上

三裂鞭苔 *Bazzania tridens*（Reinw.，Blume ＆ Nees）Trevis　见于街头；生于海拔 230m 左右的林下土面、溪边土坡上

17. 剪叶苔科 Herbertaceae

长角剪叶苔 *Herbertus dicranus*（Gottsche，Lindenb. ＆ Nees）Trevis　见于龙溪；生于海拔 410m 左右的岩面薄土、树基、树干、腐木或湿润岩石上

18. 羽苔科 Plagiochilaceae

刺叶羽苔 *Plagiochila sciophila* Nees ex Lindenb.　见于雷峰；生于海拔 450m 左右的石上、树干、树基、枯木或叶面上

19. 齿萼苔科 Lophocoleaceae

四齿异萼苔 *Heteroscyphus argutus*（Reinw.，Blume ＆ Nees）Schiffn.　见于南屏；生于海拔 100m 左右的林下树干、腐木、岩面或路边湿润石头上

双齿异萼苔 *Heteroscyphus coalitus*（Hook.）Schiffn.　见于南屏；生于海拔 165m 左右的路边岩面薄土或湿润土面上

平叶异萼苔 *Heteroscyphus planus*（Mitt.）Schiffn.　见于南屏；生于海拔 430m 左右的溪边岩面薄土或湿石上

20. 细鳞苔科 Lejeuneaceae

南亚顶鳞苔 *Acrolejeunea sandvicensis*（Gottsche）Steph.　见于石梁；生于海拔 480m 左右的林下土

面或岩面上

21. 绿片苔科 Aneuraceae

片叶苔 *Riccardia multifida* (L.) Gray 见于石梁、雷峰等乡镇(街道);生于海拔 355～925m 林下、沟谷湿土上、腐木上或有时也生于溪边湿石上

22. 叉苔科 Metzgeriaceae

平叉苔 *Metzgeria conjugata* Lindb. 见于龙溪;生于海拔 565m 左右的路边石壁或湿土石面

33. 叉苔 *Metzgeria furcata* (L.) Corda 见于雷峰、石梁等乡镇(街道);生于海拔 350～710m 的树干或岩面上

三、角苔门 Anthocerotophyta(2 科 2 属 2 种)

1. 角苔科 Anthocerotaceae

角苔 *Anthoceros punctatus* L. 见于石梁、雷峰、街头等乡镇(街道);生于海拔 245～830m 的阴湿溪边、山坡或田野土面上

2. 短角苔科 Notothyladaceae

黄角苔 *Phaeoceros laevis* (L.) Prosk. 见于三合;生于海拔 200m 左右的路边土面或石头上

维管植物名录

一、蕨类植物门 Pteridophyta(36 科,67 属,157 种)

1. 石杉科 Huperziaceae

小杉兰 *Huperzia appressa* (Desv.) Á. Löve et D. Löve 调查未及,《浙江植物志(新编)》有记载

长柄石杉 *Huperzia serrata* (Thunb.) Trevis. 见于白鹤、龙溪、石梁;生于海拔 390～960m 的林下阴湿处

2. 石松科 Lycopodiaceae

石松 *Lycopodium japonicum* Thunb. 见于白鹤、街头、龙溪、石梁、泳溪;生于海拔 210～955m 的灌草丛中、林间路旁或林间湿地

垂穗石松 *Palhinhaea cernua* (L.) Franco et Vasc. 见于白鹤、街头、三合、三州、石梁、始丰、坦头、泳溪;生于海拔 85～800m 的林下、林缘或岩石上

3. 卷柏科 Selaginellaceae

布朗卷柏 *Selaginella braunii* Baker 见于福溪、街头、雷峰、龙溪、南屏、始丰;生于海拔 75～330m 的沉积岩石缝中

异穗卷柏 *Selaginella heterostachys* Baker 全县广布;生于海拔 125～1200m 的林下、林缘、石壁

江南卷柏 *Selaginella moellendorffii* Hieron. 全县广布;生于海拔 50～1200m 的林下、林缘、岩缝或田边

注:①科的系统排序参考《浙江植物志(新编)》;②属和种按拉丁字母顺序排列;③"＊"为引种栽培植物。

伏地卷柏 Selaginella nipponica Franch. et Sav.　全县广布;生于海拔 45～795m 的草地或岩石上

疏叶卷柏 Selaginella remotifolia Spring　见于雷峰;生于海拔 810m 左右的林缘

卷柏 Selaginella tamariscina(P. Beauv.)Spring　见于白鹤、赤城、街头、雷峰、龙溪、平桥、三合、石梁、始丰;生于海拔 100～830m 的岩壁上、岩缝中

翠云草 Selaginella uncinata(Desv. ex Poir.)Spring　全县广布;生于海拔 40～655m 的林下、农田、林缘

4. 水韭科 Isoetaceae

中华水韭 Isoetes sinensis Palmer　见于石梁;生于海拔 235～994m 的池塘、沼泽中

5. 木贼科 Equisetaceae

节节草 Equisetum ramosissimum Desf.　全县广布;生于海拔 45～570m 的湿润的田边、沙地、山涧

笔管草 Equisetum ramosissimum Desf. subsp. debile(Roxb. ex Vauch.)Hauke　见于平桥;生于海拔 85m 左右的沙地、林缘、草地

6. 松叶蕨科 Psilotaceae

松叶蕨 Psilotum nudum(L.)Beauv.　见于街头;生于海拔 125m 左右的岩石缝隙或毛竹林下

7. 阴地蕨科 Botrychiaceae

阴地蕨 Sceptridium ternatum(Thunb.)Lyon　见于龙溪、石梁;生于海拔 330～790m 的林下阴湿处

8. 瓶尔小草科 Ophioglossaceae

瓶尔小草 Ophioglossum vulgatum L.　全县广布;生于海拔 390m 左右的林下、林缘

9. 紫萁科 Osmundaceae

紫萁 Osmunda japonica Thunb.　全县广布;生于海拔 75～965m 的林缘或林下阴湿处

10. 瘤足蕨科 Plagiogyriaceae

瘤足蕨 Plagiogyria adnata(Bl.)Bedd.　见于龙溪、石梁;生于海拔 460～620m 的林下阴湿处

华东瘤足蕨 Plagiogyria japonica Nakai　全县广布;生于海拔 440～485m 的山坡林下阴湿处

11. 里白科 Gleicheniaceae

芒萁 Dicranopteris dichotoma(Thunb.)Bernh.　全县广布;生于海拔 45～765m 的强酸性土的荒坡、林缘、田边等地

里白 Diplopterygium glaucum(Thunb. ex Houtt.)Nakai　全县广布;生于海拔 110～740m 的林下或灌丛中

光里白 Diplopterygium laevissimum(Christ)Nakai　见于石梁;生于海拔 475～610m 的沟谷溪边林下或林缘

12. 海金沙科 Lygodiaceae

海金沙 Lygodium japonicum(Thunb.)Sw.　全县广布;生于海拔 50～810m 的林下、林缘、田边、灌丛

13. 膜蕨科 Hymenophyllaceae

团扇蕨 Gonocormus minutus(Blume)Bosch　见于街头、石梁;生于海拔 776m 左右的林下湿润岩石上

华东膜蕨 Hymenophyllum barbatum(Bosch)Baker　见于街头、石梁;生于海拔 490m 左右的林下

湿润岩石上

14. 碗蕨科 Dennstaedtiaceae

细毛碗蕨 *Dennstaedtia hirsuta* (Sw.) Mett. ex Miq. 全县广布；生于海拔 150～930m 的林缘山地阴处石缝中

光叶碗蕨 *Dennstaedtia scabra* (Wall. et Hook.) T. Moore var. *glabrescens* (Ching) C. Chr. 见于白鹤、龙溪、石梁；生于海拔 420～620m 的林缘、林下阴湿处或溪边

边缘鳞盖蕨 *Microlepia marginata* (Panz.) C. Chr. 全县广布；生于海拔 95～825m 的林下、林缘

15. 鳞始蕨科 Lindsaeaceae

乌蕨 *Sphenomeris chinensis* (L.) Maxon 全县广布；生于海拔 45～710m 的林下、岩壁上、岩缝中或灌丛中阴湿地

16. 姬蕨科 Hypolepidaceae

姬蕨 *Hypolepis punctata* (Thunb.) Mett. 全县广布；生于海拔 50～965m 的林缘、宅旁荒地、溪边或林下阴湿处

17. 蕨科 Pteridiaceae

蕨 *Pteridium aquilinum* subsp. *japonicum* (Nakai) A. Love et D. Love 全县广布；生于海拔 38～1223m 的荒坡、林下、林缘或溪边

18. 凤尾蕨科 Pteridaceae

凤尾蕨 *Pteris cretica* L. var. *nervosa* (Thunb.) Ching et S. H. Wu 见于始丰；生于海拔 60～100m 的林下、林缘、石隙

刺齿半边旗 *Pteris dispar* Kze. 全县广布；生于海拔 55～585m 的林下、林缘、石隙

剑叶凤尾蕨 *Pteris ensiformis* Burm. 见于福溪；生于海拔 68m 左右的林下或潮湿的酸性土壤上

傅氏凤尾蕨 *Pteris fauriei* Hieron. 见于街头、龙溪；生于海拔 175m 左右的林下、山涧

井栏边草 *Pteris multifida* Poir. 全县广布；生于海拔 40～755m 的墙壁、井边、岩缝或林下

蜈蚣草 *Pteris vittata* L. 见于白鹤、赤城、洪畴、街头、龙溪、平桥、三合、石梁、始丰、坦头；生于海拔 60～755m 的岩壁、岩缝中

19. 中国蕨科 Sinopteridaceae

银粉背蕨 *Aleuritopteris argentea* (S. G. Gmel.) Fée 见于白鹤、洪畴、雷峰、龙溪、平桥、三合、石梁、坦头；生于海拔 55～536m 的墙缝中

毛轴碎米蕨 *Cheilanthes chusana* Hook. 全县广布；生于海拔 40～570m 的路边、林下或溪边石缝

薄叶碎米蕨 *Cheilosoria tenuifolia* (Burm. f.) Trev. 见于平桥；生于海拔 265m 左右的草丛中

野雉尾金粉蕨 *Onychium japonicum* (Thunb.) Kunze 全县广布；生于海拔 45～550m 的林缘、路边山坡、岩缝

旱蕨 *Pellaea nitidula* (Hook.) Baker 见于赤城、平桥；生于海拔 330m 左右的林下岩石上

20. 铁线蕨科 Adiantaceae

铁线蕨 *Adiantum capillus-veneris* L. 见于赤城；生于海拔 110m 左右的流水溪旁紫砂岩上

扇叶铁线蕨 *Adiantum flabellulatum* L. 见于赤城、福溪、洪畴、街头、龙溪、平桥、始丰、坦头；生于海拔 60～420m 的疏林下或林缘灌丛中

21. 水蕨科 Parkeriaceae

水蕨 *Ceratopteris thalictroides* (L.) Brongn. 见于福溪、街头、雷峰、龙溪、平桥、三合、坦头；生于

海拔 35～120m 的田边的淤泥中

22. 裸子蕨科 Hemionitidaceae

凤丫蕨 *Coniogramme japonica*（Thunb.）Diels 全县广布；生于海拔 120～830m 的林缘、林下阴湿处或山涧中

23. 书带蕨科 Vittariaceae

书带蕨 *Vittaria flexuosa* Fée 见于街头、石梁；生于海拔 350m 左右的树干或岩石上

24. 蹄盖蕨科 Athyriaceae

江南短肠蕨 *Allantodia metteniana*（Miq.）Ching 见于始丰；生于海拔 60m 左右的山坡林下、林缘

鳞柄短肠蕨 *Allantodia squamigera*（Mett.）Ching 见于石梁；生于海拔 710～945m 的山坡阔叶林下、林缘

淡绿短肠蕨 *Allantodia virescens*（Kunze）Ching 见于街头；生于海拔 135m 左右的山地林下、林缘

耳羽短肠蕨 *Allantodia wichurae*（Mett.）Ching 见于街头；生于海拔 175m 左右的溪边岩石旁

华东安蕨 *Anisocampium sheareri*（Baker）Ching 见于街头、龙溪；生于海拔 260m 左右的林下溪边或阴湿山坡上

钝羽假蹄盖蕨 *Athyriopsis conilii*（Franch. et Sav.）Ching 见于福溪、雷峰、龙溪、平桥、三合、石梁、始丰、泳溪；生于海拔 90～785m 的林下阴湿处、山谷溪边、山涧

假蹄盖蕨 *Athyriopsis japonica*（Thunb.）Ching 全县广布；生于海拔 40～960m 的林下湿地及山谷溪沟边、山涧

毛轴假蹄盖蕨 *Athyriopsis petersenii*（Kunze）Ching 全县广布；生于海拔 50～93m 的林下阴湿处、山谷溪沟边

长江蹄盖蕨 *Athyrium iseanum* Rosenst. 全县广布；生于海拔 210～950m 的林缘、林下阴湿处

华东蹄盖蕨 *Athyrium niponicum*（Mett.）Hance 全县广布；生于海拔 290～945m 的林下、溪边、阴湿山坡、灌丛或草地上

华中蹄盖蕨 *Athyrium wardii*（Hook.）Makino 见于龙溪、石梁；生于海拔 535～975m 的山谷林下、林缘或溪边阴湿处

无毛华中蹄盖蕨 *Athyrium wardii*（Hook.）Makino var. *glabratum* Y. T. Hsieh et Z. R. Wang 调查未及，《浙江植物志（新编）》有记载

禾秆蹄盖蕨 *Athyrium yokoscense*（Franch. et Sav.）H. Christ 见于石梁；生于海拔 736m 左右的林下岩石缝中

合欢山蹄盖蕨 *Athyrium cryptogrammoides* Hayata 见于石梁；生于林下

菜蕨 *Callipteris esculenta*（Retz.）J. Sm. ex T. Moore et Houlston 见于福溪、街头、龙溪、南屏、三合、始丰、泳溪；生于海拔 40～195m 的湿地、河滩或沟边

华中介蕨 *Dryoathyrium okuboanum*（Makino）Ching 见于龙溪；生于海拔 250m 左右的山谷林下、林缘或沟边阴湿处

假双盖蕨 *Triblemma lancea*（Thunb.）Ching 全县广布；生于海拔 95～475m 的林缘或林下溪沟边陡峭的湿地

25. 肿足蕨科 Hypodematiaceae

腺毛肿足蕨 *Hypodematium glandulosum* Ching ex K. H. Shing 见于街头、平桥；生于海拔 125～330m 的岩石缝隙中

26. 金星蕨科 Thelypteridaceae

渐尖毛蕨 *Cyclosorus acuminatus*（Houtt.）Nakai 全县广布；生于海拔 45～600m 的林下、林缘、岩

壁或石隙

牯岭毛蕨 *Cyclosorus acuminatus* (Houtt.) Nakai var. *kulingensis* Ching 见于三州;生于海拔 456m 左右的岩石上

华南毛蕨 *Cyclosorus parasiticus* (L.) Farwell. 见于赤城、街头、龙溪、南屏、平桥、三合、始丰;生于海拔 85～460m 的林下、林缘

针毛蕨 *Macrothelypteris oligophlebia* (Bak.) Ching 全县广布;生于海拔 40～960m 的林下、林缘、田边等

雅致针毛蕨 *Macrothelypteris oligophlebia* (Bak.) Ching var. *elegans* (Koidz.) Ching 全县广布;生于海拔 85～750m 的沟边或林缘阴湿处

普通针毛蕨 *Macrothelypteris torresiana* (Gaud.) Ching 见于街头、龙溪;生于海拔 240m 左右的林下阴湿处或林缘

翠绿针毛蕨 *Macrothelypteris viridifrons* (Tagawa) Ching 见于赤城;生于海拔 600m 以下的林下阴湿处或林缘

林下凸轴蕨 *Metathelypteris hattorii* (H. Itô) Ching 见于龙溪、石梁、始丰;生于海拔 455～965m 的山谷林下或林缘

疏羽凸轴蕨 *Metathelypteris laxa* (Franch. et Sav.) Ching 全县广布;生于海拔 140～970m 的林下

武夷山凸轴蕨 *Metathelypteris wuyishanensis* Ching 见于石梁;生于海拔 530～920m 的灌丛或岩隙阴湿处

中华金星蕨 *Parathelypteris chinensis* Ching ex Shing 见于白鹤、街头、雷峰、龙溪、石梁;生于海拔 300～965m 的疏林阴湿处或林缘

金星蕨 *Parathelypteris glanduligera* (Kze.) Ching 全县广布;生于海拔 65～1224m 的疏林下、林缘、岩缝或空旷湿润地

光脚金星蕨 *Parathelypteris japonica* (Bak.) Ching 全县广布;生于海拔 300m 左右的林下阴处或林缘

有齿金星蕨 *Parathelypteris serrutula* (Ching) Ching 见于三州、石梁;生于海拔 430～490m 的山坡林下、林缘等

延羽卵果蕨 *Phegopteris decursive-pinnata* (van Hall) Fée 全县广布;生于海拔 70～965m 的路边、林下、岩缝

镰片假毛蕨 *Pseudocyclosorus falcilobus* (Hook.) Ching 见于赤城、龙溪、三州、坦头;生于海拔 135～510m 的水沟边

27. 铁角蕨科 Aspleniaceae

华南铁角蕨 *Asplenium austro-chinense* Ching 见于街头、龙溪、石梁;生于海拔 100～900m 的墙壁上或岩壁上

切边铁角蕨 *Asplenium excisum* C. Presl 见于街头、龙溪;生于海拔 300m 左右的墙壁上或岩缝中

虎尾铁角蕨 *Asplenium incisum* Thunb. 全县广布;生于海拔 60～830m 的林下、岩缝或墙壁上

倒挂铁角蕨 *Asplenium normale* Don 见于街头、龙溪、泳溪;生于海拔 120～525m 的阴湿岩壁和林缘阴湿石头上

北京铁角蕨 *Asplenium pekinense* Hance 全县广布;生于海拔 55～520m 的石缝中

长生铁角蕨 *Asplenium prolongatum* Hook. 见于街头、龙溪;生于海拔 180m 左右的林中树干上或潮湿岩石上

华中铁角蕨 *Asplenium sarelii* Hook. 见于赤城、石梁;生于海拔 125～375m 的潮湿岩壁上或石缝中

铁角蕨 *Asplenium trichomanes* L. 全县广布；生于海拔 230～810m 的林下岩石或石缝中

闽浙铁角蕨 *Asplenium wilfordii* Mett. ex Kuhn 调查未及，标本记载（CSH，GBJ01965）

28. 球子蕨科 Onocleaceae

东方荚果蕨 *Matteuccia orientalis* （Hook.）Trevis. 见于龙溪；生于海拔 945m 左右的山坡林下

29. 乌毛蕨科 Blechnaceae

狗脊 *Woodwardia japonica* （L. f.）Sm. 全县广布；生于海拔 50～830m 的林下、林缘

珠芽狗脊 *Woodwardia prolifera* Hook. et Arn. 全县广布；生于海拔 80～460m 的丘陵或山坡疏林阴湿处、林缘

30. 鳞毛蕨科 Dryopteridaceae

美丽复叶耳蕨 *Arachniodes amoena* （Ching）Ching 见于街头、龙溪、石梁；生于海拔 90～550m 的林下、林缘、湿润岩壁或山涧

刺头复叶耳蕨 *Arachniodes exilis* （Hance）Ching 见于街头、龙溪、平桥、始丰；生于海拔 225～485m 的林下或岩隙

华东复叶耳蕨 *Arachniodes pseudo-aristata* （Tagawa）Ohwi 见于石梁；生于海拔 440m 左右的林下或林缘

斜方复叶耳蕨 *Arachniodes rhomboidea* （Schott）Ching 全县广布；生于海拔 180～630m 的林下或林缘

长尾复叶耳蕨 *Arachniodes simplicior* （Makino）Ohwi 见于赤城、福溪、街头、龙溪、石梁；生于海拔 45～730m 的林下或林缘

紫云山复叶耳蕨 *Arachniodes ziyunshanensis* Y. T. Hsieh 见于街头；生于海拔 900m 左右的林下、林缘

鞭叶蕨 *Cyrtomidictyum lepidocaulon* （Hook.）Ching 见于街头；生于海拔 185m 左右的石洞、岩壁凹穴或岩壁阴湿石缝中

镰羽贯众 *Cyrtomium balansae* （H. Christ）C. Chr. 见于龙溪；生于海拔 125m 左右的岩壁凹穴或岩壁阴湿石缝中

披针贯众 *Cyrtomium devexiscapulae* （Koidz.）Koidz. et Ching 见于龙溪；生于海拔 400m 以下的岩壁上

贯众 *Cyrtomium fortunei* J. Sm. 全县广布；生于海拔 50～750m 的岩缝或林下

阔羽贯众 * *Cyrtomium yamamotoi* Tagawa 赤城有栽培

阔鳞鳞毛蕨 *Dryopteris championii* （Benth.）C. Chr. ex Ching 全县广布；生于海拔 35～830m 的林下、林缘、石缝、路旁

中华鳞毛蕨 *Dryopteris chinensis* （Baker）Koidz. 见于石梁；生于海拔 600m 以下的林下

迷人鳞毛蕨 *Dryopteris decipiens* （Hook.）Kuntze 见于赤城、街头、平桥、石梁、始丰、泳溪；生于海拔 65～760m 的林下、林缘、岩石缝里

深裂迷人鳞毛蕨 *Dryopteris decipiens* （Hook.）Kuntze var. *diplazioides* （H. Christ）Ching 全县广布；生于海拔 115～810m 的林下、林缘、岩石缝里

德化鳞毛蕨 *Dryopteris dehuaensis* Ching et K. H. Shing 见于白鹤、赤城、街头、三合、石梁；生于海拔 140～525m 的林下、林缘

远轴鳞毛蕨 *Dryopteris dickinsii* （Franch. et Sav.）C. Chr. 见于石梁；生于海拔 450m 左右的林下

红盖鳞毛蕨 *Dryopteris erythrosora* （D. C. Eaton）Kuntze 全县广布；生于海拔 85～1195m 的林下、林缘

黑足鳞毛蕨 *Dryopteris fuscipes* C. Chr. 全县广布；生于海拔 60～755m 的林下、林缘、岩石缝里

裸果鳞毛蕨 *Dryopteris gymnosora*（Makino）C. Chr. 见于街头、石梁；生于海拔 450m 左右的林下

桃花岛鳞毛蕨 *Dryopteris hondoensis* Koidz. 调查未及,《浙江植物志（新编）》有记载

假异鳞毛蕨 *Dryopteris immixta* Ching 全县广布；生于海拔 110～810m 的林下或岩壁上

京鹤鳞毛蕨 *Dryopteris kinkiensis* Koidz. ex Tagawa 全县广布；生于海拔 65～865m 的林下、林缘

狭顶鳞毛蕨 *Dryopteris lacera*（Thunb.）Kuntze 见于白鹤、街头、龙溪、平桥、石梁；生于海拔 265～920m 的林下

轴鳞鳞毛蕨 *Dryopteris lepidorachis* C. Chr. 调查未及,《浙江植物志（新编）》有记载

太平鳞毛蕨 *Dryopteris pacifica*（Nakai）Tagawa 全县广布；生于海拔 55～880m 的林下、林缘

两色鳞毛蕨 *Dryopteris setosa*（Thunb.）Akas. 见于平桥、石梁；生于海拔 400～445m 的林下或岩缝中

高鳞毛蕨 *Dryopteris simasakii*（H. Itô）Sa. Kurata 见于白鹤、福溪、街头、南屏、平桥；生于海拔 110～385m 的林缘陡坡上

稀羽鳞毛蕨 *Dryopteris sparsa*（D. Don）Kuntze 全县广布；生于海拔 90～580m 的林下、林缘、沟边

无柄鳞毛蕨 *Dryopteris submarginata* Rosenst. 见于街头；生于海拔 160m 左右的林下

华南鳞毛蕨 *Dryopteris tenuicula* C. G. Matthew et H. Christ 见于街头；生于海拔 145～190m 的山坡林下、阴湿石壁和山涧石壁上

观光鳞毛蕨 *Dryopteris tsoongii* Ching 见于龙溪；生于海拔 155m 左右的岩壁上

同形鳞毛蕨 *Dryopteris uniformis*（Makino）Makino 见于白鹤、街头、雷峰、龙溪、平桥、三州、石梁、始丰；生于海拔 215～680m 的常绿阔叶林下、林缘或路边草丛

变异鳞毛蕨 *Dryopteris varia*（L.）Kuntze 全县广布；生于海拔 45～930m 的林下

毛枝蕨 *Leptorumohra miqueliana*（Maxim. ex Franch. et Sav.）H. Itô 见于石梁、泳溪；生于海拔 520～780m 的山坡林下、林缘

黑鳞耳蕨 *Polystichum makinoi*（Tagawa）Tagawa 见于龙溪、石梁；生于海拔 320～885m 的林下阴湿处或林缘

戟叶耳蕨 *Polystichum tripteron*（Kunze）C. Presl 见于石梁；生于海拔 600-1200m 以下的岩石边或乱石堆中

对马耳蕨 *Polystichum tsus-simense*（Hook.）J. Sm. 全县广布；生于海拔 285m 左右的阔叶林下、林缘石缝

31. 骨碎补科 Davalliaceae

圆盖阴石蕨 *Humata griffithiana*（Hook.）C. Chr. 全县广布；生于海拔 45～310m 的树干或石上

32. 水龙骨科 Polypodiaceae

线蕨 *Colysis elliptica*（Thunb.）Ching 全县广布；生于海拔 125～480m 的林下或溪边岩石上

宽羽线蕨 *Colysis elliptica*（Thunb.）Ching var. *pothifolia* Ching 见于街头；生于海拔 190m 左右的林下或林缘阴湿处

披针骨牌蕨 *Lepidogrammitis diversa*（Rosenst.）Ching 调查未及,标本记载（PE,4529）

抱石莲 *Lepidogrammitis drymoglossoides*（Baker）Ching 见于街头、雷峰、龙溪、平桥、三合、泳溪,附生于海拔 100～300m 的树干和岩石上

骨牌蕨 *Lepidogrammitis rostrata*（Bedd.）Ching 调查未及,《浙江植物志（新编）》有记载

庐山瓦韦 *Lepisorus lewissi*（Baker）Ching 见于街头、龙溪、石梁,附生于海拔 410～455m 的树干和

岩石上

鳞瓦韦 *Lepisorus oligolepidus*（Baker）Ching　见于白鹤，附生于海拔 220m 左右的树干或岩石上

瓦韦 *Lepisorus thunbergianus*（Kaulf.）Ching　见于白鹤、赤城、福溪、龙溪、平桥、石梁、始丰、坦头，附生于海拔 100～800m 的树干和岩石上

阔叶瓦韦 *Lepisorus tosaensis*（Makino）H. Itô　全县广布，附生于海拔 45～930m 的树干和岩石上

江南星蕨 *Microsorum fortunei*（T. Moore）Ching　全县广布；生于海拔 110～600m 的林下溪边岩石上或树干上

盾蕨 *Neolepisorus ovatus* Ching　见于街头、龙溪；生于海拔 270～350m 的林下阴湿处或山涧中

恩氏假瘤蕨 *Phymatopteris engleri*（Luerss.）Pic. Serm.　见于街头、雷峰、石梁、坦头，附生于海拔 170～500m 的树干上或石上

金鸡脚假瘤蕨 *Phymatopteris hastata*（Thunb.）Pic. Serm.　全县广布，附生于海拔 115～346m 的林缘岩石上

日本水龙骨 *Polypodiodes niponica*（Mett.）Ching　全县广布；生于海拔 235～735m 的树干或岩壁上、巨石上

相近石韦 *Pyrrosia assimilis*（Baker）Ching　见于白鹤、街头、龙溪、平桥、石梁，附生于海拔 230～530m 的树干或岩石上

光石韦 *Pyrrosia calvata*（Baker）Ching　见于龙溪，附生于海拔 255m 左右的树干或岩石上

石韦 *Pyrrosia lingua*（Thunb.）Farw.　全县广布，附生于海拔 35～575m 的树干或岩石上

有柄石韦 *Pyrrosia petiolosa*（Christ）Ching　见于白鹤、赤城、石梁，附生于海拔 205～490m 的树干或岩石上

庐山石韦 *Pyrrosia sheareri*（Baker）Ching　见于龙溪、石梁，附生于海拔 550～875m 的林下树干或岩石上

石蕨 *Saxiglossum angustissimum*（Giesenh. ex Diels）Ching　见于龙溪、石梁，附生于海拔 260～675m 的林下树干或岩石上

33. 槲蕨科 Drynariaceae

槲蕨 *Drynaria roosii* Nakaike　全县广布；生于海拔 70～415m 的树干或石上，也见老屋顶、墙缝中

34. 蘋科 Marsileaceae

蘋 *Marsilea quadrifolia* L.　全县广布；生于海拔 60～216m 的水田或沟塘中

35. 槐叶蘋科 Salviniaceae

槐叶蘋 *Salvinia natans*（L.）All.　见于福溪、南屏、平桥；生于海拔 30～170m 的水塘中

36. 满江红科 Azollaceae

满江红 *Azolla imbricata*（Roxb. ex Griff.）Nakai　全县广布；生于海拔 35～525m 的水田和静水沟塘中

二、裸子植物门 Gymnospermae（9 科,23 属,43 种）

1. 苏铁科 Cycadaceae

苏铁 * *Cycas revoluta* Thunb.　常见栽培

四川苏铁 * *Cycas szechuanensis* W. C. Cheng et L. K. Fu　偶见栽培

2. 银杏科 Ginkgoaceae

银杏 * *Ginkgo biloba* L.　常见栽培

3. 南洋杉科 Araucariaceae

南洋杉 * *Araucaria cunninghamii* Aiton ex D. Don 景观栽培

4. 松科 Pinaceae

日本冷杉 * *Abies firma* Sieb. et Zucc. 石梁有栽培

雪松 * *Cedrus deodara*（Roxb.）G. Don 常见栽培

白皮松 * *Pinus bungeana* Zucc. ex Endl. 石梁有栽培

湿地松 * *Pinus elliottii* Engelm. 常见栽培

马尾松 *Pinus massoniana* Lamb. 全县广布；生于海拔 40～850m 的山坡上

日本五针松 * *Pinus parviflora* Sieb. et Zucc. 景观栽培

黄山松 *Pinus hwangshanensis* Hsia 见于白鹤、赤城、福溪、街头、雷峰、龙溪、平桥、三合、石梁、坦头、泳溪；生于海拔 850～1227m 的山坡

黑松 * *Pinus thunbergii* Parl. 偶见栽培

金钱松 *Pseudolarix amabilis*（Nels.）Rehder 见于石梁；生于海拔 855～1226m 的山坡林下，常见栽培

5. 杉科 Taxodiaceae

柳杉 * *Cryptomeria fortunei* Hooibrenk ex Otto. et Dietr. 石梁有栽培

日本柳杉 * *Cryptomeria japonica*（L. f.）D. Don 石梁有栽培

杉木 *Cunninghamia lanceolata*（Lamb.）Hook. 全县广布；生于海拔 50～1020m 的山坡

水杉 * *Metasequoia glyptostroboides* Hu et Cheng 常见栽培

池杉 * *Taxodium ascendens* Brongn. 常见栽培

落羽杉 * *Taxodium distichum*（L.）Rich. 始丰有栽培

墨西哥落羽杉 * *Taxodium mucronatum* Tenore 始丰有栽培

6. 柏科 Cupressaceae

日本扁柏 * *Chamaecyparis obtusa*（Sieb. et Zucc.）Endl. 石梁有栽培

日本花柏 * *Chamaecyparis pisifera*（Sieb. et Zucc.）Endl. 石梁有栽培

羽叶花柏 * *Chamaecyparis pisifera*（Sieb. et Zucc.）Endl. 'Plumosa' 石梁有栽培

柏木 * *Cupressus funebris* Endl. 常见栽培

福建柏 * *Fokienia hodginsii*（Dunn）Henry et Thomas 偶见栽培

刺柏 *Juniperus formosana* Hayata 全县广布；生于海拔 85～650m 的向阳山坡上

侧柏 *Platycladus orientalis*（L.）Franco 常见栽培

千头柏 *Platycladus orientalis*（L.）Franco 'Sieboldii' 常见栽培

龙柏 * *Sabina chinensis*（L.）Ant. 'Kaizuca' 常见栽培

圆柏 * *Sabina chinensis*（L.）Antoine 常见栽培

铺地柏 * *Sabina procumbens*（Endl.）Iwata et Kusaka 偶见栽培

北美圆柏 * *Sabina virginiana*（L.）Antoine 常见栽培

沙地柏 * *Sabina vulgaris* Antoine 偶见栽培

日本香柏 * *Thuja standishii*（Gord.）Carr. 石梁有栽培

7. 罗汉松科 Podocarpaceae

竹柏 * *Nageia nagi*（Thunb.）Kuntze 常见栽培

罗汉松 * *Podocarpus macrophyllus*（Thunb.）Sweet 常见栽培

短叶罗汉松 * *Podocarpus macrophyllus*（Thunb.）Sweet var. *maki*（Siebold）Endl. 偶见栽培

百日青 * *Podocarpus neriifolius* D. Don 偶见栽培

8. 三尖杉科 Cephalotaxaceae

三尖杉 *Cephalotaxus fortunei* Hook. f. 见于白鹤、赤城、街头、龙溪、三州、石梁、始丰;生于海拔165～615m 的林中、林缘、山坡

粗榧 *Cephalotaxus sinensis* (Rehder et E. H. Wilson) Li 见于赤城、龙溪、石梁、坦头;生于海拔545～960m 的林中、林缘

9. 红豆杉科 Taxaceae

南方红豆杉 *Taxus mairei* (Lemee et H. Lév.) S. Y. Hu 全县均有分布,常见栽培;生于海拔55～755m 的林中、林缘

榧树 *Torreya grandis* Fort. ex Lindl. 见于白鹤、赤城、街头、龙溪、南屏、平桥、石梁、始丰、坦头、泳溪;生于海拔125～915m 的林中、林缘、空旷地

香榧 * *Torreya grandis* Fortune ex Lindl. 'Merrillii' 常见栽培

三、被子植物门 Angiospermae(172 科,897 属,2229 种)

(一)双子叶植物纲 Dicotyledoneae(141 科,687 属,1735 种)

1. 木兰科 Magnoliaceae

鹅掌楸 * *Liriodendron chinense* (Hemsl.) Sarg. 全县广布,常见栽培

二乔木兰 * *Magnolia × soulangeana* Soul.-Bod. 全县广布,常见栽培

望春木兰 * *Magnolia biondii* Pamp. 全县广布,常见栽培

夜香木兰 * *Magnolia coco* (Lour.) Candolle 常见栽培

黄山木兰 *Magnolia cylindrica* E. H. Wilson 见于石梁,赤城国清寺有栽培;生于海拔230～960m 的山坡林下

玉兰 * *Magnolia denudata* Desr. 常见栽培

荷花玉兰 * *Magnolia grandiflora* L. 全县广布,常见栽培

紫玉兰 * *Magnolia liliiflora* Desr. 常见栽培

厚朴 * *Magnolia officinalis* Rehder et E. H. Wilson 常见栽培

凹叶厚朴 *Magnolia officinalis* Rehder et E. H. Wilson subsp. *biloba* (Rehder et E. H. Wilson) Y. W. Law 见于龙溪、三州、石梁;生于海拔325～560m 的山坡林下

乳源木莲 *Manglietia yuyuanensis* Y. W. Law 见于石梁;生于海拔280m 左右的山坡林中

白兰 * *Michelia alba* DC. 国清寺有栽培

乐昌含笑 * *Michelia chapensis* Dandy 常见栽培

含笑 * *Michelia figo* (Lour.) Spreng. 全县广布,常见栽培

醉香含笑 * *Michelia macclurei* Dandy 偶见栽培

深山含笑 *Michelia maudiae* Dunn 见于石梁、始丰,赤城有栽培;生于海拔135～545m 的林下或林缘

2. 蜡梅科 Calycanthaceae

蜡梅 * *Chimonanthus praecox* (L.) Link 公园常见栽培

夏蜡梅 *Sinocalycanthus chinensis* (Cheng et S. Y. Chang) Cheng et S. Y. Chang 见于龙溪,赤城、街头有栽培;生于海拔700～900m 左右的林下

3. 樟科 Lauraceae

香樟 *Cinnamomum camphora* (L.) Presl 全县广布;生于海拔40～580m 的林下

浙江樟 *Cinnamomum chekiangense* Nakai 见于福溪、街头、石梁；生于海拔 75～620m 的湿润山坡或沟谷

细叶香桂 *Cinnamomum subavenium* Miq. 见于石梁；生于海拔 485m 左右的山坡林下或林缘

乌药 *Lindera aggregata*（Sims）Kosterm. 全县广布；生于海拔 45～735m 的山坡、山谷或疏林灌丛中

狭叶山胡椒 *Lindera angustifolia* Cheng 见于南屏；生于海拔 137m 左右的林缘或林下

红果钓樟 *Lindera erythrocarpa* Makino 全县广布；生于海拔 120～1075m 的林缘或林下

山胡椒 *Lindera glauca*（Sieb. et Zucc.）Blume 全县广布；生于海拔 100～980m 的山坡、林缘、路旁

绿叶甘橿 *Lindera neesiana*（Nees）H. Kurz 见于白鹤、龙溪、石梁；生于海拔 875m 左右的山坡林下

三桠乌药 *Lindera obtusiloba* Blume 调查未及，《浙江植物志（新编）》有记载

山橿 *Lindera reflexa* Hemsl. 全县广布；生于海拔 240～1075m 的山谷、山坡林下或灌丛中

红脉钓樟 *Lindera rubronervia* Gamble 见于赤城、街头、龙溪、石梁、坦头；生于海拔 260～875m 的山坡林下、溪边或山谷中

天目木姜子 *Litsea auriculata* Chien et Cheng 见于石梁；生于海拔 1000m 左右的山坡林下

豹皮樟 *Litsea coreana* H. Lév. var. *sinensis*（Allen）Yen C. Yang et P. H. Huang 全县广布；生于海拔 90～720m 的常绿阔叶林中

山鸡椒 *Litsea cubeba*（Lour.）Pers. 全县广布；生于海拔 55～915m 的山坡、林缘、路旁或水边

毛山鸡椒 *Litsea cubeba*（Lour.）Pers. var. *formosana*（Nakai）Yen C. Yang et P. H. Huang 见于白鹤、赤城、街头、雷峰、龙溪、平桥、三州、石梁、始丰、坦头；生于海拔 87～757m 的山坡、林缘、路旁或水边

黄丹木姜子 *Litsea elongate*（Wall. ex Nees）Benth. et Hook. f. 见于龙溪、石梁；生于海拔 1200m 以下的山坡路旁、溪旁、林下、沟谷

薄叶润楠 *Machilus leptophylla* Hand.-Mazz. 全县广布；生于海拔 250～340m 的林缘沟谷、开阔溪沟边

刨花润楠 *Machilus pauhoi* Kaneh. 见于街头、龙溪；生于海拔 85～440m 的山坡林中、林缘或疏林地

红楠 *Machilus thunbergii* Sieb. et Zucc. 全县广布；生于海拔 150～735m 的林下、林缘、溪沟边

浙江新木姜子 *Neolitsea aurata*（Hayata）Koidz. var. *chekiangensis*（Nakai）Yen C. Yang et P. H. Huang 见于街头、龙溪、平桥、石梁；生于海拔 405～590m 的山坡林缘或杂木林中

舟山新木姜子 * *Neolitsea sericea*（Blume）Koidz. 偶见栽培

闽楠 * *Phoebe bournei*（Hemsl.）Yen C. Yang 偶见栽培

浙江楠 * *Phoebe chekiangensis* C. B. Shang 偶见栽培

紫楠 *Phoebe sheareri*（Hemsl.）Gamble 全县广布；生于海拔 120～600m 的林中、林缘、沟谷两侧

檫木 *Sassafras tzumu*（Hemsl.）Hemsl. 全县广布；生于海拔 52～961m 的山坡林缘、林中或疏林地

4. 金粟兰科 Chloranthaceae

丝穗金粟兰 *Chloranthus fortunei*（A. Gray）Solms-Laubach 见于赤城、龙溪、石梁、始丰；生于海拔 160～430m 的山坡、林下或草丛

宽叶金粟兰 *Chloranthus henryi* Hemsl. 见于雷峰、南屏、三州；生于海拔 115～345m 的山坡林下阴湿处或路边灌草丛

多穗金粟兰 *Chloranthus multistachys* Pei 见于街头、龙溪；生于海拔 1100m 以下的山坡林下

及已 *Chloranthus serratus*（Thunb.）Roem. et Schult.　见于石梁；生于海拔 1100m 以下的林下阴湿处

金粟兰 ＊*Chloranthus spicatus*（Thunb.）Makino　国清寺有栽培

5. 三白草科 Saururaceae

蕺菜 *Houttuynia cordata* Thunb.　全县广布；生于海拔 45～895m 的沟边、溪边、荒田或林下阴湿处

三白草 *Saururus chinensis*（Lour.）Baill.　见于白鹤、赤城、石梁、始丰、泳溪；生于海拔 200～400m 的水边、荒田、淤积水塘中

6. 胡椒科 Piperaceae

草胡椒 *Peperomia pellucida*（L.）Kunth　见于福溪、龙溪；生于海拔 50～450m 的林下阴湿处、石缝或沟边

山蒟 *Piper hancei* Maxim.　全县广布；生于海拔 115～280m 的树上或石上

7. 马兜铃科 Aristolochiaceae

大别山马兜铃 *Aristolochia dabieshanensis* C. Y. Cheng et W. Yu　见于街头、龙溪、石梁、始丰；生于海拔 120～485m 的林下阴湿处或林缘

马兜铃 *Aristolochia debilis* Sieb. et Zucc.　全县广布；生于海拔 80～375m 的沟边、路旁阴湿处或山坡灌丛中

鲜黄马兜铃 *Aristolochia hyperxantha* X. X. Zhu et J. S. Ma　调查未及，《浙江植物志（新编）》有记载

杜衡 ＊*Asarum forbesii* Maxim.　赤城有栽培

马蹄细辛 *Asarum ichangense* C. Y. Cheng et C. S. Yang　见于街头、龙溪、始丰、泳溪；生于海拔 85～265m 的林下或林缘

细辛 ＊*Asarum sieboldii* Miq.　赤城有栽培

8. 八角科 Illiciaceae

披针叶茴香 *Illicium lanceolatum* A. C. Smith　见于街头、龙溪、平桥、三合、石梁；生于海拔 270～600m 的山坡林下、林缘或沟谷旁

9. 五味子科 Schisandraceae

南五味子 *Kadsura japonica*（L.）Dunal　全县广布；生于海拔 95～920m 的山坡林下、林缘、竹林中

东亚五味子 *Schisandra elongata*（Blume）Baill.　见于白鹤、街头、龙溪、平桥、三州、石梁、始丰、泳溪；生于海拔 115～920m 的路边、林缘或林下

翼梗五味子 *Schisandra henryi* Clarke　见于龙溪、三州、石梁、泳溪；生于海拔 190～735m 的沟边、山坡林下或灌丛中

绿叶五味子 *Schisandra viridis* A. C. Smith　见于白鹤、赤城、龙溪、平桥、石梁；生于海拔 145～490m 的沟边、山坡林下或灌丛中

10. 莲科 Nelumbonaceae

莲 ＊*Nelumbo nucifera* Gaertn.　全县广泛栽培

11. 睡莲科 Nymphaeaceae

萍蓬草 ＊*Nuphar pumila*（Timm）DC.　公园内偶见栽培

白睡莲 ＊*Nymphaea alba* L.　公园内常见栽培

红睡莲 ＊*Nymphaea alba* L. var. *rubra* Lonnr.　公园内常见栽培

睡莲 *Nymphaea tetragona* Georgi　见于石梁；生于海拔 962m 的池塘中

12. 金鱼藻科 Ceratophyllaceae

金鱼藻 *Ceratophyllum demersum* L. 见于福溪、龙溪、平桥、三合、三州、石梁、始丰、坦头；生于海拔35～345m 的池塘、河沟、静水湾

13. 毛茛科 Ranunculaceae

乌头 *Aconitum carmichaelii* Debeaux 见于赤城、龙溪、石梁、泳溪；生于海拔 800～1200m 的山坡林下或林缘

黄山乌头 *Aconitum carmichaelii* Debeaux var. *hwangshanicum*（W. T. Wang et Hsiao）W. T. Wang et Hsiao 调查未及,《浙江植物志（新编）》有记载

赣皖乌头 *Aconitum finetianum* Hand.-Mazz. 调查未及,《浙江植物志（新编）》有记载

鹅掌草 *Anemone flaccida* F. Schmidt 见于石梁；生于海拔 1200m 以下的林缘

打破碗花花 *Anemone hupehensis*（Lemoine）Lemoine 见于石梁；生于海拔 920m 左右的山坡草地或沟边

秋牡丹 *Anemone hupehensis*（Lemoine）Lemoine var. *japonica*（Thunb.）Bowles et Stearn 见于石梁；生于海拔 850～970m 的草坡或沟边

华东驴蹄草 *Caltha palustris* L. var. *orientali-sinense* X. H. Guo 见于龙溪、石梁；生于海拔 810～960m 的林下阴湿处、水沟旁

小升麻 *Cimicifuga japonica*（Thunb.）Spreng. 见于龙溪；生于海拔 700m 以上的山坡林下或林缘

女萎 *Clematis apiifolia* DC. 全县广布；生于海拔 75～920m 的林缘、沟边、田间

钝齿铁线莲 *Clematis apiifolia* DC. var. *argentilucida*（H. Lév. et Vaniot）W. T. Wan 见于石梁；生于海拔 920m 左右的林下

威灵仙 *Clematis chinensis* Osbeck 见于赤城、龙溪；生于海拔 150m 左右的山坡灌丛或沟边

山木通 *Clematis finetiana* H. Lév. et Vaniot 见于白鹤、赤城、街头、龙溪、石梁、始丰；生于海拔 105～515m 的山坡疏林、溪边、路旁灌丛中或山谷石缝中

毛萼铁线莲 *Clematis hancockiana* Maxim. 见于赤城；生于海拔 260m 左右的林缘

单叶铁线莲 *Clematis henryi* Oliv. 全县广布；生于海拔 450～660m 的溪边、山谷、山坡阴湿处、林下及灌丛中

毛叶铁线莲 *Clematis lanuginosa* Lindl. 见于雷峰；生于海拔 95m 的山坡林缘及灌丛中

扬子铁线莲 *Clematis puberula* Hook. f. et Thomson var. *ganpiniana*（H. Lév. et Vaniot）W. T. Wang 见于龙溪、平桥、石梁；生于海拔 108～719m 的林下或林缘

圆锥铁线莲 *Clematis terniflora* DC. 全县广布；生于海拔 50～825m 的山坡、林缘或路旁草丛中

天台铁线莲 *Clematis tientaiensis*（M. Y. Fang）W. T. Wang 见于龙溪、石梁；生于海拔 830m 左右的山坡林缘、草丛及灌丛中

柱果铁线莲 *Clematis uncinata* Champ. ex Benth. 全县广布；生于海拔 90～700m 的山坡、林缘或路旁草丛中

短萼黄连 *Coptis chinensis* Franch. var. *brevisepala* W. T. Wang et Hsiao 见于龙溪、石梁；生于海拔 445m 左右的阴湿林下、林缘或沟旁草丛中

还亮草 *Delphinium anthriscifolium* Hance 全县广布；生于海拔 65～415m 的林缘、路旁或草丛中

獐耳细辛 *Hepatica nobilis* Schreb. var. *asiatica*（Nakai）H. Hara 调查未及,标本记载（NAS,987）

禺毛茛 *Ranunculus cantoniensis* DC. 全县广布；生于海拔 45～920m 的平地或田边、沟旁水湿地

毛茛 *Ranunculus japonicus* Thunb. 全县广布；生于海拔 65～825m 的田边、路旁、竹林下或林缘

刺果毛茛 *Ranunculus muricatus* L. 见于白鹤、南屏、平桥、始丰;生于海拔 160~220m 的路旁的田埂、路旁草丛中

石龙芮 *Ranunculus sceleratus* L. 全县广布;生于海拔 45~385m 的河沟边及平原湿地

扬子毛茛 *Ranunculus sieboldii* Miq. 全县广布;生于海拔 260~755m 的山坡林缘及平原湿地

猫爪草 *Ranunculus ternatus* Thunb. 全县广布;生于海拔 85~140m 的平原湿草地或田边荒地

天葵 *Semiaquilegia adoxoides*(DC.)Makino 全县广布;生于海拔 45~655m 的林下、路旁、宅旁或山谷地的较阴处

尖叶唐松草 *Thalictrum acutifolium*(Hand.-Mazz.)Boivin 见于街头、龙溪、石梁;生于海拔 170~875m 的山坡或林边湿润处

大叶唐松草 *Thalictrum faberi* Ulbr. 见于龙溪、石梁;生于海拔 570m 左右的山坡林下

华东唐松草 *Thalictrum fortunei* S. Moore 见于平桥;生于海拔 95~300m 的湿润石壁或山坡林下阴湿处

14. 芍药科 Paeoniaceae

芍药 * *Paeonia lactiflora* Pall. 县内常见栽培

草芍药 *Paeonia obovata* Maxim. 见于龙溪、石梁、泳溪;生于海拔 1000m 以上的林下

牡丹 * *Paeonia suffruticosa* Andr. 县内常见栽培

15. 小檗科 Berberidaceae

天台小檗 *Berberis lempergiana* Ahrendt 见于白鹤、龙溪、石梁、坦头;生于海拔 662~709m 的山坡林下、林缘、灌丛或山谷溪边

庐山小檗 *Berberis virgetorum* C. K. Schneid. 见于石梁;生于海拔 613m 左右的山坡或沟边

六角莲 *Dysosma pleiantha* Woodson 见于赤城、龙溪、平桥、石梁;生于海拔 105~520m 的林下、山谷溪旁或阴湿草丛中

箭叶淫羊藿 *Epimedium sagittatum*(Sieb. et Zucc.)Maxim. 见于街头、龙溪、石梁;生于海拔 375~585m 的山坡草丛、林下、灌丛、水沟边或岩边石缝中

阔叶十大功劳 * *Mahonia bealei*(Fort.)Carr. 平桥、始丰等地有栽培

十大功劳 * *Mahonia fortunei*(Lindl.)Fedde 绿化带偶见栽培

南天竹 *Nandina domestica* Thunb. 见于赤城、街头、龙溪、平桥、三合、石梁、始丰、坦头;生于海拔 125~420m 的山地林下、林缘、沟旁、小路边或灌丛中

火焰南天竹 * *Nandina domestica* Thunb. 'Firepower' 绿化带偶见栽培

16. 大血藤科 Sargentodoxaceae

大血藤 *Sargentodoxa cuneata*(Oliv.)Rehder et E. H. Wilson 全县广布;生于海拔 250~955m 的灌丛、林缘或沟谷中

17. 木通科 Lardizabalaceae

木通 *Akebia quinata*(Houtt.)Decne. 全县广布;生于海拔 45~655m 的灌丛、林缘、乱石堆或沟谷中

三叶木通 *Akebia trifoliata*(Thunb.)Koidz. 全县广布;生于海拔 75~760m 的灌丛、林缘、乱石堆或沟谷中

白木通 *Akebia trifoliata*(Thunb.)Koidz. var. *australis*(Diels)Rehder 见于石梁;生于海拔 580m 左右的山坡树上

鹰爪枫 *Holboellia coriacea* Diels 全县广布;生于海拔 115~885m 的灌丛、林缘或沟谷中

短药野木瓜 *Stauntonia leucantha* Diels ex Y. C. Wu 见于白鹤、街头、龙溪、南屏、平桥、三合、三

州、石梁;生于海拔 200～760m 的灌丛、林缘或沟谷中

尾叶挪藤 *Stauntonia obovatifoliola* Hayata subsp. *urophylla*（Hand.-Mazz.）H. N. Qin 见于街头、石梁;生于海拔 210～500m 的灌丛、林缘或沟谷中

18. 防己科 Menispermaceae

木防己 *Cocculus orbiculatus*（L.）DC. 全县广布;生于海拔 45～770m 的灌丛、村边或林缘

细圆藤 *Pericampylus glaucus*（Lam.）Merr. 见于街头、龙溪;生于海拔 190m 左右的林中、林缘和灌丛中

秤钩风 *Piploclisia affinis*（Oliv.）Diets 见于白鹤、街头、龙溪、平桥、始丰;生于海拔 115～525m 的林缘或疏林中

汉防己 *Sinomenium acutum*（Thunb.）Rehder et E. H. Wilson 见于街头、龙溪、平桥、石梁;生于海拔 145～720m 的林下、林缘或灌丛

金线吊乌龟 *Stephania cephalantha* Hayata 见于赤城、福溪、洪畴、南屏、平桥、石梁、始丰;生于海拔 40～420m 的路旁林缘、竹林下

千金藤 *Stephania japonica*（Thunb.）Miers 全县广布;生于海拔 50～390m 的村边或灌丛中

粉防己 *Stephania tetrandra* S. Moore 全县广布;生于海拔 75～476m 的村边、旷野、路边等处的灌丛中

19. 清风藤科 Sabiaceae

垂枝泡花树 *Meliosma flexuosa* Pamp. 见于龙溪、石梁;生于海拔 570～685m 的林中、林缘

异色泡花树 *Meliosma myriantha* Sieb. et Zucc. var. *discolor* Dunn 见于街头、龙溪、石梁;生于海拔 400～460m 的林中、林缘

柔毛泡花树 *Meliosma myriantha* Sieb. et Zucc. var. *pilosa*（Lecomte）Law 见于龙溪、石梁;生于海拔 670～750m 的林中、林缘

红枝柴 *Meliosma oldhamii* Maxim. 见于白鹤、龙溪、石梁;生于海拔 210～940m 的林中、林缘

笔罗子 *Meliosma rigida* Sieb. et Zucc. 见于石梁;生于海拔 800m 以下的林中、林缘

毡毛泡花树 *Meliosma rigida* Sieb. et Zucc. var. *pannosa*（Hand.-Mazz.）Y. W. Law 见于石梁;生于海拔 900m 以下的林中

鄂西清风藤 *Sabia campanulata* Wall. ex Roxb. subsp. *ritchieae*（Rehder et E. H. Wilson）Y. F. Wu 全县广布;生于海拔 220～950m 的林中、林缘或山区空旷地

白背清风藤 *Sabia discolor* Dunn 见于雷峰、平桥、三州、石梁;生于海拔 165～420m 的林中、林缘

清风藤 *Sabia japonica* Maxim. 全县广布;生于海拔 70～520m 的林中、林缘或山区空旷地

尖叶清风藤 *Sabia swinhoei* Hemsl. 见于街头、雷峰、龙溪;生于海拔 160～275m 的林中、林缘

20. 罂粟科 Papaveraceae

荷青花 *Hylomecon japonica*（Thunb.）Prantl et Kündig 见于石梁;生于海拔 500～1000m 的林下、林缘或沟边

博落回 *Macleaya cordata*（Willd.）R. Br. ex G. Don 全县广布;生于海拔 40～1000m 的路旁、林缘、草地

21. 紫堇科 Fumariaceae

台湾黄堇 *Corydalis balansae* Prain 全县广布;生于海拔 70～900m 的路旁、林缘、草地

无柄紫堇 *Corydalis gracilipes* S. Moore 见于平桥、始丰;生于海拔 65m 左右的平原田边、路旁

刻叶紫堇 *Corydalis incisa*（Thunb.）Pers. 全县广布;生于海拔 50～1010m 的路边或疏林下

白花刻叶紫堇 *Corydalis incisa*（Thunb.）Pers. f. *pallescens* Makino 见于平桥;生于海拔 250m 左

右的疏林下

黄堇 *Corydalis pallida*（Thunb.）Pers.　全县广布；生于海拔 45～915m 的林缘、河岸或多石坡地

小花黄堇 *Corydalis racemosa*（Thunb.）Pers.　全县广布；生于海拔 45～785m 的路边石隙、墙缝中，或沟边阴湿林缘

全叶延胡索 *Corydalis repens* Mandl et Muehld.　见于石梁；生于海拔 682m 左右的林缘

珠芽尖距紫堇 *Corydalis sheareri* S. Moore f. *bulbillifera* Hand.-Mazz.　见于赤城、雷峰、龙溪、始丰；生于海拔 140m 左右的林缘

延胡索 * *Corydalis yanhusuo*（Y. H. Chou et C. C. Hsu）W. T. Wang ex Z. Y. Su et C. Y. Wu 偶见栽培

22.悬铃木科 Platanaceae

二球悬铃木 * *Platanus × acerifolia*（Aiton）Willd.　县内常见栽培

一球悬铃木 * *Platanus occidentalis* L.　偶见栽培

23.金缕梅科 Hamamelidaceae

腺蜡瓣花 *Corylopsis glandulifera* Hemsl.　见于赤城、龙溪、石梁；生于海拔 155～965m 的山坡灌丛及溪沟边

灰白蜡瓣花 *Corylopsis glandulifera* Hemsl. var. *hypoglauca*（Cheng）Hung T. Chang　见于龙溪、石梁；生于海拔 340～540m 的林下

蜡瓣花 *Corylopsis sinensis* Hemsl.　见于龙溪、石梁；生于海拔 370～660m 的山坡灌丛及溪沟边

秃蜡瓣花 *Corylopsis sinensis* Hemsl. var. *calvescens* Rehder et E. H. Wilson　调查未及，《浙江植物志（新编）》有记载

小叶蚊母树 * *Distylium buxifolium*（Hance）Merr.　县城绿化带有栽培

牛鼻栓 *Fortunearia sinensis* Rehder et E. H. Wilson　见于石梁；生于海拔 486～821m 的林缘或林下

金缕梅 *Hamamelis mollis* Oliv.　见于龙溪；生于海拔 575～740m 的林中、林缘

缺萼枫香树 *Liquidambar acalycina* Hung T. Chang　见于平桥、石梁、坦头；生于海拔 700～960m 的林中

枫香树 *Liquidambar formosana* Hance　全县广布；生于海拔 54～700m 的林中、林缘、路旁

檵木 *Loropetalum chinense*（R. Brown）Oliv.　全县广布；生于海拔 46～725m 的向阳的丘陵及山坡

红花檵木 * *Loropetalum chinense*（R. Brown）Oliv. var. *rubrum* Yieh　县内常见栽培

水丝梨 * *Sycopsis sinensis* Oliv.　偶见栽培

24.虎皮楠科 Daphniphyllaceae

交让木 *Daphniphyllum macropodum* Miq.　见于石梁；生于海拔 700m 以上的林中

虎皮楠 *Daphniphyllum oldhamii*（Hemsl.）Rosenth.　见于街头、龙溪、石梁；生于海拔 415～580m 的林中

25.杜仲科 Eucommiaceae

杜仲 * *Eucommia ulmoides* Oliv.　县内农家有栽培

26.榆科 Ulmaceae

糙叶树 *Aphananthe aspera*（Thunb.）Planch.　全县广布；生于海拔 95～910m 的沟边

柔毛糙叶树 *Aphananthe aspera*（Thunb.）Planch. var. *pubescens* C. J. Chen　见于龙溪、石梁；生于海拔 600m 左右的山坡林中

紫弹树 *Celtis biondii* Pamp.　全县广布；生于海拔 80～800m 的山地灌丛或林中

黑弹树 *Celtis bungeana* Bl. 见于赤城、石梁；生于海拔 540m 左右的林缘或林中

樱果朴 *Celtis cerasifera* Schneid. 见于石梁；生于海拔 920～1100m 的山坡

珊瑚朴 *Celtis julianae* Schneid. 见于平桥；生于海拔 260m 左右的林缘

朴树 *Celtis sinensis* Pers. 全县广布；生于海拔 45～785m 的路旁、山坡、林缘

刺榆 *Hemiptelea davidii*（Hance）Planch. 见于白鹤、平桥、三合、石梁、始丰；生于海拔 95～350m 的路旁或山坡林缘

山油麻 *Trema cannabina* Lour. var. *dielsiana*（Hand.-Mazz.）C. J. Chen 全县广布；生于海拔 45～735m 的河边、旷野或山坡疏林、灌丛较向阳湿润土地

杭州榆 *Ulmus changii* Cheng 全县广布；生于海拔 85～576m 的山坡、谷地及溪旁的阔叶林中

春榆 *Ulmus davidiana* Planch. var. *japonica*（Rehder）Nakai 见于石梁；生于海拔 600m 左右的林下或林缘

榔榆 *Ulmus parvifolia* Jacq. 全县广布；生于海拔 50～600m 的平原、丘陵或路边、水边等

白榆 *Ulmus pumila* L. 偶见栽培

榉树 *Zelkova schneideriana* Hand.-Mazz. 见于洪畴、街头、龙溪、平桥、石梁、始丰、坦头、泳溪；生于海拔 50～760m 的林下、林缘

光叶榉 *Zelkova serrata*（Thunb.）Makino 见于龙溪、石梁；生于海拔 580m 左右的沟谷、溪边疏林中

27. 大麻科 Cannabaceae

葎草 *Humulus scandens*（Lour.）Merr. 全县广布；生于海拔 40～530m 的沟边、荒地、废墟、林缘边

28. 桑科 Moraceae

藤葡蟠 *Broussonetia kaempferi* Siebold var. *australis* Suzuki 全县广布；生于海拔 85～700m 的山谷灌丛中或沟边山坡路旁，常攀援于他物上

小构树 *Broussonetia kazinoki* Sieb. et Zucc. 全县广布；生于海拔 45～960m 的山坡林缘、沟边、田边

构树 *Broussonetia papyrifera*（L.）L'Hér. ex Vent. 全县广布；生于海拔 40～430m 的山坡林缘、沟边、田边、山谷湿润处

桑草 *Fatoua pilosa* Gaud. 见于白鹤、赤城、福溪、街头、龙溪、平桥、始丰、泳溪；生于海拔 60～445m 的林缘、林下、田边等

无花果 *Ficus carica* L. 县内常见栽培

天仙果 *Ficus erecta* Thunb. var. *beecheyana*（Hook. et Arn.）King 全县广布；生于海拔 38～602m 的沟边、林下

异叶榕 *Ficus heteromorpha* Hemsl. 见于雷峰；生于海拔 434m 左右的山谷、山坡及林中

爬藤榕 *Ficus impressa* Champ. ex Benth. 全县广布；生于海拔 70～600m 的山坡、山麓及山谷溪边，攀援于树上、墙上或岩石上

榕树 *Ficus microcarpa* L. f. 三合有栽培

薜荔 *Ficus pumila* L. 全县广布；生于海拔 45～585m 的山坡、山麓及山谷溪边，攀援于树上、墙上或岩石上

菩提树 *Ficus religiosa* L. 赤城国清寺有栽培

珍珠莲 *Ficus sarmentosa* Buch.-Ham. ex Sm. var. *henryi*（King ex Oliv.）Corner 全县广布；生于海拔 130～600m 的山坡、山麓及山谷溪边，攀援于树上、墙上或岩石上

白背爬藤榕 *Ficus sarmentosa* Buch.-Ham. ex Sm. var. *nipponica*（Franch. et Sav.）Corner 调查未及，《浙江植物志（新编）》有记载

笔管榕 * *Ficus subpisocarpa* Gagnep.　国清寺有栽培

变叶榕 *Ficus variolosa* Lindl. ex Benth.　见于南屏、平桥;生于海拔 140～310m 的山坡、山麓及山谷溪边

葨芝 *Maclura cochinchinensis*（Lour.）Corner　见于白鹤、福溪、洪畴、街头、龙溪、三合、石梁、泳溪;生于海拔 100～455m 的山坡或林缘

柘 *Maclura tricuspidata* Carrière　全县广布;生于海拔 50～755m 的山坡或林缘

桑 *Morus alba* L.　全县广布;生于海拔 50～900m 的村旁、田间、路边、滩地或山坡上

鸡桑 *Morus australis* Poir.　见于白鹤、龙溪、平桥、三合、石梁、始丰;生于海拔 95～870m 的山坡、林缘或荒地

华桑 *Morus cathayana* Hemsl.　见于赤城、石梁;生于海拔 215～760m 的山坡林中、林缘或沟谷

29. 荨麻科 Urticaceae

序叶苎麻 *Boehmeria clidemioides* Miq. var. *diffusa*（Wedd.）Hand.-Mazz.　全县广布;生于海拔 85～920m 的林中、林缘或沟边

海岛苎麻 *Boehmeria formosana* Hayata　全县广布;生于海拔 290～940m 的山坡林缘或沟边

细野麻 *Boehmeria gracilis* C. H. Wright　见于龙溪、石梁;生于海拔 869～916m 的山坡林缘或沟边

大叶苎麻 *Boehmeria japonica*（L. f.）Miq.　全县广布;生于海拔 35～900m 的山坡疏林、林缘或路边、沟边

苎麻 *Boehmeria nivea*（L.）Gaudich.　全县广布;生于海拔 45～660m 的林缘、路边、荒地、村宅旁

伏毛苎麻 *Boehmeria nivea*（L.）Gaudich. var. *nipononivea*（Koidz.）W. T. Wang　全县广布;生于海拔 45～800m 的林缘、路边

青叶苎麻 *Boehmeria nivea*（L.）Gaudich. var. *tenacissima*（Gaudich.）Miq.　见于赤城、三合、石梁、始丰;生于海拔 45～1100m 的林缘、路边

悬铃木叶苎麻 *Boehmeria tricuspis*（Hance）Makino　全县广布;生于海拔 90～955m 的林缘、路边

楼梯草 *Elatostema involucratum* Franch. et Sav.　见于街头、龙溪、南屏、平桥、石梁;生于海拔 255～725m 的林缘、路边

庐山楼梯草 *Elatostema stewardii* Merr.　见于街头、龙溪、平桥、三州、石梁;生于海拔 285～925m 的山谷沟边或林下

糯米团 *Gonostegia hirta*（Blume ex Hassk.）Miq.　全县广布;生于海拔 60～960m 的山坡、溪旁或林下阴湿处

珠芽艾麻 *Laportea bulbifera*（Sieb. et Zucc.）Wedd.　见于龙溪、石梁;生于海拔 415～940m 的山坡林缘或林下阴湿处

艾麻 *Laportea cuspidata*（Wedd.）Friis　见于龙溪、石梁;生于海拔 655～940m 的山坡林缘或林下阴湿处

花点草 *Nanocnide japonica* Blume　见于街头、三州、始丰;生于海拔 140～425m 的林下或石缝阴湿处

毛花点草 *Nanocnide lobata* Wedd.　全县广布;生于海拔 55～545m 的林下、石缝阴湿处或路旁

紫麻 *Oreocnide frutescens*（Thunb.）Miq.　全县广布;生于海拔 60～545m 的竹林下、溪边、林缘半阴湿处或石缝

短叶赤车 *Pellionia brevifolia* Benth.　见于街头、龙溪、三合、石梁;生于海拔 335～620m 的山谷溪边或林中

赤车 *Pellionia radicans*（Sieb. et Zucc.）Wedd.　全县广布;生于海拔 80～890m 的山地林中、山谷

溪边或石边

蔓赤车 *Pellionia scabra* Benth. 见于街头、龙溪、南屏、平桥、石梁、始丰、泳溪；生于海拔 135～280m 的山谷溪边或林中

华东冷水花 *Pilea elliptifolia* B. L. Shih et Y. P. Yang 见于龙溪、平桥、三州、石梁；生于海拔 285～920m 的山谷溪边、林缘或林中湿润处

山冷水花 *Pilea japonica*（Maxim.）Hand.-Mazz. 见于石梁；生于海拔 450～925m 的山谷溪边或林中

京都冷水花 *Pilea kiotensis* Ohwi 见于白鹤、石梁；生于海拔 210～675m 的山谷溪边或林中

小叶冷水花 *Pilea microphylla*（L.）Liebm. 见于白鹤、赤城、福溪、三合、石梁、坦头、泳溪；生于海拔 70～310m 的路边石缝或墙上阴湿处

冷水花 *Pilea notata* C. H. Wright 见于赤城、街头、平桥、石梁、始丰、坦头；生于海拔 145～925m 的山谷、溪旁或林下阴湿处

齿叶矮冷水花 *Pilea peploides*（Gaud.-Beau.）Hook. et Arn. var. *major* Wedd. 见于街头、雷峰、龙溪、南屏、平桥、三州、石梁、始丰；生于海拔 95～440m 的山坡阴湿处

透茎冷水花 *Pilea pumila*（L.）A. Gray 全县广布；生于海拔 100～910m 的山坡林下或石下阴湿处

粗齿冷水花 *Pilea sinofasciata* C. J. Chen 见于龙溪、平桥、石梁；生于海拔 310～900m 的林下阴湿处

三角叶冷水花 *Pilea swinglei* Merr. 全县广布；生于海拔 165～925m 的山谷溪边和石上阴湿处

雾水葛 *Pouzolzia zeylanica*（L.）Benn. 全县广布；生于海拔 45～625m 的田边、沟边、灌丛或疏林中

多枝雾水葛 *Pouzolzia zeylanica*（L.）Benn. var. *microphylla*（Wedd.）W. T. Wang 见于始丰；生于海拔 75m 左右的林缘、沟边、田间

30. 胡桃科 Juglandaceae

山核桃 * *Carya cathayensis* Sarg. 偶见栽培

青钱柳 *Cyclocarya paliurus*（Batalin）Iljinsk. 见于街头、龙溪、石梁；生于海拔 430～970m 的林中

华东野核桃 *Juglans cathayensis* Dode var. *formosana*（Hayata）A. M. Lu et R. H. Chang 见于石梁、始丰；生于海拔 950m 左右的林缘

核桃 * *Juglans regia* L. 偶见栽培

化香树 *Platycarya strobilacea* Sieb. et Zucc. 全县广布；生于海拔 50～945m 的林中

湖北枫杨 *Pterocarya hupehensis* Skan 调查未及,《浙江植物志(新编)》有记载

枫杨 *Pterocarya stenoptera* C. DC. 全县广布；生于海拔 35～795m 的沟边

31. 杨梅科 Myricaceae

杨梅 *Myrica rubra* Sieb. et Zucc. 全县广布；生于海拔 45～670m 的山坡或山谷林中

32. 壳斗科 Fagaceae

锥栗 *Castanea henryi*（Skan）Rehder et E. H. Wilson 见于雷峰、石梁；生于海拔 405～475m 的林中

板栗 *Castanea mollissima* Blume 全县野生或栽培；生于海拔 55～940m 的林中

茅栗 *Castanea seguinii* Dode 见于白鹤、赤城、福溪、街头、雷峰、龙溪、平桥、三州、石梁；生于海拔 85～960m 的山坡林中,常与阔叶常绿或落叶树混生

米槠 *Castanopsis carlesii*（Hemsl.）Hayata 调查未及,《浙江植物志(新编)》有记载

甜槠 *Castanopsis eyrei*（Champ. ex Benth.）Tutch. 全县广布；生于海拔 245～755m 的林中

栲树 *Castanopsis fargesii* Franch. 见于洪畴、石梁；生于海拔 285m 左右的林中或林缘

苦槠 *Castanopsis sclerophylla*（Lindl. et Paxton）Schottky 全县广布；生于海拔 70～660m 的丘陵或山坡疏或密林中

钩栗 *Castanopsis tibetana* Hance 见于平桥、石梁；生于海拔 360m 左右的林中

赤皮青冈 *Cyclobalanopsis gilva*（Blume）Oerst. 调查未及，《浙江植物志（新编）》有记载

青冈 *Cyclobalanopsis glauca*（Thunb.）Oerst. 全县广布；生于海拔 70～710m 的林中

小叶青冈 *Cyclobalanopsis gracilis*（Rehder et E. H. Wilson）Cheng et T. Hong 见于石梁；生于海拔 460～565m 的山谷、林中

大叶青冈 *Cyclobalanopsis jenseniana*（Hand.-Mazz.）Cheng et T. Hong ex Q. F. Zheng 见于石梁；生于海拔 480m 左右的山坡、山谷、沟边杂木林中

多脉青冈 *Cyclobalanopsis multinervis* Cheng et T. Hong 见于龙溪、石梁；生于海拔 350m 左右的山坡林中

细叶青冈 *Cyclobalanopsis myrsinifolia*（Blume）Oerst. 见于街头、龙溪、石梁；生于海拔 250～740m 的山地林中

云山青冈 *Cyclobalanopsis sessilifolia*（Blume）Schottky 见于石梁；生于海拔 500m 以上的山坡林中

褐叶青冈 *Cyclobalanopsis stewardiana*（A. Camus）Y. C. Hsu et H. W. Jen 见于龙溪、石梁；生于海拔 455～610m 的山顶、山坡林中

米心水青冈 *Fagus engleriana* Seemen ex Diels 见于石梁；生于海拔 1000m 以上的山顶、山坡林中

水青冈 *Fagus longipetiolata* Seemen 见于龙溪、平桥、石梁；生于海拔 175～960m 的山坡林中

亮叶水青冈 *Fagus lucida* Rehder et E. H. Wilson 见于石梁；生于海拔 1000m 以上的山顶、山坡林中

短尾石栎 *Lithocarpus brevicaudatus*（Skan）Hayata 见于街头、三州、石梁；生于海拔 220～880m 的林中

石栎 *Lithocarpus glaber*（Thunb.）Nakai 全县广布；生于海拔 115～960m 的林中

硬斗石栎 *Lithocarpus hancei*（Benth.）Rehder 见于石梁；生于海拔 900m 以上的林中

台东石栎 *Lithocarpus taitoensis*（Hayata）Hayata 见于石梁；生于海拔 270m 左右的林中

麻栎 *Quercus acutissima* Carruth. 全县广布；生于海拔 50～960m 的山地林中

槲栎 *Quercus aliena* Blume 调查未及，《浙江植物志（新编）》有记载

锐齿槲栎 *Quercus aliena* Blume var. *acuteserrata* Maxim. ex Wenz. 调查未及，《浙江植物志（新编）》有记载

白栎 *Quercus fabri* Hance 全县广布；生于海拔 45～760m 的丘陵、山地林中

乌冈栎 *Quercus phillyreoides* A. Gray 调查未及，《浙江植物志（新编）》有记载

短柄枹栎 *Quercus serrata* Murray var. *brevipetiolata*（A. DC.）Nakai 全县广布；生于海拔 80～800m 的山地或沟谷林中

栓皮栎 *Quercus variabilis* Blume 见于龙溪；生于海拔 115m 左右的山坡

33. 桦木科 Betulaceae

桤木 * *Alnus cremastogyne* Burkill 偶见栽培

江南桤木 *Alnus trabeculosa* Hand.-Mazz. 见于石梁；生于海拔 435～815m 的山坡

亮叶桦 *Betula luminifera* H. J. P. Winkl. 全县广布；生于海拔 195～970m 的路边、林下

短尾鹅耳枥 *Carpinus londoniana* H. J. P. Winkl. 见于白鹤、街头、石梁；生于海拔 410～540m 的林中

多脉鹅耳枥 *Carpinus polyneura* Franch. 见于石梁；生于海拔 500m 以下的林中

天台鹅耳枥 *Carpinus tientaiensis* Cheng 见于石梁；生于海拔 575～960m 的山坡林中

雷公鹅耳枥 *Carpinus viminea* Wall. ex Lindl. 全县布；生于海拔 240～965m 的山坡林中

短柄榛 *Corylus heterophylla* Fisch. ex Trautv. var. *brevipes* (W. J. Liang) K. Ye et M. B. Deng 见于石梁；生于海拔 450～765m 的沟边

川榛 *Corylus heterophylla* Fisch. ex Trautv. var. *sutchuenensis* Franch. 见于石梁；生于海拔 440～635m 的沟边

34. 木麻黄科 Casuarinaceae

木麻黄 * *Casuarina equisetifolia* L. 偶见栽培

35. 商陆科 Phytolaccaceae

商陆 *Phytolacca acinosa* Roxb. 见于石梁；生于海拔 900～970m 的路旁、沟边、山坡林下

美洲商陆 *Phytolacca americana* L. 全县广布；生于海拔 50～755m 的路旁、沟边、山坡林缘

36. 紫茉莉科 Nyctaginaceae

光叶子花 * *Bougainvillea glabra* Choisy 偶见栽培

叶子花 * *Bougainvillea spectabilis* Willd. 偶见栽培

紫茉莉 * *Mirabilis jalapa* L. 县内广泛栽培

37. 仙人掌科 Cactaceae

令箭荷花 * *Disocactus ackermannii* (Haw.) Ralf Bauer 赤城有栽培

昙花 * *Epiphyllum oxypetalum* (DC.) Haw. 赤城有栽培

仙人掌 * *Opuntia dillenii* (Ker Gawl.) Haw. 全县常见栽培

单刺仙人掌 * *Opuntia monacantha* Haw. 全县零星栽培

蟹爪兰 * *Schlumbergera truncata* (Haw.) Moran 全县零星栽培

38. 藜科 Chenopodiaceae

藜 *Chenopodium album* L. 全县广布；生于海拔 40～745m 的路旁、荒地及田间

小藜 *Chenopodium ficifolium* Sm. 全县广布；生于海拔 40～750m 的荒地、道旁、田间等

细穗藜 *Chenopodium gracilispicum* H. W. Kung 见于龙溪；生于海拔 330m 左右的路旁

土荆芥 *Dysphania ambrosioides* (L.) Mosyakin et Clemants 全县广布；生于海拔 90～695m 的路边、河边等处

地肤 * *Kochia scoparia* (L.) Schrad. 全县零星栽培

菠菜 * *Spinacia oleracea* L. 全县广泛栽培

39. 苋科 Amaranthaceae

牛膝 *Achyranthes bidentata* Blume 全县广布；生于海拔 40～960m 的山坡林下、路旁、沟边

红叶牛膝 * *Achyranthes bidentata* Blume f. *rubra* Ho 偶见栽培或逸生

柳叶牛膝 *Achyranthes longifolia* (Makino) Makino 见于街头、龙溪、石梁；生于海拔 125～600m 的山坡、路旁

红柳叶牛膝 *Achyranthes longifolia* (Makino) Makino f. *rubra* Ho 见于白鹤、赤城、福溪、洪畴、街头、雷峰、龙溪、平桥、三合、始丰；生于海拔 50～435m 的山坡、路旁

喜旱莲子草 *Alternanthera philoxeroides* (Mart.) Griseb. 全县广布；生于海拔 55～750m 的水边、水沟内

莲子草 *Alternanthera sessilis* (L.) R. Br. ex DC. 全县广布；生于海拔 70～415m 的在村庄附近的草坡、水沟、田边或沼泽、海边潮湿处

凹头苋 *Amaranthus blitum* L. 见于赤城、龙溪、南屏、平桥、三州、石梁、坦头、泳溪；生于海拔 90～750m 的田边、荒地或山坡

繁穗苋 *Amaranthus cruentus* L. 全县广布；生于海拔 958～435m 的田边、荒地或山坡

绿穗苋 *Amaranthus hybridus* L. 见于白鹤、福溪、洪畴、雷峰、南屏、平桥、三合、三州、石梁、始丰；生于海拔 50～435m 的田边、荒地或山坡

千穗谷 * *Amaranthus hypochondriacus* L. 偶见栽培

刺苋 *Amaranthus spinosus* L. 全县广布；生于海拔 45～350m 的田边、荒地或山坡

苋 * *Amaranthus tricolor* L. 全县常见栽培

皱果苋 *Amaranthus viridis* L. 全县广布；生于海拔 45～695m 的田边、荒地或山坡

青葙 *Celosia argentea* L. 全县广布；生于海拔 45～525m 的河滩

鸡冠花 * *Celosia cristata* L. 全县常见栽培

凤尾鸡冠花 * *Celosia cristata* L. 'Pyramidalis' 全县常见栽培

40. 马齿苋科 Portulacaceae

大花马齿苋 * *Portulaca grandiflora* Hook. 公园绿化带常见栽培

马齿苋 *Portulaca oleracea* L. 全县广布；生于海拔 55～695m 的田间

土人参 *Talinum paniculatum* (Jacq.) Gaertn. 全县广布；生于海拔 45～400m 的石隙、路边

41. 落葵科 Basellaceae

细枝落葵薯 *Anredera cordifolia* (Ten.) Steenis 见于白鹤、街头、坦头；生于海拔 110～335m 的石隙、路边

落葵 * *Basella alba* L. 全县常见栽培

42. 粟米草科 Molluginaceae

粟米草 *Mollugo stricta* L. 全县广布；生于海拔 50～750m 的荒地、田间和沙地

43. 石竹科 Caryophyllaceae

蚤缀 *Arenaria serpyllifolia* L. 全县广布；生于海拔 45～750m 的荒地、田间、路旁

球序卷耳 *Cerastium glomeratum* Thuill. 全县广布；生于海拔 55～1048m 的荒地、田间、路旁

簇生卷耳 *Cerastium holosteoides* Fries emend. Hyl. 见于石梁；生于海拔 500～900m 的荒地、田间、路旁

华顶卷耳 *Cerastium huadingense* Y. F. Lu，W. Y. Xie et X. F. Jin 见于石梁；生于海拔 897m 左右的林缘

石竹 * *Dianthus chinensis* L. 全县常见栽培

长萼瞿麦 *Dianthus longicalyx* Miq. 见于白鹤、赤城、龙溪、三合、石梁；生于海拔 105～760m 的山坡林下

常夏石竹 * *Dianthus plumarius* L. 绿化带偶见栽培

缕丝花 * *Gypsophila elegans* M. Bieb. 常见作插花用

剪夏罗 *Lychnis coronata* Thunb. 见于白鹤、石梁；生于海拔 925m 左右的林下

剪秋罗 *Lychnis senno* Sieb. et Zucc. 见于石梁；生于海拔 870～925m 的林下

鹅肠菜 *Myosoton aquaticum* (L.) Moench 全县广布；生于海拔 40～915m 的林缘、沟边、田间

孩儿参 *Pseudostellaria heterophylla* (Miq.) Pax 见于龙溪、石梁；生于海拔 130～875m 的山谷林下阴湿处

漆姑草 *Sagina japonica* (Sw.) Ohwi 全县广布；生于海拔 50～665m 的路旁、石隙

女娄菜 *Silene aprica* Turcz. ex Fisch. et C. A. Mey. 见于白鹤、南屏、石梁；生于海拔 140～520m

的山坡、路旁

粗壮女娄菜 *Silene firma* Sieb. et Zucc. 见于石梁；生于海拔 910m 左右的路旁、紫砂岩上

基隆蝇子草 *Silene fissipetala* Turcz. var. *kiiruninsularis*（Masam.）Veldk. 见于赤城、石梁；生于海拔 150～200m 的路旁、紫砂岩上

西欧蝇子草 *Silene gallica* L. 见于白鹤、街头、平桥、始丰；生于海拔 145～335m 的田边、路旁

雀舌草 *Stellaria alsine* Grimm. 全县广布；生于海拔 45～965m 的田间、路旁、沟边

无瓣繁缕 *Stellaria apetala* Ucria ex Roem 全县广布；生于海拔 70～980m 的田间、路旁

繁缕 *Stellaria media*（L.）Vill. 全县广布；生于海拔 45～955m 的田间、路旁

鹅肠繁缕 *Stellaria neglecta* Weihe 见于白鹤、赤城、街头、雷峰、龙溪、平桥、始丰；生于海拔 80～420m 的田间、路旁

箐姑草 *Stellaria vestita* Kurz 见于石梁、始丰；生于海拔 70～735m 的山坡草地或灌丛

王不留行 * *Vaccaria hispanica*（Mill.）Rauschert 绿化带偶见栽培

44. 蓼科 Polygonaceae

金线草 *Antenoron filiforme*（Thunb.）Roberty et Vautier 全县广布；生于海拔 120～535m 的山坡林缘、路旁

短毛金线草 *Antenoron filiforme*（Thunb.）Roberty et Vautier var. *neofiliforme*（Nakai）A. J. Li 见于赤城、龙溪、三合、石梁；生于海拔 130～610m 的山坡林缘、路旁

野荞麦 *Fagopyrum dibotrys*（D. Don）Hara 见于白鹤、赤城、福溪、街头、雷峰、龙溪、南屏、平桥、三州、石梁、始丰；生于海拔 40～755m 的山坡林缘、路旁、水沟旁

何首乌 *Fallopia multiflora*（Thunb.）Haraldon 全县广布；生于海拔 45～810m 的山谷灌丛、山坡林下、沟边石隙

萹蓄 *Polygonum aviculare* L. 全县广布；生于海拔 45～775m 的田边、沟边湿地、路边、草坪上

火炭母 *Polygonum chinense* L. 见于白鹤、福溪、街头、雷峰、南屏、平桥、石梁；生于海拔 45～360m 的山谷湿地、山坡草地

蓼子草 *Polygonum criopolitanum* Hance 见于三州；生于海拔 370m 左右的荒地草丛中

大箭叶蓼 *Polygonum darrisii* H. Lév. 见于石梁；生于海拔 900m 左右的林缘

稀花蓼 *Polygonum dissitiflorum* Hemsl. 见于福溪、三州、石梁、始丰；生于海拔 45～755m 的河边湿地、山谷草丛

长箭叶蓼 *Polygonum hastatosagittatum* Makino 全县广布；生于海拔 40～795m 的河边湿地、山谷草丛

水蓼 *Polygonum hydropiper* L. 全县广布；生于海拔 35～405m 的河滩、水沟边

蚕茧草 *Polygonum japonicum* Meisn. 见于赤城、福溪、街头、石梁、始丰；生于海拔 40～490m 的路边湿地、水边及山谷草地

显花蓼 *Polygonum japonicum* Meisn. var. *conspicuum* Nakai 见于龙溪；生于海拔 100m 左右的路边、水沟边

酸模叶蓼 *Polygonum lapathifolium* L. 全县广布；生于海拔 40～960m 的田边、路旁、水边、荒地或沟边湿地

绵毛酸模叶蓼 *Polygonum lapathifolium* L. var. *salicifolium* Sibth. 全县广布；生于海拔 40～395m 的田边、路旁、水边、荒地或沟边湿地

长鬃蓼 *Polygonum longisetum* Bruijn 全县广布；生于海拔 45～975m 的水边、河边、路旁

圆基长鬃蓼 *Polygonum longisetum* Bruijn var. *rotundatum* A. J. Li 见于始丰；生于海拔 60m 左右的水边、河边、路旁

长戟叶蓼 *Polygonum maackianum* Regel　见于福溪;生于海拔 35m 左右的水边、河边、路旁

小花蓼 *Polygonum muricatum* Meisn.　全县广布;生于海拔 40～945m 的水边、河边、路旁

尼泊尔蓼 *Polygonum nepalense* Meisn.　见于白鹤、赤城、龙溪、三州、石梁、始丰、坦头;生于海拔 440～970m 的水边、河边、路旁

荭草 *Polygonum orientale* L.　见于白鹤、赤城、南屏、平桥、三合、三州、石梁、始丰、坦头;生于海拔 55～400m 的水边、河边、路旁

杠板归 *Polygonum perfoliatum* L.　全县广布;生于海拔 45～965m 的水边、河边、路旁

春蓼 *Polygonum persicaria* L.　见于赤城、街头、平桥、石梁、坦头、泳溪;生于海拔 295～410m 的沟边、路旁

丛枝蓼 *Polygonum posumbu* Buch.-Ham. ex D. Don　全县广布;生于海拔 65～930m 的林下、路边、沟边

无辣蓼 *Polygonum pubescens* Blume　全县广布;生于海拔 40～930m 的林下、路边、沟边

赤胫散 * *Polygonum runcinatum* Buch.-Ham. ex D. Don var. *sinense* Hemsl.　绿化带偶见栽培

刺蓼 *Polygonum senticosum*（Meisn.）Franch. et Sav.　全县广布;生于海拔 45～890m 的山坡、山谷及林下

箭叶蓼 *Polygonum sieboldii* Meisn.　全县广布;生于海拔 115～750m 的山谷、沟旁、水边

中华蓼 *Polygonum sinicum*（Migo）Y. Y. Fang et C. Z. Cheng　见于龙溪、平桥、石梁;生于海拔 245～290m 的溪流边、沟边

细叶蓼 *Polygonum taquetii* H. Lév.　见于福溪、龙溪;生于海拔 40～100m 的山谷湿地、沟边、水边

戟叶蓼 *Polygonum thunbergii* Sieb. et Zucc.　全县广布;生于海拔 90～940m 的山谷湿地、山坡草丛

黏液蓼 *Polygonum viscoferum* Makino　见于石梁;生于海拔 460～970m 的山顶或山坡阴湿处

香蓼 *Polygonum viscosum* Buch.-Ham. ex D. Don　见于白鹤、福溪、街头、雷峰、龙溪、平桥、石梁、始丰、坦头、泳溪;生于海拔 45～960m 的山顶、田边、路旁

虎杖 *Reynoutria japonica* Houtt.　全县广布;生于海拔 110～975m 的山坡灌丛、路旁、田边湿地

酸模 *Rumex acetosa* L.　全县广布;生于海拔 45～865m 的山坡、林缘、沟边、路旁

小酸模 *Rumex acetosella* L.　见于坦头;生于海拔 580m 左右的林缘

皱叶酸模 *Rumex crispus* L.　见于白鹤、福溪、龙溪、三合、石梁;生于海拔 55～925m 的林缘、路旁

齿果酸模 *Rumex dentatus* L.　全县广布;生于海拔 110～720m 的沟边湿地、山坡路旁

羊蹄 *Rumex japonicus* Houtt.　全县广布;生于海拔 65～780m 的路旁、河滩、沟边湿地、荒地

钝叶酸模 *Rumex obtusifolius* L.　见于白鹤、街头、龙溪、石梁;生于海拔 110～965m 的路旁、河滩、沟边湿地、荒地

长刺酸模 *Rumex trisetifer* Stokes　见于白鹤、街头、始丰、坦头;生于海拔 90～170m 的路旁、河滩、沟边湿地、荒地

45. 山茶科 Theaceae

黄瑞木 *Adinandra millettii*（Hook. et Arn.）Benth. et Hook. f. ex Hance　全县广布;生于海拔 220～430m 的林缘或林下

杜鹃叶山茶 * *Camellia azalea* C. F. Wei　偶见栽培

短柱茶 *Camellia brevistyla*（Hayata）Cohen-Stuart　见于赤城、平桥、石梁;生于海拔 145～590m 的林缘或林下,或混生在油茶林中

浙江红山茶 *Camellia chekiangoleosa* Hu　见于龙溪、石梁;生于海拔 415～920m 的山坡林下、林缘

尖连蕊茶 *Camellia cuspidata*（Kochs）H. J. Veitch　见于白鹤、街头、龙溪、三州、石梁;生于海拔

395～1160m 的山坡林下、林缘

浙江尖连蕊茶 *Camellia cuspidata*（Kochs）H. J. Veitch var. *chekiangensis* Sealy 见于龙溪、石梁;生于海拔 420～610m 的山坡林下、林缘

毛花连蕊茶 *Camellia fraterna* Hance 全县广布;生于海拔 80～575m 的山坡林下、林缘

红山茶 * *Camellia japonica* L. 全县广泛栽培

闪光红山茶 * *Camellia lucidissima* Hung T. Chang 石梁偶见栽培

钝叶短柱茶 *Camellia obtusifolia* Hung T. Chang 见于街头、龙溪、三合、石梁;生于海拔 90～825m 的山坡林下、林缘

油茶 * *Camellia oleifera* Abel 全县广泛栽培

茶梅 * *Camellia sasanqua* Thunb. 全县广泛栽培

茶 * *Camellia sinensis*（L.）Kuntze 全县广泛栽培

杨桐 *Cleyera japonica* Thunb. 见于洪畴、街头、龙溪、平桥、三合、三州、石梁、泳溪;生于海拔 100～660m 的山坡灌丛、林下,也见于林缘沟谷地或路边

翅柃 *Eurya alata* Kobuski 调查未及,《浙江植物志(新编)》有记载

微毛柃 *Eurya hebeclados* Ling 全县广布;生于海拔 145～1145m 的山坡林下

柃木 *Eurya japonica* Thunb. 见于平桥;生于海拔 164m 左右的山坡路旁

细枝柃 *Eurya loquaiana* Dunn 见于街头、龙溪;生于海拔 410～600m 的海山坡沟谷、溪边林中或林缘及路旁阴湿灌丛

隔药柃 *Eurya muricata* Dunn 全县广布;生于海拔 50～960m 的林下或林缘

细齿柃 *Eurya nitida* Korth. 见于赤城、洪畴、街头、雷峰、石梁;生于海拔 80～780m 的林下或林缘

窄基红褐柃 *Eurya rubiginosa* Hung T. Chang var. *attenuata* Hung T. Chang 全县广布;生于海拔 115～900m 的山坡疏林或林缘沟谷路旁

木荷 *Schima superba* Gardner et Champ. 全县广布;生于海拔 60～1000m 的山谷、山坡

尖萼紫茎 *Stewartia acutisepala* P. L. Chiu et G. R. Zhong 见于石梁;生于海拔 435～960m 的林中

长柱紫茎 *Stewartia rostrata* Spongberg 见于石梁;生于海拔 890～1000m 的林中

厚皮香 *Ternstroemia gymnanthera*（Wight et Arn.）Bedd. 见于白鹤、龙溪、三州、石梁;生于海拔 260～890m 的林中、林缘、路旁

亮叶厚皮香 *Ternstroemia nitida* Merr. 调查未及,《浙江植物志(新编)》有记载

46. 猕猴桃科 Actinidiaceae

软枣猕猴桃 *Actinidia arguta*（Sieb. et Zucc.）Planch. ex Miq. 见于龙溪;生于海拔 820m 左右的林缘

陕西猕猴桃 *Actinidia arguta*（Sieb. et Zucc.）Planch. ex Miq. var. *giraldii*（Diels）Vorosch. 见于石梁;生于海拔 800m 左右的林缘

异色猕猴桃 *Actinidia callosa* Lindl. var. *discolor* C. F. Liang 全县广布;生于海拔 130～720m 的林中或林缘

中华猕猴桃 *Actinidia chinensis* Planch. 全县广布;生于海拔 95～1140m 的林中或林缘

小叶猕猴桃 *Actinidia lanceolata* Dunn 全县广布;生于海拔 105～670m 的灌丛、林中或林缘

大籽猕猴桃 *Actinidia macrosperma* C. F. Liang 见于石梁;生于海拔 800m 左右的林下或林缘

黑蕊猕猴桃 *Actinidia melanandra* Franch. 见于龙溪、石梁;生于海拔 485m 左右的林下

褪粉猕猴桃 *Actinidia melanandra* Franch. var. *subconcolor* C. F. Liang 见于石梁;生于海拔 550m 左右的林下

葛枣猕猴桃 *Actinidia polygama* (Sieb. et Zucc.) Maxim. 调查未及,《浙江植物志(新编)》有记载

对萼猕猴桃 *Actinidia valvata* Dunn 见于街头、龙溪、南屏、平桥、三州、石梁、始丰;生于海拔125～430m的林下

47. 藤黄科 Clusiaceae

黄海棠 *Hypericum ascyron* L. 见于白鹤、街头、雷峰、龙溪、三合、石梁、坦头;生于海拔85～960m的山坡林下、林缘、灌丛、草丛

小连翘 *Hypericum erectum* Thunb. 全县广布;生于海拔85～950m的山坡草丛

地耳草 *Hypericum japonicum* Thunb. 全县广布;生于海拔50～960m的田边、沟边、草地及荒地

金丝桃 * *Hypericum monogynum* L. 全县广泛栽培

金丝梅 *Hypericum patulum* Thunb. 见于平桥、始丰、坦头;生于海拔270～410m的林下、路旁或灌丛

元宝草 *Hypericum sampsonii* Hance 全县广布;生于海拔50～360m的路旁、山坡、草地、灌丛、田边、沟边

密腺小连翘 *Hypericum seniawinii* Maxim. 全县广布;生于海拔275～820m的山坡草地、林缘及疏林中

48. 杜英科 Elaeocarpaceae

中华杜英 *Elaeocarpus chinensis* (Gardner et Champ.) Hook. f. ex Benth. 见于街头、石梁、泳溪;生于海拔240～455m的林中

秃瓣杜英 *Elaeocarpus glabripetalus* Merr. 见于雷峰、石梁、坦头;生于海拔180～575m的林中,全县广泛栽培

薯豆 *Elaeocarpus japonicus* Sieb. et Zucc. 见于洪畴、街头、平桥、石梁、泳溪;生于海拔250～460m的林下

49. 椴树科 Tiliaceae

田麻 *Corchoropsis crenata* Sieb. et Zucc. 全县广布;生于海拔75～960m的路边草丛或林下

甜麻 *Corchorus aestuans* L. 见于白鹤、街头、南屏、石梁;生于海拔115～575m的荒地、旷野、村旁

黄麻 *Corchorus capsularis* L. 见于赤城;生于海拔160m左右的荒地或路旁

扁担杆 *Grewia biloba* G. Don 全县广布;生于海拔85～640m的山坡林缘

扁担木 *Grewia biloba* G. Don var. *parviflora* (Bunge) Hand.-Mazz. 见于赤城;生于海拔900m以下的林缘

浆果椴 *Tilia endochrysea* Hand.-Mazz. 见于平桥、始丰;生于海拔125～280m的林缘或林中

华东椴 *Tilia japonica* (Miq.) Simonk. 见于石梁;生于海拔1100m以下的林中

南京椴 *Tilia miqueliana* Maxim. 见于赤城、石梁、坦头;生于海拔95～960m的林中

粉椴 *Tilia oliveri* Szyszyl. 见于雷峰、石梁;生于海拔295～965m的林中

毛芽椴 * *Tilia tuan* Szyszyl. var. *chinensis* Rehder et E. H. Wilson 石梁、三合等地有栽培

单毛刺蒴麻 *Triumfetta annua* L. 见于白鹤、福溪、南屏、平桥、始丰;生于海拔65～255m的荒地及路旁

50. 梧桐科 Sterculiaceae

梧桐 *Firmiana simplex* (L.) W. Wight 全县广布;生于海拔155～495m的山坡林下,常见栽培

马松子 *Melochia corchorifolia* L. 全县广布;生于海拔75～660m的田间、荒地

51. 锦葵科 Malvaceae

秋葵 * *Abelmoschus esculentus* (L.) Moench 农田偶见栽培

黄蜀葵 * *Abelmoschus manihot*（L.）Medik. 偶见栽培

红萼苘麻 * *Abutilon megapotamicum*（A. Spreng.）A. St. -Hil. et Naudin 庭院偶见栽培

苘麻 *Abutilon theophrasti* Medik. 全县广布；生于海拔 47m 左右的路旁、荒地或田间

陆地棉 * *Gossypium hirsutum* L. 偶见栽培

木芙蓉 * *Hibiscus mutabilis* L. 全县广布

重瓣木芙蓉 * *Hibiscus mutabilis* L. f. *plenus*（Andr.）S. Y. Hu 偶见栽培

玫瑰茄 * *Hibiscus sabdariffa* L. 农田、栽培偶见栽培

木槿 * *Hibiscus syriacus* L. 全县广布

白花重瓣木槿 * *Hibiscus syriacus* L. 'Albue-plenus' 县内常见栽培

牡丹木槿 * *Hibiscus syriacus* L. ' Paeoniiflorus' 县内常见栽培

白背黄花稔 *Sida rhombifolia* L. 全县广布；生于海拔 40～415m 的路边、林下

地桃花 *Urena lobata* L. 全县广布；生于海拔 50～145m 的空旷地、草坡或疏林下

52. 茅膏菜科 Droseraceae

茅膏菜 *Drosera peltata* Thunb. 见于赤城、石梁、始丰；生于海拔 85～535m 的山坡湿草丛中

圆叶茅膏菜 *Drosera rotundifolia* L. 见于石梁；生于海拔 480m 左右的山坡湿草丛中

53. 大风子科 Flacourtiaceae

山桐子 *Idesia polycarpa* Maxim. 见于街头、石梁；生于海拔 345～810m 的林中或林缘

毛叶山桐子 *Idesia polycarpa* Maxim. var. *vestita* Diels 见于龙溪、平桥、石梁；生于海拔 360～830m 的林中或林缘

山拐枣 *Poliothyrsis sinensis* Oliv. 见于街头、三合；生于海拔 270m 左右的林中或林缘

柞木 *Xylosma racemosum*（Sieb. et Zuc.）Miq. 全县广布；生于海拔 50～725m 的林中、林缘或林旁

54. 旌节花科 Stachyuraceae

中国旌节花 *Stachyurus chinensis* Franch. 全县广布；生于海拔 250～900m 的林中、林缘或路旁

阔叶旌节花 *Stachyurus chinensis* Franch. var. *latus* H. L. Li 见于龙溪、石梁；生于海拔 500m 左右的林缘

55. 堇菜科 Violaceae

堇菜 *Viola arcuata* Blume 全县广布；生于海拔 50～1235m 的山坡草丛、灌丛、林缘、田间、屋旁等

戟叶堇菜 *Viola betonicifolia* Sm. 全县广布；生于海拔 75～1080m 的田野、路边、山坡草地、灌丛、林缘等处

南山堇菜 *Viola chaerophylloides*（Regel）W. Becker 见于白鹤、龙溪、三合、石梁；生于海拔 335～1195m 的山坡林下或林缘、溪谷阴湿处、阳坡灌丛及草丛

细裂胡堇 *Viola chaerophylloides*（Regel）W. Becker var. *sieboldiana*（Maxim.）Makino 调查未及，《浙江植物志（新编）》有记载

蔓茎堇菜 *Viola diffusa* Ging. 全县广布；生于海拔 50～1225m 的山坡林下、林缘、草地、溪谷旁、岩石缝隙中

紫花堇菜 *Viola grypoceras* A. Gray 全县广布；生于海拔 95～1040m 的山坡林下、林缘、草地、溪谷旁、岩石缝隙中

长萼堇菜 *Viola inconspicua* Blume 全县广布；生于海拔 40～1235m 的林缘、山坡草地、田边及溪旁

犁头草 *Viola japonica* Langsd. ex Ging. 全县广布；生于海拔 50～945m 的林缘、山坡草地、田边及溪旁

乳白花菫菜 *Viola lactiflora* Nakai 见于石梁、始丰;生于海拔 460m 左右的林缘

犁头叶菫菜 *Viola magnifica* Ching J. Wang et X. D. Wang 调查未及,标本记载(HHBG,27715)

紫花地丁 *Viola philippica* Cav. 全县广布;生于海拔 55～760m 的田间、荒地、山坡草丛、林缘或灌丛

辽宁菫菜 *Viola rossii* Hemsl. 见于龙溪、石梁;生于海拔 810～910m 的山地林下或林缘、灌丛、山坡草地

庐山菫菜 *Viola stewardiana* W. Becker 见于龙溪、平桥、石梁、泳溪;生于海拔 160～580m 的路边、林下、山沟溪边或石缝中

心叶蔓茎菫菜 *Viola tenuis* Benth. 全县广布;生于海拔 175～575m 的岩石缝隙中

三色菫 * *Viola tricolor* L. 全县广泛栽培

紫背菫菜 *Viola violacea* Makino 全县广布;生于海拔 60～955m 的山坡草丛、灌丛、林缘、田间、屋旁等

56. 葫芦科 Cucurbitaceae

盒子草 *Actinostemma tenerum* Griff. 全县广布;生于海拔 35～110m 的水边草丛

冬瓜 * *Benincasa hispida*(Thunb.)Cogn. 全县广泛栽培

西瓜 * *Citrullus lanatus*(Thunb.)Matsum. et Nakai 全县广泛栽培

甜瓜 * *Cucumis melo* L. 全县广泛栽培

黄瓜 * *Cucumis sativus* L. 全县广泛栽培

南瓜 * *Cucurbita moschata*(Duchesne)Duchesne 全县广泛栽培

绞股蓝 *Gynostemma pentaphyllum*(Thunb.)Makino 龙溪、石梁;生于海拔 700～925m 的林下、灌丛或路旁草丛

歙县绞股蓝 *Gynostemma shexianense* Z. Zhang 见于全县广布;生于海拔 70～940m 的林缘

葫芦 * *Lagenaria siceraria*(Molina)Standl. 全县广泛栽培

瓠瓜 * *Lagenaria siceraria*(Molina)Standl. var. *depressa*(Ser.)H. Hara 全县广泛栽培

瓠子 * *Lagenaria siceraria*(Molina)Standl. var. *hispida*(Thunb.)H. Hara 全县零星栽培

棱角丝瓜 * *Luffa acutangular*(L.)Roxb. 全县零星栽培

丝瓜 * *Luffa aegyptiaca* Mill. 全县广泛栽培

苦瓜 * *Momordica charantia* L. 全县广泛栽培

锦荔子 * *Momordica charantia* L. 'Abbreviata' 全县零星栽培

佛手瓜 * *Sechium edule*(Jacq.)Sw. 全县零星栽培

南赤飑 *Thladiantha nudiflora* Hemsl. ex F. B. Forbes et Hemsl. 见于龙溪、三州、石梁;生于海拔 150～910m 的沟边、林缘或山坡灌丛

台湾赤飑 *Thladiantha punctata* Hayata 全县广布;生于海拔 250～960m 的山坡、沟边林下阴湿处

栝楼 * *Trichosanthes kirilowii* Maxim 偶见栽培

长萼栝楼 *Trichosanthes laceribractea* Hayata 全县广布;生于海拔 55～765m 的常见栽培或逸生

王瓜 *Trichosanthes pilosa* Lour. 全县广布;生于海拔 50～930m 的林下、林缘、沟边路旁

中华栝楼 *Trichosanthes rosthornii* Harms 见于平桥、石梁、始丰;生于海拔 70～820m 的林下、林缘、沟边路旁

展毛栝楼 *Trichosanthes rosthornii* Harms subsp. *patentivillosa* Z. H. Chen, W. Y. Xie et F. Chen 见于龙溪;生于海拔 400～810m 的林缘

日本马㼎儿 *Zehneria japonica*(Thunb.)H. Y. Liu 见于白鹤、赤城、福溪、街头、龙溪、平桥、三州、石梁、始丰;生于海拔 40～930m 的林缘、沟边

57. 秋海棠科 Begoniaceae

四季海棠 * *Begonia cucullata* Willd. 全县常见栽培

秋海棠 *Begonia grandis* Dryand. 见于石梁；生于海拔 455～500m 的山坡石壁上

中华秋海棠 *Begonia grandis* Dryand. subsp. *sinensis*（A. DC.）Irmsch. 见于雷峰；生于海拔 330～486m 的山坡石壁上

58. 杨柳科 Salicaceae

加杨 * *Populus × canadensis* Moench 全县广泛栽培

响叶杨 *Populus adenopoda* Maxim. 见于白鹤、赤城、福溪、街头、三合、石梁、始丰、坦头；生于海拔 55～575m 的灌丛或林中

垂柳 * *Salix babylonica* L. 全县广泛栽培

银叶柳 *Salix chienii* Cheng 全县广布；生于海拔 40～750m 的溪流两岸

长柄柳 *Salix dunnii* C. K. Schneid. 见于平桥、始丰；生于海拔 60m 左右的溪流两岸

花叶杞柳 * *Salix integra* Thunb. 'Hakuro Nishiki' 偶见栽培

旱柳 *Salix matsudana* Koidz. 全县平原广布

龙爪柳 * *Salix matsudana* Koidz. f. *tortuosa*（Vilm.）Rehd. 偶见栽培

粤柳 *Salix mesnyi* Hance 见于龙溪；生于海拔 951m 左右的溪流两岸

南川柳 *Salix rosthornii* Seemen 见于白鹤、福溪、南屏、平桥、三合、石梁、始丰；生于海拔 35～135m 的溪流边

紫柳 *Salix wilsonii* Seemen 调查未及,《浙江植物志（新编）》有记载

59. 白花菜科 Capparidaceae

黄花草 *Cleome viscosa* L. 全县广布；生于海拔 44～124m 的荒地、路旁及田间

60. 十字花科 Brassicaceae

鼠耳芥 *Arabidopsis thaliana*（L.）Heynh. 全县广布；生于海拔 45～600m 的荒地、路旁及田间

匍匐南芥 *Arabis flagellosa* Miq. 见于龙溪、石梁；生于海拔 780m 左右的林下沟边、阴湿山谷石缝中

芥菜 * *Brassica juncea*（L.）Czern. et Coss. 全县广泛栽培

雪里蕻 * *Brassica juncea*（L.）Czern. et Coss. var. *multiceps* Tsen et Lee 全县广泛栽培

甘蓝 * *Brassica oleracea* L. var. *capitata* L. 全县广泛栽培

羽衣甘蓝 * *Brassica oleracea* var. *acephala* de Candolle 全县绿化带广泛栽培

青菜 * *Brassica rapa* L. var. *chinensis*（L.）Kitam. 全县广泛栽培

白菜 * *Brassica rapa* L. var. *glabra* Regel 全县广泛栽培

芸薹 * *Brassica rapa* L. var. *oleifera* DC. 全县广泛栽培

紫菜薹 * *Brassica rapa* L. var. *purpuraria* L. H. Bailey 全县广泛栽培

荠 *Capsella bursa-pastoris*（L.）Medic. 全县广布；生于海拔 45～890m 的山坡、田边及路旁

弹裂碎米荠 *Cardamine impatiens* L. 全县广布；生于海拔 70～890m 的路旁、山坡、沟谷、水边或阴湿地

白花碎米荠 *Cardamine leucantha*（Tausch）O. E. Schulz 见于石梁；生于海拔 800-1000m 的路旁或林下阴湿处

水田碎米荠 *Cardamine lyrata* Bunge 见于白鹤、赤城、福溪、龙溪、始丰、坦头；生于海拔 90～135m 的水田边、溪边及浅水处

碎米荠 *Cardamine occulta* Hornem. 全县广布；生于海拔 35～970m 的山坡、路旁、荒地及草丛中

小花碎米荠 *Cardamine parviflora* L. 见于福溪、洪畴、街头、三合、始丰；生于海拔 80～140m 的山坡、路旁、荒地及草丛中

圆齿碎米荠 *Cardamine scutata* Thunb.　见于赤城、龙溪、石梁；生于海拔 888～950m 的山坡、路旁、荒地及草丛中

臭荠 *Coronopus didymus*（L.）J. E. Smith　全县广布；生于海拔 45～450m 的路旁或荒地

桂竹香 * *Erysimum* × *cheiri*（L.）Crantz　偶见栽培

云南山萮菜 *Eutrema yunnanense* Franch.　见于石梁；生于海拔 675m 左右的林缘

北美独行菜 *Lepidium virginicum* L.　全县广布；生于海拔 40～780m 的田边或荒地

诸葛菜 * *Orychophragmus violaceus*（L.）O. E. Schulz　全县广泛栽培

萝卜 * *Raphanus sativus* L.　全县广泛栽培

广州蔊菜 *Rorippa cantoniensis*（Lour.）Ohwi　全县广布；生于海拔 40～485m 的田边路旁、山沟、河边或潮湿地

无瓣蔊菜 *Rorippa dubia*（Pers.）Hara　见于始丰；生于海拔 100m 左右的山坡路旁、山谷、河边湿地

球果蔊菜 *Rorippa globosa*（Turcz.）Hayek　见于福溪、龙溪；生于海拔 40～395m 的山坡路旁、山谷、河边湿地

蔊菜 *Rorippa indica*（L.）Hiern.　全县广布；生于海拔 40～765m 的路旁、田边、河边、屋边墙脚及山坡路旁

沼生蔊菜 *Rorippa islandica*（Oed.）Borb.　见于始丰；生于海拔 40m 左右的河滩地

华葱芥 *Sinalliaria limprichtiana*（Pax）X. F. Jin et al.　见于平桥；生于海拔 110m 左右的路旁或田边

紫堇叶阴山荠 *Yinshania fumarioides*（Dunn）Y. Z. Zhao　见于石梁；生于海拔 809m 左右的路旁或田边

61. 山柳科 Clethraceae

华东山柳 *Clethra barbinervis* Sieb. et Zucc.　见于白鹤；生于海拔 900m 左右的林缘

62. 杜鹃花科 Ericaceae

小果珍珠花 *Lyonia ovalifolia*（Wall.）Drude var. *elliptica*（Sieb. et Zucc.）Hand.-Mazz.　调查未及，《浙江植物志（新编）》有记载

毛果珍珠花 *Lyonia ovalifolia*（Wall.）Drude var. *hebecarpa*（Franch. ex F. B. Forbes et Hemsl.）Chun　全县广布；生于海拔 80～740m 的林中

马醉木 *Pieris japonica*（Thunb.）D. Don ex G. Don　见于街头、龙溪、石梁；生于海拔 280～610m 的林缘

白花杜鹃 * *Rhododendron* × *mucronatum*（Blume）G. Don　全县零星栽培

锦绣杜鹃 * *Rhododendron* × *pulchrum* Sweet　全县广泛栽培

云锦杜鹃 *Rhododendron fortunei* Lindl.　见于赤城、龙溪、石梁；生于海拔 585～975m 的林下

华顶杜鹃 *Rhododendron huadingense* B. Y. Ding et Y. Y. Fang　见于石梁；生于海拔 868～939m 的林缘

皋月杜鹃 * *Rhododendron indicum*（L.）Sweet　全县零星栽培

麂角杜鹃 *Rhododendron latoucheae* Franch.　见于平桥；生于海拔 258m 左右的林中

满山红 *Rhododendron mariesii* Hemsl. et Wils.　见于赤城、街头、雷峰、龙溪、南屏、平桥、三州、石梁、坦头；生于海拔 75～800m 的林缘、林下

羊踯躅 *Rhododendron molle*（Blume）G. Don　见于三合、石梁、始丰；生于海拔 90m 左右的山坡草地或丘陵地带的灌丛

马银花 *Rhododendron ovatum*（Lindl.）Planch. ex Maxim.　全县广布；生于海拔 80～665m 的灌丛

映山红 *Rhododendron simsii* Planch. 全县广布；生于海拔 65～910m 的林缘或林下

乌饭树 *Vaccinium bracteatum* Thunb. 全县广布；生于海拔 75～755m 的林缘或林下

短尾越橘 *Vaccinium carlesii* Dunn 见于街头、龙溪、平桥、石梁、始丰；生于海拔 100～420m 的林缘或林下

黄背越橘 *Vaccinium iteophyllum* Hance 见于洪畴、街头、石梁、坦头、泳溪；生于海拔 85～355m 的林缘或林下

江南越橘 *Vaccinium mandarinorum* Diels 全县广布；生于海拔 110～725m 的林缘或林下

光序刺毛越橘 *Vaccinium trichocladum* Merr. et F. P. Metcalf var. *glabriracemosum* C. Y. Wu 全县广布；生于海拔 85～745m 的林缘或林下

63. 鹿蹄草科 Pyrolaceae

鹿蹄草 *Pyrola calliantha* Andres 见于白鹤、龙溪、石梁；生于海拔 945m 左右的林中

普通鹿蹄草 *Pyrola decorata* Andres 见于石梁；生于海拔 1000m 左右的林中

64. 柿科 Ebenaceae

山柿 *Diospyros japonica* Sieb. et Zucc. 见于白鹤、街头、龙溪、石梁、坦头；生于海拔 165～725m 的林中

柿 * *Diospyros kaki* Thunb. 全县广泛栽培

野柿 *Diospyros kaki* Thunb. var. *sylvestris* Makino 全县广布；生于海拔 75～560m 的山坡林下、林缘

罗浮柿 *Diospyros morrisiana* Hance 见于石梁；生于海拔 700m 以下的山坡、林中或灌丛

油柿 *Diospyros oleifera* Cheng 调查未及，《浙江植物志（新编）》有记载

老鸦柿 *Diospyros rhombifolia* Hemsl. 全县广布；生于海拔 60～510m 的山坡灌丛

65. 安息香科 Styracaceae

拟赤杨 *Alniphyllum fortunei*（Hemsl.）Makino. 见于街头、平桥、三合、石梁、始丰；生于海拔 135～970m 的林下或林缘

银钟花 *Halesia macgregorii* Chun 见于龙溪、石梁；生于海拔 1000m 左右的山坡、山谷较阴湿的林中

小叶白辛树 *Pterostyrax corymbosus* Sieb. et Zucc. 全县广布；生于海拔 155～820m 的山坡较湿润的地方

灰叶安息香 *Styrax calvescens* Perk. 见于龙溪、石梁；生于海拔 395～945m 的山坡、河谷林中或林缘灌丛中

赛山梅 *Styrax cofusus* Hemsl. 全县广布；生于海拔 45～950m 的丘陵、山地疏林

垂珠花 *Styrax dasyanthus* Perk. 见于龙溪、平桥、石梁；生于海拔 245～930m 的丘陵、山坡及溪边林中

白花龙 *Styrax faberi* Perk. 见于赤城、福溪、南屏、平桥、石梁、始丰、泳溪；生于海拔 80～450m 的灌丛

野茉莉 *Styrax japonicus* Sieb. et Zucc. 见于平桥；生于海拔 396m 左右的林中

玉铃花 *Styrax obassia* Sieb. et Zucc. 见于石梁；生于海拔 544m 左右的林中

郁香安息香 *Styrax odoratissimus* Champ. 见于街头、龙溪、石梁；生于海拔 200～525m 的林中

红皮树 *Styrax suberifolius* Hook. et Arn. 见于街头、龙溪、石梁；生于海拔 255～450m 的林中

66. 山矾科 Symplocaceae

薄叶山矾 *Symplocos anomala* Brand 全县广布；生于海拔 60～600m 的林中

阿里山山矾 *Symplocos arisanensis* Hayata 见于龙溪；生于海拔 1000m 左右的林中

总状山矾 *Symplocos botryantha* Franch. 见于龙溪；生于海拔 605～660m 的林下

山矾 *Symplocos caudata* Wall. ex G. Don 全县广布；生于海拔 60～660m 的林下

华山矾 *Symplocos chinensis*（Lour.）Druce 全县广布；生于海拔 60～955m 的山坡林中

朝鲜白檀 *Symplocos coreana*（H. Lév.）Ohwi 见于石梁；生于海拔 910m 左右的山顶林中

光亮山矾 *Symplocos lucida*（Thunb.）Sieb. ex Zucc. 全县广布；生于海拔 85～915m 的林中

黑山山矾 *Symplocos prunifolia* Sieb. et Zucc. 见于石梁；生于海拔 840m 左右的林中

老鼠屎 *Symplocos stellaris* Brand 全县广布；生于海拔 80～800m 的林中

白檀 *Symplocos tanakana* Nakai 全县广布；生于海拔 90～820m 的山坡、路边、林中

67. 紫金牛科 Myrsinaceae

矮茎紫金牛 *Ardisia brevicaulis* Diels. 见于龙溪；生于海拔 245m 左右的林中

朱砂根 *Ardisia crenata* Sims 全县广布；生于海拔 115～660m 的山坡林下

大罗伞树 *Ardisia hanceana* Mez 见于街头、龙溪、三州、石梁；生于海拔 410～720m 的林下

紫金牛 *Ardisia japonica*（Thunb.）Blume 全县广布；生于海拔 75～715m 的林下

网脉酸藤子 *Embelia vestita* Roxb. 见于赤城；生于海拔 165m 左右的山坡灌丛、林下

杜茎山 *Maesa japonica*（Thunb.）Moritzi. ex Zoll. 全县广布；生于海拔 215～265m 的林下或林缘

密花树 *Myrsine seguinii* H. Lév. 见于赤城、街头、南屏；生于海拔 135～390m 的林下、林缘、灌丛

光叶铁仔 *Myrsine stolonifera*（Koidz.）Walk. 见于石梁；生于海拔 540～620m 的林缘或灌丛

68. 报春花科 Primulaceae

点地梅 *Androsace umbellata*（Lour.）Merr. 全县广布；生于海拔 85～380m 的林缘、草地和疏林下

泽珍珠菜 *Lysimachia candida* Lindl. 全县广布；生于海拔 45～740m 的田边、溪边和山坡路旁潮湿处

过路黄 *Lysimachia christinae* Hance 全县广布；生于海拔 50～940m 的林缘、路旁

珍珠菜 *Lysimachia clethroides* Duby 见于白鹤、雷峰、始丰；生于海拔 135～325m 的山坡林缘和草丛

聚花过路黄 *Lysimachia congestiflora* Hemsl. 见于泳溪；生于海拔 200m 左右的山坡林缘和草丛

星宿菜 *Lysimachia fortunei* Maxim. 全县广布；生于海拔 55～955m 的沟边、林缘等阴湿处

点腺过路黄 *Lysimachia hemsleyana* Maxim. 全县广布；生于海拔 60～585m 的林缘、溪旁和路边草丛

黑腺珍珠菜 *Lysimachia heterogenea* Klat. 全县广布；生于海拔 40～965m 的水边湿地

小茄 *Lysimachia japonica* Thunb. 见于洪畴、街头、三合、石梁、坦头、泳溪；生于海拔 45～900m 的田边和路旁荒草丛

长梗过路黄 *Lysimachia longipes* Hemsl. 见于赤城、洪畴、龙溪、平桥；生于海拔 100～540m 的山谷溪边和山坡林下

山罗过路黄 *Lysimachia melampyroides* R. Kunth 调查未及，《浙江植物志（新编）》有记载

巴东过路黄 *Lysimachia patungensis* Hand.-Mazz. 见于白鹤、街头、龙溪、平桥、三州、石梁、始丰；生于海拔 145～945m 的山谷溪边和林下

光叶巴东过路黄 *Lysimachia patungensis* Hand.-Mazz. f. *glabrifolia* C. M. Hu 见于龙溪、石梁、泳溪；生于海拔 210～575m 的山谷溪边和林下

疏头过路黄 *Lysimachia pseudohenryi* Pamp. 全县广布；生于海拔 75～960m 的山地林缘和灌丛

疏节过路黄 *Lysimachia remota* Petitm. 见于龙溪；生于海拔 570m 左右的路边草丛

红毛过路黄 *Lysimachia rufopilosa* Y. Y. Fang et C. Z. Cheng 全县广布；生于海拔 95～930m 的路边草丛和石壁上

毛茛叶报春 *Primula cicutariifolia* Pax 见于街头、龙溪、石梁；生于海拔 315～675m 的路边草丛或

林缘

假婆婆纳 *Stimpsonia chamaedryoides* Wright ex Gray 全县广布；生于海拔 60～425m 的草丛或林缘

69. 海桐花科 Pittosporaceae

崖花海桐 *Pittosporum illicioides* Makino 全县广布；生于海拔 100～595m 的林缘

海桐 * *Pittosporum tobira*（Thunb.）Ait. 全县广泛栽培

70. 绣球花科 Hydrangeaceae

草绣球 *Cardiandra moellendorffii*（Hance）Migo 见于石梁；生于海拔 920m 左右的林下

溲疏 * *Deutzia crenata* Sieb. et Zucc. 偶见栽培

浙江溲疏 *Deutzia faberi* Rehd. 见于白鹤、街头、雷峰、龙溪、南屏、平桥、三州、石梁、泳溪；生于海拔 115～610m 的林下或林缘

宁波溲疏 *Deutzia ningpoensis* Rehd. 全县广布；生于海拔 100～800m 的山谷或山坡林中

冠盖绣球 *Hydrangea anomala* D. Don 见于白鹤、街头、石梁；生于海拔 125～915m 的林缘

中国绣球 *Hydrangea chinensis* Maxim. 全县广布；生于海拔 80～875m 的溪边林缘或山坡、山顶灌丛或草丛中

江西绣球 *Hydrangea jiangxiensis* W. T. Wang et Nie 见于白鹤、龙溪、石梁；生于海拔 465～745m 的溪边林缘或山坡、山顶灌丛或草丛中

绣球 * *Hydrangea macrophylla*（Thunb.）Ser. 全县广泛栽培

圆锥绣球 *Hydrangea paniculata* Siebold 见于白鹤、龙溪、石梁；生于海拔 415～1160m 的山谷、山坡疏林下或山脊灌丛中

粗枝绣球 *Hydrangea robusta* Hook. f. et Thoms. 见于龙溪；生于海拔 490m 左右的林下或林缘

浙皖绣球 *Hydrangea zhewanensis* P. S. Hsu et X. P. Zhang 见于石梁；生于海拔 400～900m 的山谷溪边疏林下或路旁灌丛中

浙江山梅花 *Philadelphus zhejiangensis*（Koehne）Koehne 全县广布；生于海拔 250～825m 的林下或灌丛

冠盖藤 *Pileostegia viburnoides* Hook. f. et Thoms. 见于街头、龙溪、石梁；生于海拔 275～935m 的林中

钻地风 *Schizophragma integrifolium* Oliv. 见于龙溪、石梁；生于海拔 455～950m 的山谷、山坡密林或疏林中

粉绿钻地风 *Schizophragma integrifolium* Oliv. var. *glaucescens* Rehd. 见于石梁；生于林缘

71. 茶藨子科 Grossulariaceae

峨眉鼠刺 *Itea omeiensis* C. K. Schneider 见于街头、雷峰、龙溪、南屏、平桥、始丰；生于海拔 110～665m 的林下或林缘

72. 景天科 Crassulaceae

大叶落地生根 * *Bryophyllum daigremontianum*（Hamet et Perrier）Berger 庭院偶见栽培

宝石花 * *Graptopetalum paraguayense*（N. E. Br.）Walth. 庭院偶见栽培

八宝 *Hylotelephium erythrostictum*（Miq.）H. Ohba 见于龙溪、石梁；生于海拔 110m 左右的石壁上，常见栽培

紫花八宝 *Hylotelephium mingjinianum*（S. H. Fu）H. Ohba 见于洪畴、街头、雷峰、龙溪、平桥、三合、石梁、泳溪；生于海拔 90～495m 的石壁上

轮叶八宝 *Hylotelephium verticillatum*（L.）H. Ohba 见于南屏、石梁；生于海拔 125m 左右的石

壁上

晚红瓦松 *Orostachys japonica* A. Berger 全县广布；生于海拔 55～525m 的石上

费菜 *Phedimus aizoon*（L.）'t Hart 见于白鹤、赤城、平桥、始丰、坦头；生于海拔 55～470m 的山坡岩石上或屋基荒地

东南景天 *Sedum alfredii* Hance 全县广布；生于海拔 65～1075m 的山坡林下、路旁阴湿处

珠芽景天 *Sedum bulbiferum* Makino 全县广布；生于海拔 50～940m 的山坡石缝中

大叶火焰草 *Sedum drymarioides* Hance 见于赤城、街头、雷峰、石梁、始丰、泳溪；生于海拔 105～525m 的石上、墙壁上

虎耳草状景天 *Sedum drymarioides* Hance var. *saxifragiforme* X. F. Jin et H. W. Zhang 见于雷峰；生于海拔 105m 左右的石上、墙壁上

凹叶景天 *Sedum emarginatum* Migo 全县广布；生于海拔 75～430m 的山坡阴湿处

薄叶景天 *Sedum leptophyllum* Fröd. 调查未及，《浙江植物志（新编）》有记载

佛甲草 *Sedum lineare* Thunb. 见于龙溪、平桥、三合、石梁、始丰、坦头、泳溪；生于海拔 225～515m 的低山或平地草坡上

金叶佛甲草 * *Sedum lineare* Thunb. 'Aurea' 庭院偶见栽培

圆叶景天 *Sedum makinoi* Maxim. 见于赤城、洪畴、街头、雷峰、龙溪、南屏、三合、石梁、始丰、坦头、泳溪；生于海拔 75～545m 的林下阴湿处

藓状景天 *Sedum polytrichoides* Hemsl. 见于白鹤、街头、龙溪、平桥、三合、石梁、始丰；生于海拔 75～470m 的石上

垂盆草 *Sedum sarmentosum* Bunge 全县广布；生于海拔 40～700m 的山坡阳处或石上

火焰草 *Sedum stellariifolium* Franch. 见于白鹤、赤城、平桥；生于海拔 205～335m 的石上

四芒景天 *Sedum tetractinum* Fröd. 调查未及，《浙江植物志（新编）》有记载

73. 虎耳草科 Saxifragaceae

落新妇 *Astilbe chinensis*（Maxim.）Franch. et Sav. 见于街头、雷峰、龙溪、石梁；生于海拔 285～950m 的山谷、溪边、林下、林缘和草甸等处

大落新妇 *Astilbe grandis* Stap. ex Wils. 见于龙溪、石梁；生于海拔 260～940m 的林下、灌丛或沟谷阴湿处

大果落新妇 *Astilbe macrocarpa* Knoll 见于龙溪、石梁；生于海拔 425m 左右的沟谷灌丛和草丛中

大叶金腰 *Chrysosplenium macrophyllum* Oliv. 见于龙溪；生于海拔 300m 左右的林下或沟旁阴湿处

毛柄金腰 *Chrysosplenium pilosopetiolatum* Z. P. Jien 见于龙溪、石梁；生于海拔 600～965m 的林下或沟旁阴湿处

虎耳草 *Saxifraga stolonifera* Curtis 全县广布；生于海拔 55～920m 的林下、灌丛、草甸和阴湿石壁上

黄水枝 *Tiarella polyphylla* D. Don 全县广布；生于海拔 515～920m 的林下、灌丛和阴湿地

74. 蔷薇科 Rosaceae

龙芽草 *Agrimonia pilosa* Ledeb. 全县广布；生于海拔 50～975m 的溪边、路旁、草地、灌丛、林缘及疏林下

黄龙尾 *Agrimonia pilosa* Ledeb. var. *nepalensis*（D. Don）Nakai 见于石梁；生于海拔 990m 左右的路旁

东亚唐棣 *Amelanchier asiatica*（Siebl od et Zucc.）Endl. ex Walp. 见于龙溪、石梁；生于海拔 600m 左右的山坡、溪旁、混交林中

桃 * *Amygdalus persica* L. 全县广泛栽培

碧桃 * *Amygdalus persica* L. f. *duplex* Rehd. 公园绿化带栽培

紫叶碧桃 * *Amygdalus persica* L. 'Atropurpurea' 公园绿化带栽培

垂枝梅 * *Armeniaca mume* Sieb. 'Pendula' 公园绿化带栽培

梅 * *Armeniaca mume* Sieblod 全县广泛栽培

杏 * *Armeniaca vulgaris* Lam. 全县广泛栽培

华东樱 *Cerasus huadongensis* J. P. Li，Z. H. Chen et X. F. Jin，sp. nov. ined. 见于街头、石梁；生于海拔 400～960m 的林缘或林下

迎春樱 *Cerasus discoidea* Yü et C. L. Li 全县广布；生于海拔 75～920m 的林缘或林下

麦李 *Cerasus glandulosa* (Thunb.) Loisel. 见于赤城、福溪、街头、始丰；生于海拔 100～155m 的林缘或林下

郁李 *Cerasus japonica* (Thunb.) Loisel. 见于石梁、始丰；生于林缘或林下

日本晚樱 * *Cerasus lannesiana* Carrière 全县广泛栽培

樱桃 * *Cerasus pseudocerasus* (Lindl.) G. Don 全县零星栽培

浙闽樱 *Cerasus schneideriana* (Koehne) Yü et C. L. Li 见于街头、雷峰、龙溪、平桥、石梁；生于海拔 260～930m 的林缘或林下

山樱花 *Cerasus serrulata* (Lindl.) G. Don ex London 见于白鹤、街头、龙溪、平桥、石梁、始丰、坦头、泳溪；生于海拔 200～910m 的山坡林中

毛叶山樱花 *Cerasus serrulata* (Lindl.) G. Don ex London var. *pubescens* (Makino) Yü et C. L. Li 调查未及,《浙江植物志（新编）》有记载

东京樱花 * *Cerasus yedoensis* (Matsum.) Masam. et S. Suzuki 公园绿化带有栽培

日本木瓜 * *Chaenomeles japonica* (Thunb.) Lindl. ex Spach 零星栽培

木瓜 * *Chaenomeles sinensis* (Thouin) Koehne 零星栽培

皱皮木瓜 * *Chaenomeles speciosa* (Sweet) Nakai 零星栽培

野山楂 *Crataegus cuneata* Sieblod et Zucc. 全县广布；生于海拔 65～1225m 的林缘

湖北山楂 *Crataegus hupehensis* Sarg. 见于石梁；生于海拔 455～965m 的林缘或林下

山楂 * *Crataegus pinnatifida* Bunge 偶见栽培

皱果蛇莓 *Duchesnea chrysantha* (Zoll. et Mor.) Miq. 全县广布；生于海拔 40～910m 的荒地、路旁

蛇莓 *Duchesnea indica* (Andr.) Focke 全县广布；生于海拔 50～970m 的山坡、河岸、草地

枇杷 * *Eriobotrya japonica* (Thunb.) Lindl. 全县广泛栽培

白鹃梅 *Exochorda racemosa* (Lindl.) Rehder 见于白鹤、赤城、南屏、平桥、石梁、始丰；生于海拔 100～295m 的林缘

草莓 * *Fragaria* × *ananassa* Duch. 零星栽培

柔毛路边青 *Geum japonicum* Thunb. var. *chinense* F. Bolle 全县广布；生于海拔 540～960m 的林缘或路旁

棣棠花 *Kerria japonica* (L.) DC. 见于龙溪、石梁；生于海拔 430～910m 的山坡灌丛中

重瓣棣棠花 * *Kerria japonica* (L.) DC. 'Pleniflora' 公园绿化带零星栽培

刺叶桂樱 *Laurocerasus spinulosa* (Sieblod et Zucc.) C. K. Schneid. 见于白鹤、赤城、洪畴、街头、龙溪、三州、石梁、始丰、泳溪；生于海拔 100～515m 的林下及林缘

西府海棠 * *Malus* × *micromalus* Makino 公园绿化带栽培

垂丝海棠 * *Malus halliana* Koehne 公园绿化带栽培

湖北海棠 *Malus hupehensis* (Pamp.) Rehder 见于赤城；生于海拔 330～910m 的山坡或山谷林中

毛山荆子 *Malus mandshurica* (Maxim.) Kom. 见于龙溪、石梁；生于海拔 870～1110m 的山坡林

中，山顶及山沟也有分布

短梗稠李 *Padus brachypoda*（Batal.）C. K. Schneid. 见于龙溪；生于海拔 800～1200m 的林缘

橉木 *Padus buergeriana*（Miq.）Yü et T. C. Ku 见于白鹤、街头、龙溪、石梁、坦头；生于海拔 380～1110m 的山坡林中

灰叶稠李 *Padus grayana*（Maxim.）C. K. Schneid. 见于石梁；生于海拔 435～910m 的林中

细齿稠李 *Padus obtusata*（Koehne）Yü et T. C. Ku 见于龙溪、石梁；生于海拔 525～910m 的山坡林中，沟底和溪边也有

星毛稠李 *Padus stellipila*（Koehne）Yü et T. C. Ku 调查未及，《浙江植物志（新编）》有记载

红叶石楠 * *Photinia × fraseri* Dress 全县广泛栽培

中华石楠 *Photinia beauverdiana* C. K. Schneid. 见于街头、龙溪、平桥、石梁；生于海拔 289～949m 的山坡或山谷林下

短叶中华石楠 *Photinia beauverdiana* C. K. Schneid. var. *brevifolia* Cardot 见于石梁；生于海拔 1000m 左右的林中

光叶石楠 *Photinia glabra*（Thunb.）Maxim. 全县广布；生于海拔 45～615m 的山坡林中

垂丝石楠 *Photinia komarovii*（H. Lév. et Vant.）L. T. Lu et C. L. Li 见于街头、龙溪、石梁；生于海拔 215～615m 的山坡林中

小叶石楠 *Photinia parvifolia*（Pritz.）C. K. Schneid. 见于赤城、石梁、泳溪；生于海拔 290～875m 的灌丛中

绒毛石楠 *Photinia schneideriana* Rehder et E. H. Wilson 见于石梁；生于海拔 865～960m 的山坡疏林中

石楠 *Photinia serratifolia*（Desf.）Kalkman 全县广布；生于海拔 55～810m 的林中

伞花石楠 *Photinia subumbellata* Rehd. et Wils. 见于石梁、始丰、泳溪；生于海拔 115～200m 的林缘

毛叶石楠 *Photinia villosa*（Thunb.）DC. 见于石梁；生于海拔 580～1000m 的林中

光萼石楠 *Photinia villosa*（Thunb.）DC. var. *glabricalycina* L. T. Lu et C. L. Li 见于石梁；生于海拔 800 左右的林中

庐山石楠 *Photinia villosa*（Thunb.）DC. var. *sinica* Rehder et E. H. Wilson 见于石梁；生于海拔 800m 左右的林中

翻白草 *Potentilla discolor* Bunge 见于白鹤、赤城、始丰；生于海拔 110m 左右的荒地、山谷、沟边、山坡草地

莓叶委陵菜 *Potentilla fragafioides* L. 见于白鹤、平桥；生于海拔 210～270m 的沟边、草地、灌丛及疏林下

三叶委陵菜 *Potentilla freyniana* Bornm. 全县广布；生于海拔 85～1225m 的山坡、溪边及疏林下阴湿处

中华三叶委陵菜 *Potentilla freyniana* Bornm. var. *sinica* Migo 调查未及，《浙江植物志（新编）》有记载

蛇含委陵菜 *Potentilla sundaica*（Bl.）T. C. Kuntze 全县广布；生于海拔 50～1235m 的田边、水旁及山坡草地

朝天委陵菜 *Potentilla supina* L. 见于白鹤、街头、三合、始丰；生于海拔 105～475m 的田边、荒地、河岸沙地、山坡湿地

三叶朝天委陵菜 *Potentilla supina* L. var. *ternata* Peterm. 见于福溪；生于海拔 45m 左右的田边

红叶李 * *Prunus cerasifera* Ehrhar f. *atropurpurea*（Jacq.）Rehd. 全县广泛栽培

李 * *Prunus salicina* Lindl. 全县广泛栽培

火棘 * Pyracantha fortuneana（Maxim.）Li 全县广泛栽培

豆梨 Pyrus calleryana Decne. 全县广布；生于海拔 41～683m 的林中

柯氏梨 Pyrus koehnei C. K. Schneid. 见于石梁；生于海拔 441～961m 的林中

沙梨 * Pyrus pyrifolia（Burm. f.）Nakai 全县广泛栽培

麻梨 * Pyrus pyrifolia（Burm. f.）Nakai 全县偶见栽培

石斑木 Rhaphiolepis indica（L.）Lindl. 全县广布；生于海拔 65～780m 的山坡、路边或溪边灌木林中

鸡麻 Rhodotypos scandens（Thunb.）Makino 见于石梁；生于海拔 915m 左右的林缘

硕苞蔷薇 Rosa bracteata Wendl. 全县广布；生于海拔 45～775m 的溪边、路旁和灌丛中

密刺硕苞蔷薇 Rosa bracteata Wendl. var. scabriacaulis Lindl. ex Koidz. 见于平桥、坦头；生于海拔 285m 左右的林缘

月季花 * Rosa chinensis Jacq. 全县广泛栽培

小果蔷薇 Rosa cymosa Tratt. 全县广布；生于海拔 50～900m 的向阳山坡、路旁、溪边或林缘

软条七蔷薇 Rosa henryi Bouleng. 全县广布；生于海拔 80～795m 的山谷、林边、田边或灌丛中

金樱子 Rosa laevigata Michx. 全县广布；生于海拔 50～785m 的向阳的山坡、田边、灌丛中

野蔷薇 Rosa multiflora Thunb. 全县广布；生于海拔 40～1200m 的向阳的山坡、田边、灌丛中

粉团蔷薇 Rosa multiflora Thunb. var. cathayensis Rehder et E. H. Wilson 全县广布；生于海拔 40～1200m 的向阳的山坡、田边、灌丛中

玫瑰 * Rosa rugose Thunb. 偶见栽培

周毛悬钩子 Rubus amphidasys Focke ex Diels 全县广布；生于海拔 170～825m 的林下

寒莓 Rubus buergeri Miq. 全县广布；生于海拔 75～965m 的林下

掌叶覆盆子 Rubus chingii Hu 全县广布；生于海拔 65～1060m 的林下、路旁

山莓 Rubus corchorifolius L. f. 全县广布；生于海拔 45～1225m 的向阳山坡、溪边、山谷、荒地和疏密灌丛

插田泡 Rubus coreanus Miq. 全县广布；生于海拔 85～755m 的山坡灌丛或山谷、河边、路旁

光果悬钩子 Rubus glabricarpus Cheng 见于南屏、石梁；生于海拔 255～975m 的山坡、山脚、沟边及林下

箱根悬钩子 Rubus hakonensis Franch. et Sav. 见于龙溪；生于海拔 700-900m 的林缘

蓬蘽 Rubus hirsutus Thunb. 全县广布；生于海拔 40～975m 的山坡路旁阴湿处或灌丛

多瓣蓬蘽 Rubus hirsutus Thunb. f. harai（Makino）Ohwi 见于石梁；生于海拔 800m 以下的林缘

华顶悬钩子 Rubus huadingensis Z. H. Chen, W. Y. Xie et F. Chen 见于石梁；生于海拔 963m 左右的林缘

湖南悬钩子 Rubus hunanensis Hand.-Mazz. 见于街头、石梁；生于海拔 265～915m 的山谷、山沟、密林或草丛中

灰毛泡 Rubus irenaeus Focke 见于白鹤、街头、龙溪、平桥、石梁；生于海拔 205～825m 的山谷、山沟、密林或草丛中

武夷悬钩子 Rubus jiangxiensis Z. X. Yü, W. T. Ji et H. Zheng 见于福溪、洪畴、街头、龙溪、三合、石梁、泳溪；生于海拔 120～975m 的路旁

高粱泡 Rubus lambertianus Ser. 全县广布；生于海拔 40～945m 的山坡、山谷或路旁灌丛

太平莓 Rubus pacificus Hance 全县广布；生于海拔 85～960m 的山坡路旁、林缘或林中

掌叶山莓 Rubus palmatiformis Z. H. Chen, F. Chen et F. G. Zhang 见于街头、三州、石梁；生于海拔 260～540m 的林缘或路旁

茅莓 Rubus parvifolius L. 全县广布；生于海拔 55～765m 的林下、路旁或荒地

黄泡 *Rubus pectinellus* Maxim.　见于石梁；生于海拔 955m 左右的林缘、林下

锈毛莓 *Rubus reflexus* Ker　见于街头、龙溪；生于海拔 225～270m 的山坡、山谷灌丛或疏林中

空心泡 *Rubus rosifolius* Sm.　见于赤城、龙溪、南屏、平桥、三合、石梁、泳溪；生于海拔 115～920m 的林缘

红腺悬钩子 *Rubus sumatranus* Miq.　见于白鹤、街头、平桥、三合、三州、石梁、泳溪；生于海拔 100～730m 的林缘、路旁

木莓 *Rubus swinhoei* Hance　全县广布；生于海拔 105～500m 的林缘、路边

三花莓 *Rubus trianthus* Focke.　全县广布；生于海拔 178～966m 的林缘、路边

东南悬钩子 *Rubus hatsushimae* Koidz.　全县广布；生于海拔 250～913m 的林下

东部悬钩子 *Rubus yoshinoi* Koidz.　见于街头、石梁；生于海拔 800m 左右的林缘

地榆 *Sanguisorba officinalis* L.　全县广布；生于海拔 160～215m 的山坡草地、灌丛、疏林下

长叶地榆 *Sanguisorba officinalis* L. var. *longifolia*（Bert.）Yü et Li　见于白鹤、赤城、街头、龙溪、平桥、石梁；生于海拔 160～955m 的山坡草地、灌丛、疏林下

水榆花楸 *Sorbus alnifolia*（Sieblod et Zucc.）K. Koch　见于石梁；生于海拔 1000m 左右的山顶混交林中

菱叶绣线菊 ＊*Spiraea* × *vanhouttei*（Briot）Carr.　偶见栽培

绣球绣线菊 *Spiraea blumei* G. Don　见于白鹤、雷峰、龙溪、平桥、石梁、始丰、泳溪；生于海拔 100～580m 的向阳山坡、林中或路旁

毛果绣球绣线菊 *Spiraea blumei* G. Don var. *pubicarpa* Cheng　调查未及，《浙江植物志（新编）》有记载

麻叶绣线菊 *Spiraea cantoniensis* Lour.　见于赤城、街头、雷峰、龙溪、平桥、始丰、坦头、泳溪；生于海拔 70～425m 的向阳山坡、林中或路旁

中华绣线菊 *Spiraea chinensis* Maxim.　全县广布；生于海拔 60～980m 的山坡灌丛、山谷溪边、田边路旁

大花中华绣线菊 *Spiraea chinensis* Maxim. var. *grandiflora* Yü　见于赤城；生于海拔 300～400m 的林缘

疏毛绣线菊 *Spiraea hirsuta*（Hemsl.）C. K. Schneid.　见于龙溪、石梁、始丰；生于海拔 745m 左右的山坡或石岩上

狭叶粉花绣线菊 *Spiraea japonica* L. f. var. *acuminata* Franch.　调查未及，《浙江植物志（新编）》有记载

白花绣线菊 *Spiraea japonica* L. f. var. *albiflora*（Miq.）Z. Wei et Y. B. Chang　调查未及，《浙江植物志（新编）》有记载

无毛粉花绣线菊 *Spiraea japonica* L. f. var. *glabra*（Regel）Koidz.　见于龙溪、石梁、始丰；生于海拔 605～975m 的路边、林缘或灌丛

单瓣李叶绣线菊 *Spiraea prunifolia* Sieblod et Zucc. var. *simpliciflora* Nakai　见于洪畴、石梁、始丰、泳溪；生于海拔 100～170m 的路边、林缘或灌丛

珍珠绣线菊 ＊*Spiraea thunbergii* Sieblod ex Blume　偶见栽培

华空木 *Stephanandra chinensis* Hance　见于龙溪；生于海拔 660～700m 的林缘

75. 含羞草科 Mimosaceae

合欢 *Albizia julibrissin* Durazz.　全县广布；生于海拔 75～580m 的山坡

山合欢 *Albizia kalkora*（Roxb.）Prain　全县广布；生于海拔 75～960m 的林缘

76. 云实科 Caesalpiniaceae

云实 *Caesalpinia decapetala*（Roth）Alston　全县广布；生于海拔 45～820m 的灌丛、林缘、沟边

春云实 *Caesalpinia vernalis* Champ. 见于赤城、洪畴、街头、龙溪、平桥、三合、石梁、始丰、泳溪；生于海拔 60～526m 的林缘

紫荆 * *Cercis chinensis* Bunge 公园绿化带常见栽培

黄山紫荆 *Cercis chingii* Chun 见于赤城、洪畴、石梁、始丰；生于海拔 85～360m 的灌丛、路旁

豆茶山扁豆 *Chamaecrista leschenaultiana*（DC.）O. Deg. 见于白鹤、福溪、街头、龙溪、三合、石梁；生于海拔 75～750m 的林缘

伞房决明 * *Senna corymbosa*（Lam.）H. S. Irwin et Barneby 公园绿化带零星栽培

望江南 * *Senna occidentalis*（L.）Link 偶见栽培

槐叶决明 * *Senna sophora*（L.）Roxb. 偶见栽培

决明 * *Senna tora*（L.）Roxb. 偶见栽培

77. 蝶形花科 Fabaceae

合萌 *Aeschynomene indica* L. 全县广布；生于海拔 35～700m 的荒地、河滩

紫穗槐 * *Amorpha fruticosa* L. 零星栽培

三籽两型豆 *Amphicarpaea edgeworthii* Benth. 全县广布；生于海拔 45～960m 的路边灌丛

土𡅏儿 *Apios fortunei* Maxim. 见于赤城、雷峰、三州、石梁、坦头；生于海拔 300～410m 的山坡灌丛

落花生 * *Arachis hypogaea* L. 广泛栽培

紫云英 * *Astragalus sinicus* L. 广泛栽培

杭子梢 *Campylotropis macrocarpa*（Bunge）Rehder 全县广布；生于海拔 50～665m 的山坡、灌丛、林缘、山谷沟边及林中

刀豆 * *Canavalia gladiata*（Jacq.）DC. 广泛栽培

锦鸡儿 * *Caragana sinica*（Buc'hoz）Rehder 零星栽培

翅荚香槐 *Cladrastis platycarpa*（Maxim.）Makino 见于街头、平桥、石梁；生于海拔 285～895m 的林缘

香槐 *Cladrastis wilsonii* Takeda 见于雷峰、石梁；生于海拔 105～915m 的林下

响铃豆 *Crotalaria albida* Heyne ex Benth. 见于街头、龙溪、平桥；生于海拔 140～220m 的山坡路边、沟边及溪边草丛

假地蓝 *Crotalaria ferruginea* Grah. ex Benth. 调查未及，标本记载（PEY，PEY0016723）

农吉利 *Crotalaria sessiliflora* L. 见于白鹤、赤城、洪畴、街头、龙溪、平桥、三合、石梁、始丰、坦头；生于海拔 100～750m 的荒地路旁或山坡草地

天台猪屎豆 *Crotalaria tiantaiensis* Yan C. Jiang et al. 调查未及，《浙江植物志（新编）》有记载

南岭黄檀 *Dalbergia assamica* Benth. 见于洪畴；生于海拔 90m 左右的山坡林中或灌丛中

黄檀 *Dalbergia hupeana* Hance 全县广布；生于海拔 50～815m 的山坡、溪沟边、路旁、林缘或疏林中

香港黄檀 *Dalbergia millettii* Benth. 全县广布；生于海拔 75～755m 的山坡、路边、溪沟边林中或灌丛中

中南鱼藤 *Derris fordii* Oliv. 见于福溪、街头；生于海拔 90～245m 的低山丘陵、溪边、地边灌丛或疏林

假地豆 *Desmodium heterocarpon*（L.）DC. 全县广布；生于海拔 110～410m 的山坡草地、沟边、灌丛或林中

小叶三点金草 *Desmodium microphyllum*（Willd.）DC. 见于白鹤、街头、龙溪、南屏、平桥、三合、石梁；生于海拔 100～455m 的山坡草地或林缘

截叶山黑豆 *Dumasia truncata* Sieb. et Zucc. 见于龙溪、石梁；生于海拔 810～870m 的山坡草地或林缘

毛野扁豆 *Dunbaria villosa*（Thunb.）Makino 见于白鹤、龙溪、南屏、三合、三州、石梁、坦头；生于海拔 265～790m 的山坡草地或林缘

大豆 * *Glycine max*（L.）Merr. 全县广泛栽培

野大豆 *Glycine soja* Sieb. et Zucc. 全县广布；生于海拔 35～765m 的田边、沟旁、河岸、湖边或林缘

羽叶长柄山蚂蝗 *Hylodesmum oldhamii*（Oliv.）H. Ohashi et R. R. Mill 见于石梁；生于海拔 700 左右的林缘

长柄山蚂蝗 *Hylodesmum podocarpium*（DC.）H. Ohashi et R. R. Mill 见于白鹤、石梁、始丰；生于海拔 440～490m 的山坡路旁、林缘

宽卵叶长柄山蚂蝗 *Hylodesmum podocarpium*（DC.）H. Ohashi et R. R. Mill subsp. *fallax*（Schindl.）H. Ohashi et R. R. Mill 见于石梁、始丰；生于海拔 365～490m 的山坡路旁、林缘

尖叶长柄山蚂蝗 *Hylodesmum podocarpium*（DC.）H. Ohashi et R. R. Mill subsp. *oxyphyllum*（DC.）H. Ohashi et R. R. Mill 全县广布；生于海拔 50～965m 的山坡路旁、林缘

马棘 *Indigofera bungeana* Walp. 全县广布；生于海拔 45～920m 的山坡林缘及灌丛

庭藤 *Indigofera decora* Lindl. 全县广布；生于海拔 100～965m 的山坡疏林或灌丛

宁波木蓝 *Indigofera decora* Lindl. var. *cooperii* Y. Y. Fang et C. Z. Zheng 全县广布；生于海拔 125～755m 的山坡疏林或灌丛

宜昌木蓝 *Indigofera decora* Lindl. var. *ichangensis*（Craib）Y. Y. Fang et C. Z. Zheng 见于龙溪；生于海拔 125～755m 的山坡疏林或灌丛

华东木蓝 *Indigofera fortunei* Craib 见于平桥、石梁；生于海拔 70～480m 的山坡疏林或灌丛

浙江木蓝 *Indigofera parkesii* Craib 见于赤城、街头、平桥、三州、石梁、始丰；生于海拔 115～450m 的山坡疏林或灌丛

竖毛鸡眼草 *Kummerowia stipulacea*（Maxim.）Makino 见于白鹤、赤城、街头、平桥、三合、三州、石梁、始丰、坦头、泳溪；生于海拔 55～400m 的路旁、草地、山坡、沙地

鸡眼草 *Kummerowia striata*（Thunb.）Schindl. 全县广布；生于海拔 50～960m 的路旁、草地、山坡、沙地

扁豆 * *Lablab purpureus*（L.）Sweet 全县广泛栽培

尾叶山黧豆 *Lathyrus caudatus* Z. Wei et H. P. Tsui 调查未及，《浙江植物志（新编）》有记载

胡枝子 *Lespedeza bicolor* Turcz. 全县广布；生于海拔 50～910m 的山坡、林缘、路旁、灌丛

绿叶胡枝子 *Lespedeza buergeri* Miq. 见于赤城、洪畴、街头、平桥、三合、石梁、始丰、泳溪；生于海拔 80～455m 的山坡、林下、山沟和路旁

中华胡枝子 *Lespedeza chinensis* G. Don 全县广布；生于海拔 50～540m 的灌丛、林缘、路旁、山坡

截叶铁扫帚 *Lespedeza cuneata*（Dum. Cours.）G. Don 全县广布；生于海拔 40～940m 的向阳山坡路旁

短梗胡枝子 *Lespedeza cyrtobotrya* Miq. 见于白鹤、石梁；生于海拔 155m 左右的山坡、灌丛或林下

大叶胡枝子 *Lespedeza davidii* Franch. 见于龙溪、三合、石梁；生于海拔 100～960m 的山坡、路旁或灌丛

春花胡枝子 *Lespedeza dunnii* Schindl. 见于白鹤、赤城、街头、雷峰、龙溪、南屏、平桥、三州、石梁、坦头、泳溪；生于海拔 95～510m 的林下或山坡路旁

美丽胡枝子 *Lespedeza formosa*（Vog.）Koehne 见于赤城、石梁、始丰、坦头；生于海拔 180～260m 的山坡、路旁及林缘灌丛

宽叶胡枝子 *Lespedeza maximowiczii* Schneid. 见于白鹤、赤城、三州、泳溪；生于海拔 375～750m

的山坡、路旁及林缘灌丛

铁马鞭 *Lespedeza pilosa*（Thunb.）Sieb. et Zucc. 全县广布;生于海拔 50～755m 的山坡及草地

细梗胡枝子 *Lespedeza virgata*（Thunb.）DC. 见于洪畴、南屏、平桥、三合、始丰;生于海拔 55～210m 的山坡

马鞍树 *Maackia hupehensis* Takeda 见于龙溪;生于海拔 800 左右的山坡、溪边、沟谷

光叶马鞍树 *Maackia tenuifolia*（Hemsl.）Hand.-Mazz. 见于始丰;生于海拔 85m 左右的林缘

天蓝苜蓿 *Medicago lupulina* L. 全县广布;生于海拔 75～270m 的河岸、路边及林缘

南苜蓿 *Medicago polymorpha* L. 见于赤城、街头、始丰;生于海拔 100m 左右的路边

紫苜蓿 * *Medicago sativa* L. 零星栽培

香花崖豆藤 *Millettia dielsiana* Harms 全县广布;生于海拔 50～755m 的山坡林缘或灌丛

网络崖豆藤 *Millettia reticulata* Benth. 全县广布;生于海拔 55～480m 的山坡灌丛及沟谷

宁油麻藤 *Mucuna lamellata* Wilmot-Dear 调查未及,《浙江植物志（新编）》有记载

常春油麻藤 *Mucuna sempervirens* Hemsl. 全县广布;生于海拔 95～550m 的灌丛、溪谷、河边

小槐花 *Ohwia caudata*（Thunb.）H. Ohashi 全县广布;生于海拔 90～760m 的山坡、路旁草地、沟边、林缘或林下

花榈木 *Ormosia henryi* Prain 见于赤城、洪畴、街头、龙溪、石梁、始丰;生于海拔 80～410m 的山坡林下

红豆树 * *Ormosia hosiei* Hemsl. et E. H. Wilson 偶见栽培

豆薯 * *Pachyrhizus erosus*（L.）Urban 零星栽培

菜豆 * *Phaseolus vulgaris* L. 广泛栽培

野葛 *Pueraria montana*（Lour.）Merr. var. *lobata*（Willd.）Maesen et S. M. Almeida ex Sanjappa et Predeep 全县广布;生于海拔 45～745m 的山坡、路旁草地、沟边、林缘或林下

渐尖叶鹿藿 *Rhynchosia acuminatifolia* Makino 调查未及,《浙江植物志（新编）》有记载

鹿藿 *Rhynchosia volubilis* Lour 全县广布;生于海拔 80～795m 的山坡路旁草丛

刺槐 * *Robinia pseudoacacia* L. 路边绿化带广泛栽培

香花槐 * *Robinia pseudoacacia* L. 'Idaho' 公园零星栽培

田菁 *Sesbania cannabina*（Retz.）Poir. 全县广布;生于海拔 50～445m 的水田、水沟等潮湿地

苦参 *Sophora flavescens* Aiton 见于白鹤、街头、石梁、始丰;生于海拔 95～720m 的山坡、沙地灌丛

闽槐 *Sophora franchetiana* Dunn 见于雷峰、龙溪、平桥、石梁;生于海拔 155～375m 的山谷溪边灌丛

槐 * *Sophora japonica* L. 零星栽培

龙爪槐 * *Sophora japonica* L. f. *pendula* Hort. 公园绿化带广泛栽培

黄金槐 * *Sophora japonica* L. 'Golden Stem' 零星栽培

白车轴草 * *Trifolium repens* L. 广泛栽培

广布野豌豆 *Vicia cracca* L. 见于石梁;生于海拔 700m 左右的路边草丛中

蚕豆 * *Vicia faba* L. 广泛栽培

小巢菜 *Vicia hirsuta*（L.）Gray 全县广布;生于海拔 55～560m 的河滩、田边或路旁草丛

牯岭野豌豆 *Vicia kulingiana* L. H. Bailey 见于龙溪、石梁;生于海拔 425～975m 的路边草丛和石缝中

大巢菜 *Vicia sativa* L. 全县广布;生于海拔 45～750m 的路边草丛或林缘

四籽野豌豆 *Vicia tetrasperma*（L.）Schreb. 全县广布;生于海拔 70～550m 的路边草丛和林缘

赤豆 * *Vigna angularis*（Willd.）Ohwi et H. Ohashi 广泛栽培

山绿豆 *Vigna minima*（Roxb.）Ohwi et H. Ohashi 见于赤城、福溪、洪畴、平桥、三合、石梁、始丰、

坦头、泳溪；生于海拔 49～576m 的路边草丛和林缘

　　绿豆 * *Vigna radiata*（L.）R. Wilczek 广泛栽培

　　赤小豆 * *Vigna umbellata*（Thunb.）Ohwi et H. Ohashi 广泛栽培

　　豇豆 * *Vigna unguiculata*（L.）Walp. 广泛栽培

　　短豇豆 * *Vigna unguiculata*（L.）Walp. subsp. *cylindrica*（L.）Verd. 广泛栽培

　　长豇豆 * *Vigna unguiculata*（L.）Walp. subsp. *sesquipedalis*（L.）Verd. 广泛栽培

　　野豇豆 *Vigna vexillata*（L.）A. Rich 见于白鹤、赤城、雷峰、南屏、平桥、三州、石梁、始丰、坦头；生于海拔 65～430m 的路边草丛或灌丛

　　紫藤 *Wisteria sinensis*（Sims）Sweet 全县广布；生于海拔 50～1005m 的林缘

78. 胡颓子科 Elaeagnaceae

　　佘山胡颓子 *Elaeagnus argyi* H. Lév. 见于石梁；生于海拔 700 左右的林下或林缘

　　毛木半夏 *Elaeagnus courtoisii* Belval 见于石梁；生于海拔 913m 左右的林下或林缘

　　巴东胡颓子 *Elaeagnus difficilis* Servett. 调查未及，《浙江植物志（新编）》有记载

　　蔓胡颓子 *Elaeagnus glabra* Thunb. 全县广布；生于海拔 84～612m 的向阳林中或林缘

　　木半夏 *Elaeagnus multiflora* Thunb. 见于三州、石梁；生于海拔 340～940m 的山坡或路边草丛

　　胡颓子 *Elaeagnus pungens* Thunb. 全县广布；生于海拔 45～970m 的向阳山坡或路旁

　　金边胡颓子 * *Elaeagnus pungens* Thunb. 'Aurea' 公园绿化偶见栽培

　　牛奶子 *Elaeagnus umbellata* Thunb. 见于福溪、洪畴、雷峰、龙溪、石梁、始丰、泳溪；生于海拔 80～1085m 的向阳的林缘、灌丛或沟边

79. 山龙眼科 Proteaceae

　　越南山龙眼 *Helicia cochinchinensis* Lour. 见于赤城、石梁；生于海拔 425m 左右的林缘

80. 小二仙草科 Haloragaceae

　　小二仙草 *Gonocarpus micranthus* Thunb. 全县广布；生于海拔 85～755m 的湿润的林缘、路边草丛中

　　粉绿狐尾藻 *Myriophyllum aquaticum*（Vell.）Verdc. 见于白鹤、赤城、福溪、街头、雷峰、龙溪、三合、始丰；生于海拔 40～465m 的池塘、河沟

　　穗花狐尾藻 *Myriophyllum spicatum* L. 见于福溪、石梁、始丰；生于海拔 35～240m 的池塘、河沟

81. 千屈菜科 Lythraceae

　　耳基水苋 *Ammannia auriculata* Willd. 见于南屏；生于海拔 166m 左右的湿地和水稻田

　　水苋菜 *Ammannia baccifera* L. 全县广布；生于海拔 50～135m 的潮湿的地方或水田中

　　尾叶紫薇 * *Lagerstroemia caudata* Chun et How ex S. K. Lee et L. F. Lau 公园偶见栽培

　　浙江紫薇 *Lagerstroemia chekiangensis* Cheng 见于白鹤、赤城、福溪、街头、平桥；生于海拔 75～475m 的林缘、溪边

　　紫薇 * *Lagerstroemia indica* L. 广泛栽培

　　南紫薇 *Lagerstroemia subcostata* Koehne 见于赤城、龙溪、始丰；生于海拔 150m 左右的林缘、溪边

　　千屈菜 *Lythrum salicaria* L. 见于始丰；生于海拔 60m 左右的河岸、湖畔、溪沟边和潮湿草地，常见栽培

　　节节菜 *Rotala indica*（Willd.）Koehne 全县广布；生于海拔 60～695m 的稻田中或湿地上

　　轮叶节节菜 *Rotala mexicana* Cham. et Schltdl. 见于白鹤、南屏、石梁、始丰、坦头、泳溪；生于海拔 95～330m 的浅水湿地中

　　圆叶节节菜 *Rotala rotundifolia*（Buch.-Ham. ex Roxb.）Koehne 全县广布；生于海拔 50～455m

的水田或潮湿的地方

82. 瑞香科 Thymelaeaceae

倒卵叶瑞香 *Daphne grueningiana* H. Winkl. 见于龙溪、石梁；生于海拔 838～923m 的林缘或林下

毛瑞香 *Daphne kiusiana* Miq. var. *atrocaulis* (Rehder) F. Maek. 见于石梁；生于海拔 408m 左右的林边或疏林中较阴湿处

金边瑞香 * *Daphne odora* Thunb. f. *marginata* Makino 庭院偶见栽培

结香 * *Edgeworthia chrysantha* Lindl. 常见栽培

芫花 *Wikstroemia genkwa* (Sieb. et Zucc.) Domke 见于白鹤、赤城、福溪、平桥、石梁、始丰；生于海拔 75～230m 的向阳山坡、灌丛、路旁或林下

南岭荛花 *Wikstroemia indica* (L.) C. A. Mey. 见于福溪、街头、平桥；生于海拔 160～200m 的林缘或林下

北江荛花 *Wikstroemia monnula* Hance 全县广布；生于海拔 95～890m 的山坡、灌丛或路旁

浙江荛花 *Wikstroemia zhejiangensis* Y. F. Lu, Z. H. Chen & X. F. Jin 见于白鹤；生于海拔 100m 左右的林缘、石壁

83. 菱科 Trapaceae

细果野菱 *Trapa incisa* Sieb. et Zucc. 全县广布；生于海拔 30～170m 的池塘、溪流中

四角菱 * *Trapa natans* L. var. *komarovii* (Skvortsov) B. Y. Ding et X. F. Jin 偶见栽培

野菱 *Trapa natans* L. var. *quadricaudata* (Glück.) B. Y. Ding et X. F. Jin 见于福溪、洪畴、街头、平桥、三合、始丰；生于海拔 35～170m 的池塘、溪流中

84. 桃金娘科 Myrtaceae

大叶桉 * *Eucalyptus robusta* Smith 偶见栽培

赤楠 *Syzygium buxifolium* Hook. et Arn. 全县广布；生于海拔 60～640m 的低山疏林、裸岩或灌丛

85. 石榴科 Punicaceae

石榴 * *Punica granatum* L. 广泛栽培

86. 柳叶菜科 Onagraceae

谷蓼 *Circaea erubescens* Franch. et Sav 见于石梁；生于海拔 1030m 左右的林缘

南方露珠草 *Circaea mollis* Sieb. et Zucc. 见于白鹤、龙溪、平桥、石梁、始丰；生于海拔 275～415m 的阔叶林中

柳叶菜 *Epilobium hirsutum* L. 见于坦头；生于海拔 60m 左右的灌丛、荒坡、路旁、溪流河床

长籽柳叶菜 *Epilobium pyrricholophum* Franch. et Sav 全县广布；生于海拔 85～890m 的溪沟旁、池塘与水田湿处

山桃草 * *Gaura lindheimeri* Engelm. et A. Gray 石梁有栽培

丁香蓼 *Ludwigia epilobioides* Maxim. 全县广布；生于海拔 40～750m 的湖、塘、稻田、溪边等湿润处

毛草龙 *Ludwigia octovalvis* (Jacq.) P. H. Raven 见于石梁；生于海拔 945m 左右的田边、湖塘边、沟谷旁及开阔湿润处

卵叶丁香蓼 *Ludwigia ovalis* Miq. 见于福溪、龙溪、平桥、始丰；生于海拔 55～130m 的塘边、田边、沟边、草坡、沼泽湿润处

黄花水龙 *Ludwigia peploides* (Kunth) P. H. Raven subsp. *stipulacea* (Ohwi) P. H. Raven 见

于白鹤、赤城、福溪、龙溪、石梁、始丰、坦头；生于海拔 35～435m 的河边、池塘、水田湿地

裂叶月见草 *Oenothera laciniata* Hill　见于白鹤、平桥、三州、始丰、坦头、泳溪；生于海拔 55～415m 的开阔荒地、田边处

87. 野牡丹科 Melastomataceae

秀丽野海棠 *Bredia amoena* Diels　见于雷峰、平桥；生于海拔 175～365m 的林下、溪边、路旁

地菍 *Melastoma dodecandrum* Lour.　全县广布；生于海拔 55～755m 的山坡矮草丛中

金锦香 *Osbeckia chinensis* L.　见于石梁；生于海拔 570m 左右的荒山草坡、路旁、田地边或疏林

88. 八角枫科 Alangiaceae

八角枫 *Alangium chinense*（Lour.）Harms　全县广布；生于海拔 45～820m 的林中、林缘

毛八角枫 *Alangium kurzii* Craib　全县广布；生于海拔 45～970m 的林中、林缘

云山八角枫 *Alangium kurzii* Craib var. *handelii*（Schnarf）Fang　见于石梁、泳溪；生于海拔 240m 左右的林中、林缘

89. 蓝果树科 Nyssaceae

喜树 * *Camptotheca acuminata* Decne.　广泛栽培

蓝果树 *Nyssa sinensis* Oliv　全县广布；生于海拔 376～922m 的山谷或溪边潮湿林中

水紫树 * *Nyssa aquatica* L.　始丰有栽培

90. 山茱萸科 Cornaceae

花叶青木 * *Aucuba japonica* Thunb. var. *variegata* Dombr.　广泛栽培

灯台树 *Bothrocaryum controversum*（Hemsl.）Pojark.　见于白鹤、龙溪、平桥、石梁、泳溪；生于海拔 210～955m 的林中

秀丽四照花 *Dendrobenthamia elegans* Fang et Y. T. Hsieh　见于街头、龙溪、平桥、石梁；生于海拔 410～620m 的林中

四照花 *Dendrobenthamia japonica*（Sieb. et Zucc.）Fang var. *chinensis*（Osborn）Fang　见于龙溪、石梁；生于海拔 575～925m 的林中

青荚叶 *Helwingia japonica*（Thunb. ex Murray）F. Dietr.　见于龙溪、石梁、泳溪；生于海拔 515～560m 的林中

红瑞木 * *Swida alba*（L.）Opiz　偶见栽培

梾木 *Swida macrophylla*（Wall.）Soják　见于白鹤、龙溪、石梁；生于海拔 330～605m 的林中

91. 铁青树科 Olacaceae

青皮木 *Schoepfia jasminodora* Sieb. et Zucc.　见于龙溪、平桥、三州、石梁、泳溪；生于海拔 80～600m 的林中

92. 檀香科 Santalaceae

米面蓊 *Buckleya lanceolata*（Sieb. et Zucc.）Miq.　调查未及，《浙江植物志（新编）》有记载

百蕊草 *Thesium chinense* Turcz.　见于白鹤、平桥、石梁、始丰、坦头；生于海拔 85～750m 的路边

93. 卫矛科 Celastraceae

过山枫 *Celastrus aculeatus* Merr　全县广布；生于海拔 85～640m 的山地灌丛或路边疏林中

大芽南蛇藤 *Celastrus gemmatus* Loes.　全县广布；生于海拔 130～960m 的山地灌丛或路边疏林中

拟粉背南蛇藤 *Celastrus hypoleucoides* P. L. Chiu　调查未及，《浙江植物志（新编）》有记载

窄叶南蛇藤 *Celastrus oblanceifolius* C. H. Wang et P. C. Tsoong　见于赤城、街头、龙溪、南屏、平桥、三州、石梁、始丰；生于海拔 60～950m 的山地灌丛或路边疏林中

短梗南蛇藤 *Celastrus rosthornianus* Loes. 见于白鹤、街头、雷峰、龙溪、平桥、石梁、始丰、泳溪；生于海拔 75～665m 的山地灌丛或路边疏林中

毛脉显柱南蛇藤 *Celastrus stylosus* Wall. var. *puberulus* (Hsu) C. Y. Cheng et T. C. Kao 见于石梁；生于海拔 1160m 左右的林缘

浙江南蛇藤 *Celastrus zhejiangensis* P. L. Chiu, G. Y. Li et Z. H. Chen 见于龙溪、石梁；生于海拔 600～900m 的林缘

刺果卫矛 *Euonymus acanthocarpus* Franch. 见于石梁；生于海拔 510m 左右的林缘或林下

短刺刺果卫矛 *Euonymus acanthocarpus* Franch. var. *lushanensis* (F. H. Chen et M. C. Wang) C. Y. Cheng 见于石梁；生于海拔 700m 左右的林缘

卫矛 *Euonymus alatus* (Thunb.) Siebold 见于洪畴、雷峰、龙溪、南屏、平桥、三州、石梁、始丰；生于海拔 80～1200m 的山坡、沟边

肉花卫矛 *Euonymus carnosus* Hemsl. 全县广布；生于海拔 100～800m 的山坡、沟边

百齿卫矛 *Euonymus centidens* H. Lév. 见于南屏；生于海拔 260m 左右的山坡林中

鸦椿卫矛 *Euonymus euscaphis* Hand.-Mazz. 见于龙溪、石梁；生于海拔 415～760m 的山地林中及山坡路边

扶芳藤 *Euonymus fortunei* (Turcz.) Hand.-Mazz. 全县广布；生于海拔 100～950m 的山坡林中

西南卫矛 *Euonymus hamiltonianus* Wall. 见于平桥、石梁；生于海拔 105m 左右的山地林中

冬青卫矛 *Euonymus japonicus* Thunb. 广泛栽培

金边冬青卫矛 *Euonymus japonicus* Thunb. 'Aureo-marginatus' 广泛栽培

胶东卫矛 *Euonymus kiautschovicus* Loes. 调查未及，《浙江植物志（新编）》有记载

白杜 *Euonymus maackii* Rupr. 见于雷峰、龙溪、平桥、石梁、始丰；生于海拔 55～940m 的山坡、路旁

中华卫矛 *Euonymus nitidus* Benth. 见于龙溪、平桥、石梁；生于海拔 180～450m 的林缘

垂丝卫矛 *Euonymus oxyphyllus* Miq. 见于石梁；生于海拔 940～1000m 的林下

雷公藤 *Tripterygium wilfordii* Hook. f. 见于白鹤、赤城、福溪、雷峰、龙溪、平桥、三州、石梁；生于海拔 70～745m 的山地林内阴湿处

94. 冬青科 Aquifoliaceae

短梗冬青 *Ilex buergeri* Miq. 见于街头、龙溪、石梁；生于海拔 245～420m 的海山坡、林中或林缘

冬青 *Ilex chinensis* Sims 全县广布；生于海拔 45～815m 的海山坡、林中或林缘

珊瑚冬青 *Ilex corallina* Franch. 国清寺偶见栽培

无刺枸骨 *Ilex cornuta* Lindl. et Paxt. 'Burfordii Nana' 广泛栽培

枸骨 *Ilex cornuta* Lindl. et Paxton 全县广布；生于海拔 35～925m 的海山坡、林中、林缘、路旁

钝齿冬青 *Ilex crenata* Thunb. 见于龙溪、三合、石梁；生于海拔 920m 左右的林缘

龟甲冬青 *Ilex crenata* Thunb. 'Convexa' 零星栽培

厚叶冬青 *Ilex elmerrilliana* S. Y. Hu 见于赤城、街头、平桥、三州、石梁、泳溪；生于海拔 125～505m 的林中、灌丛或林缘

榕叶冬青 *Ilex ficoidea* Hemsl. 见于赤城、街头、龙溪；生于海拔 425～610m 的林中、灌丛或林缘

光枝刺叶冬青 *Ilex hylonoma* Hu et Tang var. *glabra* S. Y. Hu 见于街头、龙溪、石梁；生于海拔 255～335m 的林中、灌丛或林缘

皱柄冬青 *Ilex kengii* S. Y. Hu 见于石梁；生于海拔 395m 左右的林中、灌丛或林缘

大叶冬青 *Ilex latifolia* Thunb. 全县广布；生于海拔 135～820m 的山坡林中、灌丛或竹林中

木姜冬青 *Ilex litseifolia* Hu et Tang 见于街头、石梁；生于海拔 195～510m 的山坡林中、林缘

矮冬青 *Ilex lohfauensis* Merr. 见于街头；生于海拔 200m 左右的林中或灌丛

大果冬青 *Ilex macrocarpa* Oliv. 调查未及，《浙江植物志（新编）》有记载

大柄冬青 *Ilex macropoda* Miq. 见于石梁；生于海拔 800m 左右的林中

小果冬青 *Ilex micrococca* Maxim. 见于龙溪、三合、石梁；生于海拔 310～460m 的林中

毛冬青 *Ilex pubescens* Hook. et Arn 全县广布；生于海拔 60～409m 的山坡林中、林缘、灌丛或路边

铁冬青 *Ilex rotunda* Thunb. 见于白鹤、街头、龙溪、三合、三州、石梁、始丰；生于海拔 105～875m 的林中和林缘

书坤冬青 *Ilex shukunii* Y. Yang et H. Peng 见于街头、石梁；生于海拔 210～465m 的林中和林缘

香冬青 *Ilex suaveolens* (H. Lév.) Loes. 见于赤城、福溪、龙溪、石梁；生于海拔 70～640m 的林中

三花冬青 *Ilex triflora* Blume 见于街头、龙溪、石梁；生于海拔 265～580m 的林中或灌丛

毛枝三花冬青 *Ilex triflora* Blume var. *kanehirai* (Yamamoto) S. Y. Hu 见于龙溪、石梁；生于海拔 515～615m 的林中或灌丛

紫果冬青 *Ilex tsoii* Merr. et Chun 见于石梁；生于海拔 820～920m 的林中或灌丛

绿冬青 *Ilex viridis* Champ. ex Benth. 见于石梁；生于海拔 580m 左右的林中

尾叶冬青 *Ilex wilsonii* Loes. 见于街头、龙溪、石梁；生于海拔 440～610m 的林中或灌丛

95. 黄杨科 Buxaceae

尖叶黄杨 * *Buxus aemulans* (Rehder et E. H. Wilson) S. C. Li et S. H. Wu 偶见栽培

雀舌黄杨 * *Buxus bodinieri* H. Lév. 常见栽培

匙叶黄杨 * *Buxus harlandii* Hance 常见栽培

黄杨 * *Buxus sinica* (Rehder et E. H. Wilson) Cheng ex M. Cheng 常见栽培

东方野扇花 *Sarcococca orientalis* C. Y. Wu ex M. Cheng 见于龙溪；生于海拔 380m 左右的林中

96. 大戟科 Euphorbiaceae

铁苋菜 *Acalypha australis* L. 全县广布；生于海拔 45～800m 的荒地、林缘、草丛

日本五月茶 *Antidesma japonicum* Sieb. et Zucc. 见于赤城、龙溪；生于海拔 140m 左右的林下

重阳木 * *Bischofia polycarpa* (H. Lév.) Airy Shaw 零星栽培

细齿大戟 *Euphorbia bifida* Hook. et Arn 全县广布；生于海拔 40～575m 的山坡、灌丛、路旁及林缘

乳浆大戟 *Euphorbia esula* L. 见于石梁、泳溪；生于海拔 455m 左右的路旁、草丛、山坡、沟边

泽漆 *Euphorbia helioscopia* L. 全县广布；生于海拔 65～400m 的山沟、路旁、山坡

白苞猩猩草 *Euphorbia heterophylla* L. 见于福溪；生于海拔 145～215m 的路旁

飞扬草 *Euphorbia hirta* L. 全县广布；生于海拔 50～265m 的路旁、草丛、灌丛及山坡

地锦草 *Euphorbia humifusa* Willd 见于白鹤、赤城、福溪、街头、龙溪、南屏、平桥、三合、石梁、始丰；生于海拔 90～515m 的荒地、路旁、田间、山坡等地

续随子 * *Euphorbia lathyris* L. 零星栽培

斑地锦 *Euphorbia maculata* L. 全县广布；生于海拔 45～750m 的路旁、草丛、灌丛及山坡

小叶大戟 *Euphorbia makinoi* Hayata 见于赤城；生于海拔 107m 左右的路旁、草丛、灌丛及山坡

大戟 *Euphorbia pekinensis* Rupr. 见于赤城、福溪、石梁、泳溪；生于海拔 75～295m 的山坡、灌丛、路旁、荒地草丛、林缘、疏林内和裸岩上

匍匐大戟 *Euphorbia prostrata* Aiton 全县广布；生于海拔 40～500m 的路旁、屋旁和荒地草丛

钩腺大戟 *Euphorbia sieboldiana* C. Morren et Decne. 全县广布；生于海拔 245～845m 的田间、林缘、灌丛、林下、山坡

千根草 *Euphorbia thymifolia* L. 见于白鹤、赤城、石梁、始丰；生于海拔 86～460m 的路旁、屋旁、

草丛、稀疏灌丛

一叶萩 *Flueggea suffruticosa*（Pall.）Baill. 见于福溪、龙溪、石梁、始丰；生于海拔 45～820m 的山坡灌丛或山沟、路边

算盘子 *Glochidion puber*（L.）Hutch. 全县广布；生于海拔 52～965m 的山坡、溪旁灌丛或林缘

湖北算盘子 *Glochidion wilsonii* Hutch. 见于石梁；生于海拔 820～965m 的山地灌丛中

白背叶 *Mallotus apelta*（Lour.）Müll. Arg. 全县广布；生于海拔 65～660m 的山坡或山谷灌丛

日本野桐 *Mallotus japonicus*（L. f.）Müll. Arg. 见于白鹤、赤城、洪畴、龙溪、平桥、三合、石梁、泳溪；生于海拔 110～710m 的林中或林缘

卵叶石岩枫 *Mallotus repandus*（Willd.）Müll. Arg. var. *scabrifolius*（A. Juss.）Müll. Arg. 全县广布；生于海拔 45～475m 的林缘

野桐 *Mallotus tenuifolius* Pax 全县广布；生于海拔 50～960m 的林下、林缘

落萼叶下珠 *Phyllanthus flexuosus*（Sieb. et Zucc.）Müll. Arg. 见于龙溪、平桥；生于海拔 200m 左右的山坡疏林、沟边、路旁或灌丛

青灰叶下珠 *Phyllanthus glaucus* Wall. ex Müll. Arg 见于街头、雷峰、龙溪、平桥、三州、石梁、泳溪；生于海拔 170～950m 的山坡疏林、沟边、路旁或灌丛

蜜柑草 *Phyllanthus matsumurae* Hayata 全县广布；生于海拔 45～750m 的平地、田间、山地路旁或林缘

叶下珠 *Phyllanthus urinaria* L 全县广布；生于海拔 40～707m 的平地、田间、山地路旁或林缘

蓖麻 * *Ricinus communis* L. 零星栽培或逸生

山乌桕 *Sapium discolor*（Champ. ex Benth.）Müll. Arg. 见于石梁；生于海拔 1000m 左右的山谷或山坡林中

白木乌桕 *Sapium japonicum*（Sieb. et Zucc.）Pax et K. Hoffm. 见于龙溪、石梁、泳溪；生于海拔 175～955m 的林中湿润处或溪边

乌桕 *Sapium sebiferum*（L.）Roxb. 全县广布；生于海拔 50～720m 的林中

油桐 *Vernicia fordii*（Hemsl.）Airy Shaw 全县广布；生于海拔 55～655m 的林中

木油桐 *Vernicia montana* Lour. 见于白鹤、福溪、街头、龙溪、平桥、三州、始丰；生于海拔 60～395m 的林中

97. 鼠李科 Rhamnaceae

牯岭勾儿茶 *Berchemia kulingensis* C. K. Schneid. 全县广布；生于海拔 45～940m 的山谷灌丛、林缘或林中

北枳椇 *Hovenia dulcis* Thunb. 全县广布；生于海拔 85～660m 的林中

光叶毛果枳椇 *Hovenia trichocarpa* Chun et Tsiang var. *robusta*（Nakai et Y. Kimura）Y. L. Chen et P. K. Chou 见于白鹤、赤城、街头、龙溪、平桥、三州、石梁、始丰；生于海拔 80～650m 的林中

猫乳 *Rhamnella franguloides*（Maxim.）Weberbauer 见于白鹤、龙溪、石梁；生于海拔 325～390m 的山坡、路旁或林中

浙江鼠李 *Rhamnus chekiangensis* Cheng 见于始丰；生于海拔 115m 左右的林缘

长叶冻绿 *Rhamnus crenata* Sieb. et Zucc. 全县广布；生于海拔 45～800m 的山坡林下或灌丛

圆叶鼠李 *Rhamnus globosa* Bunge 全县广布；生于海拔 50～980m 的山坡林下或灌丛

冻绿 *Rhamnus utilis* Decne. 见于白鹤、洪畴、街头、雷峰、龙溪、平桥、石梁、始丰、泳溪；生于海拔 165～680m 的山坡林下、灌丛、沟边

山鼠李 *Rhamnus wilsonii* C. K. Schneid. 见于街头、龙溪、石梁；生于海拔 325～495m 的山坡路旁、沟边灌丛或林下

钩刺雀梅藤 *Sageretia hamosa*（Wall. ex Roxb.）Brongn.　见于石梁；生于海拔 320m 左右的山坡路旁、沟边灌丛或林下

刺藤子 *Sageretia melliana* Hand.-Mazz.　见于白鹤、洪畴、街头、雷峰、龙溪、平桥、三合、三州、石梁、泳溪；生于海拔 195～455m 的山坡林缘或林下

雀梅藤 *Sageretia thea*（Osbeck）M. C. Johnst.　全县广布；生于海拔 35～610m 的丘陵、山地林下或灌丛中

枣 * *Ziziphus jujuba* Mill.　广泛栽培

龙爪枣 * *Ziziphus jujuba* Mill.‘Tortuosa’偶见栽培

98. 葡萄科 Vitaceae

乌头叶蛇葡萄 *Ampelopsis aconitifolia* Bunge　见于石梁、坦头、泳溪；生于海拔 475～525m 的林缘

异叶蛇葡萄 *Ampelopsis brevipedunculata*（Maxim.）Trautv. var. *heterophylla*（Thunb.）H. Hara　全县广布；生于海拔 75～915m 的山坡林中或灌丛

牯岭蛇葡萄 *Ampelopsis brevipedunculata*（Maxim.）Trautv. var. *kulingensis* Rehder　全县广布；生于海拔 105～775m 的山坡林中或灌丛

三裂叶蛇葡萄 *Ampelopsis delavayana* Planch. ex Franch.　全县广布；生于海拔 45～930m 的林缘

掌裂蛇葡萄 *Ampelopsis delavayana* Planch. ex Franch. var. *glabra*（Diels et Gilg）C. L. Li　见于平桥；生于海拔 212m 左右的林缘

蛇葡萄 *Ampelopsis glandulosa*（Wall.）Momiy.　见于白鹤、赤城、街头、龙溪、南屏、平桥、三合、石梁、始丰、坦头；生于海拔 55～500m 的林缘

光叶蛇葡萄 *Ampelopsis glandulosa*（Wall.）Momiy. var. *hancei*（Planch.）Momiy.　见于洪畴；生于海拔 110～290m 的山坡林中或灌丛

白蔹 *Ampelopsis japonica*（Thunb.）Makino　见于白鹤、赤城、龙溪、平桥、石梁、始丰；生于海拔 135～465m 的山坡、灌丛或草地

乌蔹莓 *Causonis japonica*（Thunb.）Raf　全县广布；生于海拔 40～930m 的山坡林中

山地乌蔹莓 *Causonis montana* Z. H. Chen，Y. F. Lu et X. F. Jin　见于龙溪；生于海拔 500m 左右的林缘、乱石堆

广东牛果藤 *Nekemias cantoniensis*（Hook. et Arn.）J. Wen et Z. L. Nie　全县广布；生于海拔 90～665m 的林缘、乱石堆

异叶爬山虎 *Parthenocissus dalzielii* Gagnep.　全县广布；生于海拔 55～945m 的山坡、林中或石壁

绿爬山虎 *Parthenocissus laetevirens* Rehder　见于街头、雷峰、龙溪、南屏、平桥、三州、石梁、始丰、泳溪；生于海拔 165～455m 的山坡、林中或石壁

五叶地锦 * *Parthenocissus quinquefolia*（L.）Planch.　路边栽培绿化

爬山虎 *Parthenocissus tricuspidata*（Sieb. et Zucc.）Planch.　全县广布；生于海拔 50～920m 的屋旁，攀援墙壁上

美丽拟乌蔹莓 *Pseudocayratia speciosa* J. Wen et L. M. Lu　见于龙溪、石梁；生于海拔 485～800m 的山坡灌丛、山谷、溪边林下

三叶崖爬藤 *Tetrastigma hemsleyanum* Diels et Gilg　见于雷峰、龙溪、平桥、石梁、泳溪；生于海拔 170～375m 的山坡灌丛、山谷、溪边林下

秀丽葡萄 *Vitis amoena* Z. H. Chen, F. Chen et W. Y. Xie　见于龙溪；生于海拔 430m 左右的林缘

蘡薁 *Vitis bryoniifolia* Bunge　见于福溪、街头、雷峰、龙溪、平桥、三合、始丰、坦头；生于海拔 45～370m 的山坡、路旁林中

刺葡萄 *Vitis davidii*（Rom. Caill.）Foëx　全县广布；生于海拔 95～800m 的山坡林中或灌丛

葛薁 *Vitis flexuosa* Thunb. 见于福溪、洪畴、街头、龙溪、南屏、平桥、石梁、始丰、坦头、泳溪；生于海拔 50～940m 的林缘或灌丛

菱叶葡萄 *Vitis hancockii* Hance 全县广布；生于海拔 55～780m 的山坡林中或灌丛

毛葡萄 *Vitis heyneana* Roem. et Schult. 见于街头、石梁；生于海拔 275～450m 的山坡林中、灌丛、林缘

华东葡萄 *Vitis pseudoreticulata* W. T. Wang 全县广布；生于海拔 50～970m 的河边、山坡荒地、草丛、灌丛或林中

小叶葡萄 *Vitis sinocinerea* W. T. Wang 见于街头；生于海拔 287m 左右的山坡林中或灌丛

葡萄 * *Vitis vinifera* L. 全县广泛栽培

网脉葡萄 *Vitis wilsoniae* H. J. Veitch 见于龙溪、石梁；生于海拔 800m 左右的山坡林中或灌丛

浙江蘡薁 *Vitis zhejiang-adstricta* P. L. Chiu 见于白鹤；生于海拔 360m 左右的林缘

俞藤 *Yua thomsonii* (M. A. Lawson) C. L. Li 见于白鹤、街头、石梁；生于海拔 220～500m 的山坡林中，攀援于树上

99. 远志科 Polygalaceae

香港远志 *Polygala hongkongensis* Hemsl. 见于龙溪、石梁；生于海拔 615m 左右的石壁上

狭叶香港远志 *Polygala hongkongensis* Hemsl. var. *stenophylla* (Hayata) Migo 全县广布；生于海拔 85～685m 的石壁上

瓜子金 *Polygala japonica* Houtt. 见于白鹤、福溪、街头、龙溪、平桥、石梁、始丰；生于海拔 60～475m 的山坡草地或路旁

100. 省沽油科 Staphyleaceae

野鸦椿 *Euscaphis japonica* (Thunb.) Kanitz 全县广布；生于海拔 55～935m 的林下、林缘

省沽油 *Staphylea bumalda* DC. 见于龙溪、三合、石梁、泳溪；生于海拔 330～920m 的路旁、山地或灌丛

瘿椒树 *Tapiscia sinensis* Oliv. 见于石梁；生于海拔 490～800m 的林中或林缘

101. 无患子科 Sapindaceae

黄山栾树 *Koelreuteria bipinnata* Franch. var. *integrifoliola* (Merr.) T. C. Chen 见于赤城；生于海拔 235～430m 的林中或林缘

栾树 * *Koelreuteria paniculata* Laxm. 零星栽培

无患子 * *Sapindus saponaria* L. 广泛栽培

102. 七叶树科 Hippocastanaceae

七叶树 * *Aesculus chinensis* Bunge 零星栽培

天师栗 * *Aesculus wilsonii* Rehder 石梁有栽培

103. 槭树科 Aceraceae

锐角槭 *Acer acutum* Fang 见于石梁；生于海拔 800～1000m 的林中或林缘

阔叶槭 *Acer amplum* Rehder 见于龙溪、石梁；生于海拔 480～939m 的林中或林缘

天台阔叶槭 *Acer amplum* Rehder var. *tientaiense* (C. K. Schneid.) Rehder 见于石梁；生于海拔 800m 左右的林中

三角槭 *Acer buergerianum* Miq. 全县广布；生于海拔 70～605m 的林中

平翅三角槭 *Acer buergerianum* Miq. var. *horizontale* F. P. Metcalf 见于赤城、街头、雷峰、龙溪、平桥、石梁；生于海拔 100～600m 的林中

樟叶槭 * *Acer cinnamomifolium* Hayata 平桥有栽培

青榨槭 *Acer davidii* Franch.　见于街头、龙溪、平桥、石梁、泳溪；生于海拔 190～960m 的林中

秀丽槭 *Acer elegantulum* Fang et P. L. Chiu　见于赤城、街头、石梁、始丰；生于海拔 105～365m 的林中

建始槭 *Acer henryi* Pax　见于龙溪、石梁；生于海拔 555～600m 的林中

临安槭 *Acer linganense* Fang et P. L. Chiu　见于石梁；生于海拔 800～1100m 的林中

橄榄槭 *Acer olivaceum* Fang et P. L. Chiu　见于赤城、龙溪、石梁；生于海拔 395～965m 的林中

鸡爪槭 * *Acer palmatum* Thunb.　常见栽培

红枫 * *Acer palmatum* Thunb. 'Atropurpureum' 常见栽培

羽毛槭 * *Acer palmatum* Thunb. 'Dissectum' 常见栽培

美丽毛鸡爪槭 * *Acer palmatum* Thunb. var. *amoenum* (Carrière) Ohwi 零星栽培

稀花槭 *Acer pauciflorum* Fang　见于街头；生于海拔 400 左右的陡崖、林缘裸岩

色木槭 *Acer pictum* Thunb. subsp. *mono* (Maxim.) H. Ohashi　见于石梁；生于海拔 912m 左右的林中

卷毛长柄槭 *Acer pictum* Thunb. subsp. *pubigerum* (Fang) Y. S. Chen　见于石梁；生于海拔 800～1000m 的林中

毛脉槭 *Acer pubinerve* Rehder　见于龙溪、平桥、石梁；生于海拔 110～600m 的林中

毛鸡爪槭 *Acer pubipalmatum* Fang　见于赤城、石梁；生于海拔 755～965m 的林中

天目槭 *Acer sinopurpurascens* Cheng　见于石梁；生于海拔 460～960m 的林中

苦茶槭 *Acer tataricum* L. subsp. *theiferum* (Fang) Z. H. Chen et P. L. Chiu　见于白鹤、赤城、街头、龙溪、平桥、三合、三州、石梁、泳溪；生于海拔 160～930m 的阔叶林中

104. 漆树科 Anacardiaceae

南酸枣 *Choerospondias axillaris* (Roxb.) Burtt et Hill　全县广布；生于海拔 150～970m 的山坡、丘陵或沟谷林中

毛黄栌 *Cotinus coggygria* Scop. var. *pubescens* Engl.　见于赤城、街头、龙溪、平桥、石梁、始丰；生于海拔 65～430m 的向阳山坡或紫砂岩荒地

黄连木 *Pistacia chinensis* Bunge　全县广布；生于海拔 55～575m 的林中

盐肤木 *Rhus chinensis* Mill　全县广布；生于海拔 45～960m 的林中或林缘

野漆树 *Toxicodendron succedaneum* (L.) Kuntze　见于白鹤、赤城、街头、平桥、石梁；生于海拔 140～480m 的林中或林缘

木蜡树 *Toxicodendron sylvestre* (Sieb. et Zucc.) Kuntze　全县广布；生于海拔 75～945m 的林中

漆树 * *Toxicodendron vernicifluum* (Stokes) F. A. Barkl.　零星栽培

105. 苦木科 Simaroubaceae

臭椿 *Ailanthus altissima* (Mill.) Swingle　全县广布；生于海拔 45～670m 的路边、林下

苦木 *Picrasma quassioides* (D. Don) Benn.　见于白鹤、洪畴、街头、龙溪、石梁、始丰；生于海拔 210～960m 的林下或林缘

106. 楝科 Meliaceae

楝树 *Melia azedarach* L.　全县广布；生于海拔 45～755m 的林下或林缘

红花香椿 *Toona fargesii* A. Chev.　见于街头、龙溪、平桥、石梁；生于海拔 600～900m 的林下或林缘

香椿 * *Toona sinensis* (A. Juss.) M. Roem.　零星栽培

107. 芸香科 Rutaceae

松风草 *Boenninghausenia albiflora* (Hook.) Reichb. ex Meisn.　见于龙溪、石梁、泳溪；生于海拔

515～735m 的林下或林缘

柚 * *Citrus maxima*（Burm.）Merr. 常见栽培

香橼 * *Citrus medica* L. 零星栽培

佛手 * *Citrus medica* L. var. *sarcodactylis* Swingle 零星栽培

柑橘 * *Citrus reticulata* Blanco 常见栽培

本地早 * *Citrus reticulata* Blanco 'Succosa' 零星栽培

山橘 *Fortunella hindsii*（Champ. ex Benth.）Swingle 见于平桥、石梁；生于海拔 300m 左右的林下、林缘或裸崖上

金橘 * *Fortunella margarita*（Lour.）Swingle 常见栽培

九里香 * *Murraya exotica* L. 偶见栽培

臭常山 *Orixa japonica* Thunb. 见于赤城、街头；生于海拔 200m 左右的林下

秃叶黄檗 *Phellodendron chinense* C. K. Schneid. var. *glabriusculum* C. K. Schneid 见于石梁；生于海拔 610～770m 的林下

枳橘 *Poncirus trifoliata*（L.）Raf. 见于白鹤、赤城、福溪、南屏、平桥、石梁、始丰；生于海拔 60～635m 的林下

茵芋 *Skimmia reevesiana*（Fortune）Fortune 见于街头、石梁；生于海拔 460m 左右的林下、林缘

臭辣树 *Tetradium glabrifolium*（Champ. ex Benth.）T. G. Hartley 全县广布；生于海拔 60～960m 的林下、林缘

吴茱萸 *Tetradium ruticarpum*（A. Juss.）T.G. Hartley 见于白鹤、洪畴、街头、雷峰、龙溪、平桥、始丰、坦头、泳溪；生于海拔 100～665m 的林下或林缘、路旁

椿叶花椒 *Zanthoxylum ailanthoides* Sieb. et Zucc. 全县广布；生于海拔 80～925m 的林下

竹叶椒 *Zanthoxylum armatum* DC. 全县广布；生于海拔 45～565m 的林下或林缘

毛竹叶椒 *Zanthoxylum armatum* DC. var. *ferrugineum*（Rehder et E. H. Wilson）C. C. Huang 见于赤城；生于林下或林缘

朵椒 *Zanthoxylum molle* Rehder 见于街头、平桥、坦头；生于海拔 230～815m 的林下或林缘

大叶臭椒 *Zanthoxylum myriacanthum* Wall. ex Hook. f 见于街头、三州；生于海拔 315～410m 的林下或林缘

花椒簕 *Zanthoxylum scandens* Blume 全县广布；生于海拔 140～525m 的林下或灌丛

青花椒 *Zanthoxylum schinifolium* Sieb. et Zucc. 见于龙溪、泳溪；生于海拔 120～700m 的林下

野花椒 *Zanthoxylum simulans* Hance 见于平桥；生于海拔 110m 左右的林缘灌丛

108. 蒺藜科 Zygophyllaceae

蒺藜 *Tribulus terrestris* L. 调查未及，《浙江植物志（新编）》有记载

109. 酢浆草科 Oxalidaceae

酢浆草 *Oxalis corniculata* L. 全县广布；生于海拔 50～1048m 的山坡、路边、田边、荒地或林下阴湿处等

红花酢浆草 * *Oxalis corymbosa* DC. 常见栽培或逸生

直立酢浆草 *Oxalis stricta* L. 全县广布；生于海拔 94～795m 的山坡、路边、田边、荒地或林下阴湿处等

紫叶酢浆草 * *Oxalis triangularis* A. St.-Hil. 零星栽培

110. 牻牛儿苗科 Geraniaceae

野老鹳草 *Geranium carolinianum* L. 全县广布；生于海拔 45～857m 的路边草丛、林缘

中日老鹳草 *Geranium thunbergii* Siebold. ex Lind. et Paxt. 见于白鹤、赤城、石梁；生于海拔 660～710m 的路边草丛、林缘

老鹳草 *Geranium wilfordii* Maxim. 见于赤城、平桥、三州、石梁；生于海拔 245～735m 的路边草丛、林缘

天竺葵 * *Pelargonium × hortorum* L. H. Bailey 全县广泛栽培

111. 凤仙花科 Balsaminaceae

凤仙花 * *Impatiens balsimina* L. 全县广泛栽培

牯岭凤仙花 *Impatiens davidii* Franch. 见于龙溪、平桥、石梁、坦头、泳溪；生于海拔 290～955m 的山坡林下或草丛

112. 五加科 Araliaceae

头序楤木 *Aralia dasyphylla* Miq 全县广布；生于海拔 50～960m 的林中、林缘和向阳山坡

棘茎楤木 *Aralia echinocaulis* Hand.-Mazz. 全县广布；生于海拔 95～770m 的林中

楤木 *Aralia hupehensis* G. Hoo 全县广布；生于海拔 70～960m 的林中、灌丛或林缘路边

树参 *Dendropanax dentiger* （Harms）Merr. 见于龙溪、石梁、泳溪；生于海拔 310～785m 的林下

糙叶五加 *Eleutherococcus henryi* Oliv. 见于龙溪；生于海拔 960m 左右的林下

细柱五加 *Eleutherococcus nodiflorus* （Dunn）S. Y. Hu 全县广布；生于海拔 70～740m 的林下

三叶细柱五加 *Eleutherococcus nodiflorus* （Dunn）S. Y. Hu var. *trifoliolatus*（C. B. Shang）S. L. Zhang et Z. H. Chen 调查未及,《浙江植物志（新编）》有记载

吴茱萸五加 *Gamblea ciliata* Clarke var. *evodiifolia*（Franch.）C. B. Shang，Lowry et Frodin 见于白鹤、龙溪、石梁；生于海拔 400～640m 的林缘

中华常春藤 *Hedera nepalensis* K. Koch var. *sinensis*（Tobl.）Rehder 全县广布；生于海拔 75～960m 的林下或林缘

刺楸 *Kalopanax septemlobus*（Thunb.）Koidz. 全县广布；生于海拔 120～965m 的林下、林缘

竹节参 *Panax japonicus*（Nees）C. A. Mey. 见于石梁；生于海拔 980m 左右的林下或林缘

通脱木 * *Tetrapanax papyrifer*（Hook.）K. Koch 零星栽培

113. 伞形科 Apiaceae

杭白芷 * *Angelica dahurica*（Fisch. ex Hoffm.）Benth. et Hook. f. ex Franch. et Sav. 'Hangbaizhi' 偶见栽培

紫花前胡 *Angelica decursiva*（Miq.）Franch. et Sav 全县广布；生于海拔 365～970m 的山坡林缘、溪沟边或灌丛

福参 *Angelica morii* Hayata 见于白鹤、赤城、福溪、洪畴、街头、雷峰、龙溪、平桥、始丰；生于海拔 80～550m 的山谷溪沟石缝内

旱芹 * *Apium graveolens* L. 全县广泛栽培

大叶柴胡 *Bupleurum longiradiatum* Turcz. 见于街头、石梁；生于海拔 810～1000m 的林下阴湿处

南方大叶柴胡 *Bupleurum longiradiatum* Turcz. f. *australe* Shan et Y. Li 见于龙溪、石梁；生于海拔 585～875m 的山坡、林下阴湿处或溪谷草丛

积雪草 *Centella asiatica*（L.）Urban 全县广布；生于海拔 55～955m 的阴湿的草地或水沟边

明党参 *Changium smyrnioides* Wolf 见于赤城；生于 220m 的紫砂岩上

蛇床 *Cnidium monnieri*（L.）Cuss. 全县广布；生于海拔 79～382m 的田边、路旁、草地及河边湿地

芫荽 * *Coriandrum sativum* L. 全县广泛栽培

鸭儿芹 *Cryptotaenia japonica* Hassk 全县广布；生于海拔 70～915m 的山地、山沟及林下阴湿处

细叶旱芹 Cyclospermum leptophyllum（Pers.）Sprague 全县广布；生于海拔 40～250m 的杂草地或水沟边

野胡萝卜 Daucus carota L. 见于白鹤、福溪、洪畴、街头、三合；生于海拔 80～265m 的路旁、平地、田间

胡萝卜 * Daucus carota L. var. sativa Hoffm. 全县广泛栽培

茴香 * Foeniculum vulgare Mill. 零星栽培

短毛独活 Heracleum moellendorfii Hance 见于石梁；生于海拔 660～915m 的林缘

红马蹄草 Hydrocotyle nepalensis Hook. 见于龙溪、石梁；生于海拔 245～595m 的山坡、路旁阴湿处、水沟或溪边草丛

密伞天胡荽 Hydrocotyle pseudoconferta Masamune 见于始丰；生于海拔 60m 左右的路旁

天胡荽 Hydrocotyle sibthorpioides Lam. 全县广布；生于海拔 35～1220m 的草地、沟边、林下

破铜钱 Hydrocotyle sibthorpioides Lam. var. batrachaum（Hance）Hand.-Mazz. ex Shan 全县广布；生于海拔 800m 以下的草地、沟边、林下

南美天胡荽 * Hydrocotyle verticillata Thunb. 公园、庭院常见栽培

川芎 * Ligusticum chuanxiong Hort. 偶见栽培

藁本 Ligusticum sinense Oliv. 见于石梁；生于海拔 912m 左右的林下、沟边草丛

白苞芹 Nothosmyrnium japonicum Miq. 调查未及，《浙江植物志（新编）》有记载

水芹 Oenanthe javanica（Blume）DC. 全县广布；生于海拔 35～900m 的浅水低洼处或池沼、水沟旁

中华水芹 Oenanthe linearis Wall. ex DC. 见于南屏、平桥；生于海拔 70～170m 的水田沼地及山坡路旁湿地

紫花山芹 Ostericum atropurpureum G. Y. Li, G. H. Xia et W. Y. Xie 见于石梁；生于海拔 445m 左右的林下

隔山香 Ostericum citriodorum（Hance）C. Q. Yuan et R. H. Shan 见于龙溪；生于海拔 950m 左右的山坡灌丛或林缘、草丛

大齿山芹 Ostericum grosseserratum（Maxim.）Kitagawa 见于龙溪、石梁；生于海拔 430m 左右的林下

华东山芹 Ostericum huadongensis Z. H. Pan et X. H. Li 见于龙溪、石梁；生于海拔 345～870m 的山坡林缘

白花前胡 Peucedanum praeruptorum Dunn 见于白鹤、赤城、街头、雷峰、龙溪、平桥、三合、石梁、始丰、坦头、泳溪；生于海拔 95～800m 的林缘或林中

异叶茴芹 Pimpinella diversifolia DC. 全县广布；生于海拔 100～585m 的山坡草丛、沟边或林下

变豆菜 Sanicula chinensis Bunge 见于白鹤、赤城、雷峰、龙溪、石梁、始丰；生于海拔 135～780m 的山坡路旁、林下、溪边

薄片变豆菜 Sanicula lamelligera Hance 全县广布；生于海拔 365～785m 的山坡林下、沟谷、溪边

直刺变豆菜 Sanicula orthacantha S. Moore 见于龙溪、石梁；生于山坡林下、沟谷、溪边

天目变豆菜 Sanicula tienmuensis R. H. Shan et Constance 调查未及，《浙江植物志（新编）》有记载

泽芹 Sium suave Walt. 见于白鹤；生于海拔 135m 左右的林缘

小窃衣 Torilis japonica（Houtt.）DC. 全县广布；生于海拔 50～665m 的林下、林缘、路旁、河沟边以及溪边草丛

窃衣 Torilis scabra（Thunb.）DC. 全县广布；生于海拔 70～800m 的林下、林缘、路旁、河沟边以及溪边草丛

114. 马钱科 Loganiaceae

蓬莱葛 Gardneria multiflora Makino 全县广布；生于海拔 100～960m 的林下或山坡灌丛

水田白 *Mitrasacme pygmaea* R. Br. 见于石梁；生于湿润草丛

115. 龙胆科 Gentianaceae

五岭龙胆 *Gentiana davidii* Franch. 见于石梁；生于海拔510～655m的山坡草丛、山坡路旁、林缘、林下

龙胆 *Gentiana scabra* Bunge 见于赤城、龙溪、石梁；生于海拔600～1000m左右的山坡草地、路边、灌丛及林缘

笔龙胆 *Gentiana zollingeri* Fawcett 见于龙溪、石梁；生于海拔595～970m的林下、林缘

獐牙菜 *Swertia bimaculata*（Sieb. et Zucc.）Hook. f. et Thoms. ex Clarke 全县广布；生于海拔220～1210m的河滩、山坡草地、林下、灌丛、沼泽地

浙江獐牙菜 *Swertia hickinii* Burk. 见于赤城、龙溪、始丰、泳溪；生于海拔200m左右的草坡、田边、林下

华双蝴蝶 *Tripterospermum chinense*（Migo）H. Smith ex Nilsson 见于白鹤、街头、龙溪、平桥、石梁；生于海拔265～1195m的林下或林缘

细茎双蝴蝶 *Tripterospermum filicaule*（Hemsl.）H. Smith 见于龙溪、石梁；生于海拔880～965m的林中、林缘或灌丛

116. 夹竹桃科 Apocynaceae

链珠藤 *Alyxia sinensis* Champ. ex Benth. 见于赤城、坦头；生于海拔170～280m的林下或林缘

长春花 * *Catharanthus roseus*（L.）G. Don 全县广泛栽培

夹竹桃 * *Nerium oleander* L. 全县广泛栽培

毛药藤 *Sindechites henryi* Oliv. 见于龙溪；生于海拔480m左右的山地疏林中、路旁阳处灌丛

细梗络石 *Trachelospermum asiaticum*（Sieb. et Zucc.）Nakai 见于石梁、始丰；生于海拔400m左右的林中或灌丛

紫花络石 *Trachelospermum axillare* Hook. f. 见于龙溪、平桥；生于海拔175～550m的山谷及疏林中或水沟边

络石 *Trachelospermum jasminoides*（Lindl.）Lem. 全县广布；生于海拔45～755m的溪边、路旁、林缘或林中

花叶络石 * *Trachelospermum jasminoides*（Lindl.）Lem. 'Flame' 公园绿地广泛栽培

蔓长春花 * *Vinca major* L. 公园绿地广泛栽培

花叶蔓长春花 * *Vinca major* L. 'Variegata' 公园绿地广泛栽培

117. 萝藦科 Asclepiadaceae

祛风藤 *Biondia microcentra*（Tsiang）P. T. Li 见于白鹤、赤城、石梁；生于海拔350～530m的林缘或林下

折冠牛皮消 *Cynanchum boudieri* H. Lév. et Vaniot 见于白鹤、赤城、龙溪、石梁；生于海拔320～800m的路旁、林缘

蔓剪草 *Cynanchum chekiangense* M. Cheng 见于石梁；生于海拔920～1000m的山谷、溪旁、密林中潮湿之地

毛白前 *Cynanchum mooreanum* Hemsl. 见于白鹤、赤城、街头、雷峰、龙溪、三合、泳溪；生于海拔100～300m的山坡灌丛或疏林中

徐长卿 *Cynanchum paniculatum*（Bunge）Kitag. ex H. Hara 见于白鹤、石梁；生于海拔480m左右的山坡草丛

柳叶白前 *Cynanchum stauntonii*（Decne.）Schltr. ex H. Lév. 见于街头、泳溪；生于海拔215m左

右的河滩

黑鳗藤 *Jasminanthes mucronata*（Blanco）W. D. Stevens et P. T. Li 见于街头；生于海拔 500m 以下的山地林中

团花牛奶菜 *Marsdenia glomerata* Tsiang 见于龙溪；生于海拔 306m 左右的林中

萝藦 *Metaplexis japonica*（Thunb.）Makino 全县广布；生于海拔 50～940m 的林边荒地、河边、路旁灌丛

天蓝尖瓣木 ＊*Oxypetalum coeruleum*（D. Don ex Sweet）Decne. 国清寺有作插花用

七层楼 *Tylophora floribunda* Miq. 见于赤城、洪畴、石梁、始丰、泳溪；生于海拔 55～520m 的灌丛或疏林中

贵州娃儿藤 *Tylophora silvestris* Tsiang 见于白鹤、福溪、街头、龙溪、石梁；生于海拔 95～645m 的山地林中及路旁

118. 茄科 Solanaceae

辣椒 ＊*Capsicum annuum* L. 全县广泛栽培

朝天椒 ＊*Capsicum annuum* L. var. *conoides*（Mill.）Irish 全县广泛栽培

曼陀罗 ＊*Datura stramonium* L. 零星栽培或逸生

宁夏枸杞 ＊*Lycium barbarum* L. 偶见栽培

枸杞 *Lycium chinense* Mill. 见于赤城、福溪、平桥、石梁、始丰、坦头；生于海拔 95～270m 的海滨山坡、荒地

番茄 ＊*Lycopersicon esculentum* Mill. 全县广泛栽培

假酸浆 *Nicandra physalodes*（L.）Gaertn. 见于始丰；生于海拔 100m 左右的田边、荒地

烟草 ＊*Nicotiana tabacum* L. 零星栽培

碧冬茄 ＊*Petunia hybrida* Vilm. 全县广泛栽培

江南散血丹 *Physaliastrum heterophyllum*（Hemsl.）Migo 见于石梁；生于海拔 820～930m 的山坡或林下阴湿处

苦蘵 *Physalis angulata* L. 全县广布；生于海拔 40～556m 的山坡林下或路旁

毛苦蘵 *Physalis angulata* L. var. *villosa* Bonati 全县广布；生于海拔 90～520m 的林缘、路旁、田边

少花龙葵 *Solanum americanum* Mill. 全县广布，逸生于海拔 45～775m 的田边、荒地及村庄附近

牛茄子 *Solanum capsicoides* All. 见于赤城，逸生于路边

野海茄 *Solanum japonense* Nakai 见于石梁；生于海拔 720m 以下的荒坡、山谷、水边、路旁

白英 *Solanum lyratum* Thunb. 全县广布；生于海拔 58～770m 的山谷草地或路旁、田边

茄 ＊*Solanum melongena* L. 全县广布

龙葵 *Solanum nigrum* L. 全县广布；生于海拔 45～775m 的田边、荒地及村庄附近

海桐叶白英 *Solanum pittosporifolium* Hemsl. 见于石梁；生于海拔 595～970m 的林下

珊瑚樱 ＊*Solanum pseudocapsicum* L. 零星栽培

珊瑚豆 ＊*Solanum pseudocapsicum* L. var. *diflorum*（Vell.）Bitter 零星栽培

马铃薯 ＊*Solanum tuberosum* L. 全县广泛栽培

龙珠 *Tubocapsicum anomalum*（Franch. et Sav.）Makino 见于街头、雷峰、平桥、三合、石梁；生于海拔 95～525m 的山坡林下、路边湿润处

119. 旋花科 Convolvulaceae

打碗花 *Calystegia hederacea* Wall. ex Roxb. 全县广布；生于海拔 175～335m 的田边、荒地、路旁

旋花 *Calystegia silvatica*（Kit.）Griseb. subsp. *orientalis* Brummitt 见于街头、龙溪、三合、三州、

石梁;生于海拔 120~420m 的路旁、溪边草丛、田边或山坡林缘

马蹄金 *Dichondra micrantha* Urb. 全县广布;生于海拔 70~310m 的山坡草地、路旁或沟边

飞蛾藤 *Dinetus racemosus*（Roxb.）Sweet 全县广布;生于海拔 125~470m 的山坡灌丛

土丁桂 *Evolvulus alsinoides*（L.）L. 见于街头、雷峰;生于海拔 150~280m 的草坡、灌丛及路边

蕹菜 * *Ipomoea aquatica* Forssk. 全县广泛栽培

番薯 * *Ipomoea batatas*（L.）Lam. 全县广泛栽培

瘤梗甘薯 *Ipomoea lacunosa* L. 全县广布;生于海拔 45~560m 的路旁、田边

牵牛 *Ipomoea nil*（L.）Roth 全县广布;生于海拔 45~520m 的山坡灌丛、路边、房屋边

圆叶牵牛 *Ipomoea purpurea*（L.）Roth 全县广布;生于海拔 45~800m 的山坡灌丛、路边、房屋边

三裂叶薯 *Ipomoea triloba* L. 全县广布;生于海拔 45~385m 的路旁、荒草地或田间

茑萝松 * *Quamoclit pinnata*（Desr.）Bojer 全县广泛栽培

120. 菟丝子科 Cuscutaceae

南方菟丝子 *Cuscuta australis* R. Br. 全县广布;生于海拔 35~700m 的田边、路旁、河滩等草本或小灌木上

菟丝子 *Cuscuta chinensis* Lam. 见于白鹤、福溪、街头、雷峰、南屏、始丰;生于海拔 55~154m 的田边、路旁、河滩等草本或小灌木上

金灯藤 *Cuscuta japonica* Choisy 全县广布;生于海拔 85~809m 的田边、路旁、河滩等草本或小灌木上

121. 花葱科 Polemoniaceae

天蓝绣球 * *Phlox paniculata* L. 偶见栽培

针叶天蓝绣球 * *Phlox subulata* L. 偶见栽培

122. 紫草科 Boraginaceae

柔弱斑种草 *Bothriospermum zeylanicum*（J. Jacq.）Druce 全县广布;生于海拔 45~965m 的山坡路边、田间草丛、山坡草地及溪边阴湿处

琉璃草 *Cynoglossum furcatum* Wall. 见于龙溪、南屏;生于海拔 130~665m 的林间草地、向阳山坡及路边

小花琉璃草 *Cynoglossum lanceolatum* Forssk. 见于街头、龙溪;生于海拔 165~620m 的林间草地、向阳山坡及路边

厚壳树 *Ehretia acuminata* R. Br. 见于街头、龙溪、平桥、三合、三州、石梁;生于海拔 130~940m 的林下、山坡灌丛及山谷密林

梓木草 *Lithospermum zollingeri* A. DC. 见于白鹤、赤城、街头、石梁;生于海拔 70~460m 的林下或林缘

盾果草 *Thyrocarpus sampsonii* Hance 全县广布;生于海拔 50~430m 的山坡草丛或灌丛下

附地菜 *Trigonotis peduncularis*（Trevir.）Steven ex Palib. 全县广布;生于海拔 45~800m 的平原、丘陵草地、林缘、田间及荒地

123. 马鞭草科 Verbenaceae

紫珠 *Callicarpa bodinieri* H. Lév. 见于白鹤、街头、石梁;生于海拔 185~475m 的林中、林缘及灌丛

华紫珠 *Callicarpa cathayana* H. T. Chang 全县广布;生于海拔 70~840m 的山坡林缘、林下

白棠子树 *Callicarpa dichotoma*（Lour.）K. Koch 全县广布;生于海拔 40~525m 的灌丛、河滩

杜虹花 *Callicarpa formosana* Rolfe 见于赤城、街头、石梁、始丰;生于海拔 140~930m 的山坡和溪

边的林中或灌丛

老鸦糊 *Callicarpa giraldii* Hesse ex Rehder 全县广布;生于海拔 210～955m 的疏林和灌丛

毛叶老鸦糊 *Callicarpa giraldii* Hesse ex Rehder var. *subcanescens* Rehder 见于石梁;生于海拔 600m 左右的疏林和灌丛

全缘叶紫珠 *Callicarpa integerrima* Champ. 见于赤城、街头、龙溪、平桥、石梁;生于海拔 145～460m 的山坡或谷地林中

日本紫珠 *Callicarpa japonica* Thunb. 见于龙溪、石梁;生于海拔 425～800m 的林下

膜叶紫珠 *Callicarpa membranacea* H. T. Chang 见于石梁;生于海拔 500m 以上的林缘或林中

红紫珠 *Callicarpa rubella* Lindl. 见于街头、龙溪、平桥、石梁;生于海拔 210～600m 的山坡林中或灌丛

秃红紫珠 *Callicarpa subglabra*（Pei）L. X. Ye et B. Y. Ding 见于白鹤、街头、龙溪、平桥、三州、石梁、泳溪;生于海拔 195～545m 的林中或林缘

金叶莸 * *Caryopteris* × *clandonensis* Hort. 'Worcester Gold' 偶见栽培

兰香草 *Caryopteris incana*（Thunb. ex Houtt.）Miq. 全县广布;生于海拔 40～435m 的山坡、路旁或林缘

单花莸 *Caryopteris nepetifolia*（Benth.）Maxim. 全县广布;生于海拔 60～530m 的山坡、路旁或林缘

臭牡丹 *Clerodendrum bungei* Steud. 见于白鹤、洪畴、街头、南屏、平桥、石梁;生于海拔 95～415m 的山坡、林缘、沟谷、路旁或灌丛

大青 *Clerodendrum cyrtophyllum* Turcz. 全县广布;生于海拔 50～975m 的平原、山坡林下或溪旁

尖齿臭茉莉 *Clerodendrum lindleyi* Decne. ex Planch. 见于石梁;生于海拔 200m 以下的山坡、沟边、林下或路边

海州常山 *Clerodendrum trichotomum* Thunb. 全县广布;生于海拔 75～800m 的山坡灌丛

假连翘 * *Duranta erecta* L. 城区偶见栽培

马缨丹 * *Lantana camara* L. 公园绿地广泛栽培

透骨草 *Phryma leptostachya* L. subsp. *asiatica*（H. Hara）Kitamura 见于白鹤、赤城、街头、龙溪、石梁、始丰;生于海拔 110～515m 的林下、林缘

豆腐柴 *Premna microphylla* Turcz. 全县广布;生于海拔 45～965m 的山坡林下或林缘

柳叶马鞭草 * *Verbena bonariensis* L. 公园绿地广泛栽培

美女樱 * *Verbena hybrida* Groenl. et Rumpler 公园绿地广泛栽培

马鞭草 *Verbena officinalis* L. 全县广布;生于海拔 85～870m 的路边、山坡、溪边或林旁

黄荆 *Vitex negundo* L. 见于白鹤、坦头、泳溪;生于海拔 85～265m 的山坡路旁或灌丛

牡荆 *Vitex negundo* L. var. *cannabifolia*（Sieb. et Zucc.）Hand.-Mazz. 全县广布;生于海拔 45～530m 的山坡路旁或灌丛

124. 唇形科 Lamiaceae

藿香 * *Agastache rugosa*（Fisch. et C. A. Mey.）Kuntze 零星栽培

筋骨草 * *Ajuga ciliata* Bunge 石梁偶见栽培

金疮小草 *Ajuga decumbens* Thunb. 全县广布;生于海拔 80～345m 的溪边、路旁及草丛

紫背金盘 *Ajuga nipponensis* Makino 全县广布;生于海拔 75～670m 的田边、草丛、林内及向阳山坡

毛药花 *Bostrychanthera deflexa* Benth. 见于石梁;生于海拔 485～740m 的林下阴湿处

浙江铃子香 *Chelonopsis chekiangensis* C. Y. Wu 见于石梁;生于海拔 930m 左右的林缘

风轮菜 Clinopodium chinense（Benth.）Kuntze　全县广布；生于海拔 70～900m 的山坡草丛、路边、沟边、灌丛、林下

光风轮 Clinopodium confine（Hance）Kuntze　全县广布；生于海拔 35～930m 的山坡草丛、路边、沟边、灌丛、林下

细风轮菜 Clinopodium gracile（Benth.）Matsum.　全县广布；生于海拔 40～800m 的路旁、沟边、空旷草地、林缘、灌丛

风车草 Clinopodium urticifolium（Hance）C. Y. Wu et S. J. Hsuan ex H. W. Li　见于白鹤、石梁；生于海拔 600m 以上的林缘或路旁

五彩苏 * Coleus scutellarioides（L.）Benth.　公园绿地零星栽培

绵穗苏 Comanthosphace ningpoensis（Hemsl.）Hand.-Mazz.　见于龙溪、石梁；生于海拔 520～825m 的山坡草丛及溪旁

绒毛绵穗苏 Comanthosphace ningpoensis（Hemsl.）Hand.-Mazz. var. stellipiloides C. Y. Wu　调查未及，《浙江植物志（新编）》有记载

水虎尾 Dysophylla stellata（Lour.）Benth.　见于福溪、始丰；生于海拔 40m 左右的水边

紫花香薷 Elsholtzia argyi H. Lév.　全县广布；生于海拔 70～920m 的山坡灌丛、林下、溪旁及河边草地

香薷 Elsholtzia ciliata（Thunb.）Hyl.　见于白鹤、龙溪；生于海拔 700～920m 的路旁、山坡、荒地、林内、河岸

海州香薷 Elsholtzia splendens Nakai ex F. Maek.　调查未及，《浙江植物志（新编）》有记载

小野芝麻 Galeobdolon chinense（Benth.）C. Y. Wu　全县广布；生于海拔 70～550m 的林中

小野芝麻属一种 Galeobdolon sp.　见于赤城山；生于海拔 220m 左右的林下

活血丹 Glechoma longituba（Nakai）Kupr.　全县广布；生于海拔 50～910m 的林缘、林下、草地、溪边等阴湿处

香茶菜 Isodon amethystoides（Benth.）H. Hara　全县广布；生于海拔 85～750m 的林下或草丛

内折香茶菜 Isodon inflexus（Thunb.）Kudô　见于街头；生于海拔 460m 左右的林缘

长管香茶菜 Isodon longitubus（Miq.）Kudô　见于龙溪、石梁；生于海拔 945m 左右的山地林中

大萼香茶菜 Isodon macrocalyx（Dunn）Kudô　见于白鹤、赤城、龙溪、石梁；生于海拔 415～725m 的林下、灌丛、山坡或路旁

显脉香茶菜 Isodon nervosus（Hemsl.）Kudô　全县广布；生于海拔 35～445m 的山区溪滩

碎米桠 Isodon rubescens（Hemsl.）H. Hara　见于白鹤、平桥；生于海拔 450m 左右的干旱林缘或裸岩上

溪黄草 Isodon serra（Maxim.）Kudô　调查未及，《浙江植物志（新编）》有记载

香薷状香简草 Keiskea elsholtzioides Merr.　见于龙溪、三州、始丰；生于海拔 145～460m 的草丛或林中

中华香简草 Keiskea sinensis Diels　见于始丰、泳溪；生于海拔 520m 左右的林中

宝盖草 Lamium amplexicaule L.　全县广布；生于海拔 45～790m 的路旁、林缘、草地、田间

白花宝盖草 Lamium amplexicaule L. f. albiflorum D. M. Moore　见于白鹤；生于海拔 150m 左右的路旁

野芝麻 Lamium barbatum Sieb. et Zucc.　全县广布；生于海拔 45～935m 的路边、溪旁、田埂及荒坡上

益母草 Leonurus japonicus Houtt.　全县广布；生于海拔 35～885m 的路旁、林缘、田间、河滩

白花益母草 Leonurus japonicus Houtt. f. albiflorus（Migo）Y. C. Zhu　见于始丰、泳溪；生于海拔 460m 左右的路旁、林缘、田间、河滩

小叶地笋 Lycopus cavaleriei H. Lév.　见于平桥；生于海拔 75m 左右的路旁

硬毛地笋 *Lycopus lucidus* Turcz. ex Benth. var. *hirtus* Regel　见于南屏、三合、坦头；生于海拔 60～190m 的田间、湿地

走茎龙头草 *Meehania fargesii*（H. Lév.）C. Y. Wu var. *radicans*（Vaniot）C. Y. Wu　见于龙溪、石梁；生于海拔 890m 左右的林下

浙闽龙头草 *Meehania zheminensis* A. Takano，Pan Li et G. -H. Xia　见于石梁；生于海拔 740m 左右的林缘

薄荷 *Mentha canadensis* L.　全县广布；生于海拔 35～920m 的水旁潮湿地、荒废农田

皱叶留兰香 * *Mentha crispata* Schrad. ex Willd.　宅旁、庭院偶见栽培

凉粉草 * *Mesona chinensis* Benth.　庭院偶见栽培

小花荠苧 *Mosla cavaleriei* H. Lév.　全县广布；生于海拔 110～975m 的林下、林缘或路旁草丛中

石香薷 *Mosla chinensis* Maxim.　见于福溪、平桥、石梁、始丰；生于海拔 100～215m 的草丛或林下

小鱼仙草 *Mosla dianthera*（Buch.-Ham.）Maxim.　全县广布；生于海拔 35～800m 的山坡、路旁或水边

杭州荠苧 *Mosla hangchowensis* Matsuda　见于白鹤、洪畴、街头、平桥、三合、石梁、坦头；生于海拔 100～475m 的林缘或路旁

建德荠苧 *Mosla hangchowensis* Matsuda var. *cheteana*（Sun ex C. H. Hu）C. Y. Wu et H. W. Li　调查未及,《浙江植物志（新编）》有记载

石荠苧 *Mosla scabra*（Thunb.）C. Y. Wu et H. W. Li　全县广布；生于海拔 50～790m 的林缘或路旁

苏州荠苧 *Mosla soochowensis* Matsuda　全县广布；生于海拔 50～960m 的林缘或路旁

罗勒 * *Ocimum basilicum* L.　庭院偶见栽培

牛至 * *Origanum vulgare* L.　庭院偶见栽培

紫苏 *Perilla frutescens*（L.）Britton　全县广布；生于海拔 35～960m 的路旁、宅旁，

回回苏 * *Perilla frutescens*（L.）Britton var. *crispa*（Benth.）H. Deane　全县广泛栽培

野生紫苏 *Perilla frutescens*（L.）Britton var. *purpurascens*（Hayata）H. W. Li　全县广布；生于海拔 135～315m 的路旁、山坡、林下及草丛

夏枯草 *Prunella vulgaris* L.　全县广布；生于海拔 105～825m 的荒坡、草地、溪边及路旁

迷迭香 * *Rosmarinus officinalis* L.　庭院零星栽培

南丹参 *Salvia bowleyana* Dunn　见于赤城、街头、雷峰、龙溪、平桥、石梁、始丰；生于海拔 135～590m 的山坡、路旁、林下或沟边

华鼠尾草 *Salvia chinensis* Benth.　全县广布；生于海拔 115～960m 的山坡林下阴湿处或草丛中

深蓝鼠尾草 * *Salvia guaranitica* A. St.　公园绿地零星栽培

鼠尾草 *Salvia japonica* Thunb.　全县广布；生于海拔 110～810m 的山坡、路旁、草丛、林下阴湿处

丹参 * *Salvia miltiorrhiza* Bunge　偶见栽培

浙江琴柱草 *Salvia nipponica* Miq. subsp. *zhejiangensis* J. F. Wang，W. Y. Xie et Z. H. Chen　见于龙溪；生于海拔 500m 左右的林下

撒尔维亚 * *Salvia officinalis* L.　偶见栽培

荔枝草 *Salvia plebeia* R. Br.　全县广布；生于海拔 40～940m 的山坡、路旁、沟边

浙皖丹参 *Salvia sinica* Migo　见于龙溪；生于海拔 200～700m 的山坡或溪沟旁

一串红 * *Salvia splendens* Ker Gawl.　全县广泛栽培

蔓茎鼠尾草 *Salvia substolonifera* E. Peter　见于赤城、平桥、石梁；生于海拔 190～745m 的山坡或溪沟旁

安徽黄芩 *Scutellaria anhweiensis* C. Y. Wu　调查未及,《浙江植物志（新编）》有记载

半枝莲 *Scutellaria barbata* D. Don 见于白鹤、赤城、福溪、龙溪、石梁、始丰；生于海拔 75～565m 的水田边、溪边或湿润草地上

浙江黄芩 *Scutellaria chekiangensis* C. Y. Wu 见于龙溪、石梁；生于海拔 930m 左右的林下阴湿处

韩信草 *Scutellaria indica* L. 全县广布；生于海拔 75～575m 的山坡林下或缘缘、路旁空地及草丛

缩茎韩信草 *Scutellaria indica* L. var. *subacaulis* (Sun ex C. H. Hu) C. Y. Wu et C. Chen 见于街头；生于海拔 460m 左右的山坡林下、路旁及草丛

京黄芩 *Scutellaria pekinensis* Maxim. 调查未及，《浙江植物志（新编）》有记载

蜗儿菜 *Stachys arrecta* L. H. Bailey 见于始丰；生于海拔 700m 以下的林下阴处

田野水苏 *Stachys arvensis* L. 见于白鹤、街头、三合；生于海拔 100m 左右的荒地及田间

水苏 *Stachys japonica* Miq. 见于街头、始丰；生于海拔 110m 左右的沟边

针筒菜 *Stachys oblongifolia* Wall. ex Benth. 见于平桥；生于海拔 80m 左右的水沟边

银石蚕 * *Teucrium fruitcans* L. 公园绿地零星栽培

庐山香科科 *Teucrium pernyi* Franch. 全县广布；生于海拔 100～665m 的山坡林缘

血见愁 *Teucrium viscidum* Blume 全县广布；生于海拔 65～825m 的山坡林缘、路旁或草丛中

125. 水马齿科 Callitrichaceae

日本水马齿 *Callitriche japonica* Engelm. ex Hegelm. 见于街头；生于海拔 154m 左右的潮湿地

水马齿 *Callitriche palustris* L. 全县广布；生于海拔 50～750m 的静水、沼泽地水中或湿地

126. 车前科 Plantaginaceae

车前 *Plantago asiatica* L. 全县广布；生于海拔 45～960m 的草地、沟边、田边、路旁或荒地

大车前 * *Plantago major* L. 零星栽培

北美车前 *Plantago virginica* L. 全县广布；生于海拔 115～740m 的草地、沟边、田边、路旁或荒地

127. 醉鱼草科 Buddlejaceae

醉鱼草 *Buddleja lindleyana* Fort. 全县广布；生于海拔 55～725m 的山地路旁、河边灌丛或林缘

128. 木犀科 Oleaceae

金钟花 *Forsythia viridissima* Lindl. 见于白鹤、赤城、街头、龙溪、南屏、平桥、三合、三州、石梁、始丰、泳溪；生于海拔 75～775m 的山地、谷地或河谷边林缘

美国白梣 * *Fraxinus americana* L. 始丰湿地公园偶见栽培

白蜡树 *Fraxinus chinensis* Roxb. 见于赤城；生于林中、林缘

苦枥木 *Fraxinus insularis* Hemsl. 见于白鹤、赤城、福溪、街头、龙溪、南屏、平桥、石梁；生于海拔 90～725m 的山地林缘

尖萼梣 *Fraxinus odontocalyx* Hand.-Mazz. ex E. Peter 见于石梁；生于海拔 800m 以上的林缘

庐山梣 *Fraxinus sieboldiana* Blume 见于石梁；生于海拔 450～825m 的山坡林中及沟谷溪边

尖叶梣 *Fraxinus szaboana* Lingelsh. 见于石梁；生于山地林缘

清香藤 *Jasminum lanceolaria* Roxb. 见于赤城、街头、龙溪、南屏、平桥、石梁、泳溪；生于海拔 110～335m 的山坡、灌丛、林中

云南黄素馨 * *Jasminum mesnyi* Hance 全县广泛栽培

迎春花 * *Jasminum nudiflorum* Lindl. 全县广泛栽培

茉莉花 * *Jasminum sambac* (L.) Aiton

华素馨 *Jasminum sinense* Hemsl. 见于平桥；生于海拔 406m 左右的山坡、灌丛或林中

金叶女贞 * *Ligustrum* × *vicaryi* Rehder 公园零星栽培

金森女贞 * *Ligustrum japonicum* Thunb. 'Howardii' 公园零星栽培

蜡子树 *Ligustrum leucanthum*（S. Moore）P. S. Green 见于白鹤、龙溪、平桥、石梁、泳溪；生于海拔 400～965m 的山坡林下、路边和山谷丛林

华女贞 *Ligustrum lianum* P. S. Hsu 见于石梁；生于海拔 400～800m 的林中

女贞 *Ligustrum lucidum* W. T. Aiton 全县广布；生于海拔 85～900m 的林中

落叶女贞 *Ligustrum lucidum* W. T. Aiton var. *latifolium*（Cheng）Cheng 见于石梁；生于海拔 380m 左右的林缘

小叶女贞 *Ligustrum quihoui* Carrière 见于白鹤、赤城、始丰；生于海拔 140～500m 的沟边、路旁或河边灌丛

小蜡 *Ligustrum sinense* Lour. 全县广布；生于海拔 40～920m 的山坡、山谷、溪边、河旁

阳光小蜡 * *Ligustrum sinense* Lour. 'Sunshine' 公园零星栽培

银姬小蜡 * *Ligustrum sinense* Lour. 'Variegatum' 公园零星栽培

木犀榄 * *Olea europaea* L. 偶见零星栽培

宁波木犀 *Osmanthus cooperi* Hemsl. 见于赤城、街头、雷峰、龙溪、三合、三州、石梁、泳溪；生于海拔 105～640m 的山坡、山谷林中阴湿处

木犀 * *Osmanthus fragrans* Lour. 全县广泛栽培

银桂 * *Osmanthus fragrans* Lour. 'Albus Group' 全县广泛栽培

四季桂 * *Osmanthus fragrans* Lour. 'Asiaticus Group' 全县广泛栽培

丹桂 * *Osmanthus fragrans* Lour. 'Aurantiacus Group' 全县广泛栽培

金桂 * *Osmanthus fragrans* Lour. 'Luteus Group' 全县广泛栽培

细脉木犀 *Osmanthus gracilinervis* L. C. Chia ex R. L. Lu 见于石梁；生于海拔 300～500m 的林中、林缘

牛矢果 *Osmanthus matsumuranus* Hayata 见于街头、三合、石梁；生于海拔 215～465m 的林中

紫丁香 * *Syringa oblata* Lindl. 始丰溪公园偶见栽培

129. 玄参科 Scrophulariaceae

金鱼草 * *Antirrhinum majus* L. 公园常见栽培

有腺泽番椒 *Deinostema adenocaula*（Maxim.）T. Yamaz. 见于泳溪；生于海拔 174m 左右的水边

虻眼 *Dopatrium junceum*（Roxb.）Buch.-Ham. ex Benth. 调查未及，《浙江植物志（新编）》记载天台山有分布

石龙尾 *Limnophila sessiliflora*（Vahl）Blume 见于赤城、龙溪、坦头；生于海拔 75～455m 的水边淤泥上

泥花草 *Lindernia antipoda*（L.）Alston 全县广布；生于海拔 35～695m 的田边及潮湿的草地中

母草 *Lindernia crustacea*（L.）F. Muell. 全县广布；生于海拔 45～800m 的田边、草地、路边等低湿处

狭叶母草 *Lindernia micrantha* D. Don 见于龙溪、南屏、平桥、三合、坦头；生于海拔 65～410m 的水田、河流旁等低湿处

宽叶母草 *Lindernia nummulariifolia*（D. Don）Wettst. 见于街头、石梁；生于海拔 130～960m 的田边、草地、路边等低湿处

陌上菜 *Lindernia procumbens*（Krock.）Borbás 全县广布；生于海拔 40～745m 的水边及潮湿处

刺毛母草 *Lindernia setulosa*（Maxim.）Tuyama ex H. Hara 全县广布；生于海拔 105～240m 的山谷、道旁、林中、草地等比较湿润的地方

早落通泉草 *Mazus caducifer* Hance 全县广布；生于海拔 125～425m 的阴湿的路旁、林下、草坡

纤细通泉草 *Mazus gracilis* Hemsl. 见于南屏、三州、石梁、始丰、泳溪；生于海拔 200～600m 的阴

湿的路旁、林下、草坡

　　匍茎通泉草 *Mazus miquelii* Makino　见于平桥、三合、石梁、坦头、泳溪；生于海拔 60～435m 的潮湿的路旁、林下

　　通泉草 *Mazus pumilus*（Burm. f.）Steenis　全县广布；生于海拔 45～960m 的湿润的草坡、沟边、路旁及林缘

　　山萝花 *Melampyrum roseum* Maxim.　见于白鹤、赤城、洪畴、三州、石梁、泳溪；生于海拔 130～755m 的林缘或林下

　　卵叶山萝花 *Melampyrum roseum* Maxim. var. *ovalifolium*（Nakai）Nakai ex Beauverd　见于雷峰；生于海拔 450m 左右的林缘、路边草丛中

　　小果草 *Microcarpaea minima*（J. König ex Retz.）Merr.　见于福溪、龙溪、三合、石梁、始丰、泳溪；生于海拔 74～695m 的林缘或林下

　　绵毛鹿茸草 *Monochasma savatieri* Franch. ex Maxim.　见于赤城、福溪、洪畴、街头、平桥、始丰、坦头、泳溪；生于海拔 70～335m 的林缘或林下

　　加拿大柳蓝花 *Nuttallanthus canadensis*（L.）D. A. Sutton　见于始丰；生于海拔 126m 左右的绿化草坪

　　兰考泡桐 * *Paulownia elongata* S. Y. Hu　零星分布

　　白花泡桐 *Paulownia fortunei*（Seem.）Hemsl.　见于龙溪、平桥、三州、泳溪；生于海拔 95～410m 的山坡、林中、山谷及荒地

　　华东泡桐 *Paulownia kawakamii* T. Itô　全县广布；生于海拔 50～950m 的山坡、林中、山谷及荒地

　　松蒿 *Phtheirospermum japonicum*（Thunb.）Kanitz　见于白鹤、雷峰、龙溪、平桥、三合、石梁、坦头；生于海拔 100～570m 的山坡灌丛阴湿处

　　水蔓菁 *Pseudolysimachion linariifolium*（Pall. ex Link）Holub subsp. *dilatatum*（Nakai et Kitag.）D. Y. Hong　见于石梁；生于海拔 800m 以上的山坡、路边、溪边的草丛

　　天目地黄 *Rehmannia chingii* H. L. Li　全县广布；生于海拔 95～485m 的山坡、路旁草丛

　　玄参 *Scrophularia ningpoensis* Hemsl.　见于白鹤、赤城、龙溪、三合、石梁、坦头；生于海拔 110～975m 的林下及草丛

　　阴行草 *Siphonostegia chinensis* Benth.　见于赤城、石梁、泳溪；生于海拔 600m 左右的山坡与草地

　　腺毛阴行草 *Siphonostegia laeta* S. Moore　全县广布；生于海拔 130～685m 的林缘、路旁

　　毛果短冠草 *Sopubia lasiocarpa* P. C. Tsoong　见于石梁；生于海拔 800m 以上的湿润石缝中

　　紫萼蝴蝶草 *Torenia violacea*（Azaola ex Blanco）Pennell　见于街头、雷峰、龙溪、平桥、三州、石梁、泳溪；生于海拔 155～720m 的山坡林下、田边及路旁潮湿处

　　直立婆婆纳 *Veronica arvensis* L.　全县广布；生于海拔 65～895m 的路边及草丛

　　多枝婆婆纳 *Veronica javanica* Blume　见于雷峰、始丰；生于海拔 200m 左右的山坡、路边、溪边的草丛

　　蚊母草 *Veronica peregrina* L.　全县广布；生于海拔 45～745m 的潮湿的荒地、路边、溪流边

　　阿拉伯婆婆纳 *Veronica persica* Poir.　全县广布；生于海拔 40～895m 的山坡、路边、田边

　　婆婆纳 *Veronica polita* Fr.　全县广布；生于海拔 90～145m 的路边、草丛、田间

　　水苦荬 *Veronica undulata* Wall.　全县广布；生于海拔 45～375m 的水边及沼地

　　爬岩红 *Veronicastrum axillare*（Sieb. et Zucc.）T. Yamaz.　全县广布；生于海拔 100～630m 的林下、林缘及山谷阴湿处

130. 列当科 Orobanchaceae

　　野菰 *Aeginetia indica* L.　见于石梁；生于海拔 800～900m 的五节芒丛中

　　中国野菰 *Aeginetia sinensis* Beck　调查未及，《浙江植物志（新编）》有记载

131. 苦苣苔科 Gesneriaceae

大花旋蒴苣苔 *Boea clarkeana* Hemsl. 见于龙溪；生于海拔 185～265m 的山坡岩石缝中

旋蒴苣苔 *Boea hygrometrica*（Bunge）R. Br. 见于白鹤、赤城、雷峰、龙溪、平桥、石梁、始丰；生于海拔 95～480m 的山坡岩石上

苦苣苔 *Conandron ramondioides* Sieb. et Zucc. 见于龙溪、石梁；生于海拔 580m 左右的山谷溪边石上或山坡林中石壁阴湿处

浙东长蒴苣苔 *Didymocarpus lobulatus* F. Wen，Xin Hong et W. Y. Xie 见于龙溪、平桥；生于海拔 206～345m 的山谷溪边石上或山坡林中石壁阴湿处

半蒴苣苔 *Hemiboea henryi* C. B. Clarke 见于龙溪、石梁；生于海拔 285～550m 的山谷林下或沟边阴湿处

吊石苣苔 *Lysionotus pauciflorus* Maxim. 见于街头、龙溪、平桥、石梁；生于海拔 160～550m 的林下岩石上

132. 爵床科 Acanthaceae

白接骨 *Asystasia neesiana*（Wall.）Nees 见于赤城、街头、龙溪、石梁；生于海拔 125～695m 的林下或溪边

水蓑衣 *Hygrophila ringens*（L.）R. Br. ex Spreng. 全县广布；生于海拔 35～955m 的溪沟边或洼地

爵床 *Justicia procumbens* L. 全县广布；生于海拔 45～935m 的路边草丛

九头狮子草 *Peristrophe japonica*（Thunb.）Bremek. 全县广布；生于海拔 130～960m 的路边、草地或林下

翠芦莉 *Ruellia brittoniana* Leonard 公园零星栽培

密花孩儿草 *Rungia densiflora* H. S. Lo 见于龙溪、平桥；生于海拔 110～265m 的林下

球花马蓝 *Strobilanthes dimorphotricha* Hance 见于始丰；生于林下

少花马蓝 *Strobilanthes oligantha* Miq. 见于街头、龙溪、平桥、三州、石梁、泳溪；生于海拔 115～790m 的林下

菜头肾 *Strobilanthes sarcorrhiza*（C. Ling）C. Z. Zheng ex Y. F. Deng et N. H. Xia 见于白鹤；生于海拔 385m 左右的林下

133. 胡麻科 Pedaliaceae

芝麻 *Sesamum indicum* L. 全县广泛栽培

茶菱 *Trapella sinensis* Oliv. 见于福溪、街头；生于海拔 95m 左右的池塘或湖泊中

134. 紫葳科 Bignoniaceae

凌霄 *Campsis grandiflora*（Thunb.）K. Schum. 全县广泛栽培

楸树 *Catalpa bungei* C. A. Mey. 偶见栽培

梓树 *Catalpa ovata* G. Don 偶见栽培

硬骨凌霄 *Tecomaria capensis*（Thunb.）Spach 偶见栽培

135. 狸藻科 Lentibulariaceae

黄花狸藻 *Utricularia aurea* Lour. 见于三合；生于海拔 100m 左右的池塘或湖泊中

挖耳草 *Utricularia bifida* L. 见于石梁；生于海拔 265～530m 的池塘或湖泊中

短梗挖耳草 *Utricularia caerulea* L. 见于龙溪、石梁、始丰、坦头；生于海拔 85～480m 的池塘或湖泊中

136. 桔梗科 Campanulaceae

华东杏叶沙参 *Adenophora petiolata* Pax et K. Hoffm. subsp. *huadungensis*（Hong）Hong et S. Ge　见于龙溪、石梁；生于海拔 790m 左右的林下

轮叶沙参 *Adenophora tetraphylla*（Thunb.）Fisch.　见于石梁；生于海拔 180～1000m 的草地和灌丛中

羊乳 *Codonopsis lanceolata*（Sieb. et Zucc.）Trautv.　全县广布；生于海拔 210～915m 的林下或灌丛

半边莲 *Lobelia chinensis* Lour.　全县广布；生于海拔 35～755m 的水田边、沟边及潮湿草地上

铜锤玉带草 *Pratia nummularia*（Lam.）A. Braun. et Asch.　见于街头；生于海拔 125m 左右的田边、路旁、荒地

卵叶异檐花 *Triodanis biflora*（Ruiz et Pav.）Greene　见于赤城、福溪、街头、南屏、三合、始丰、坦头；生于海拔 100～285m 的田边、路旁、荒地

穿叶异檐花 *Triodanis perfoliata*（L.）Nieuwl.　见于赤城；生于海拔 60m 左右的田边、路旁、荒地

蓝花参 *Wahlenbergia marginata*（Thunb.）A. DC.　全县广布；生于海拔 60～375m 的田边、路边和荒地

137. 茜草科 Rubiaceae

细叶水团花 *Adina rubella* Hance　全县广布；生于海拔 40～495m 的溪边、河边

茜树 *Aidia cochinchinensis* Lour.　见于街头、石梁；生于海拔 440m 左右的山坡、山谷溪边的灌丛或林中

盾子木 *Coptosapelta diffusa*（Champ. ex Benth.）Steenis　见于赤城、福溪、街头、龙溪、南屏、三合、始丰、泳溪；生于海拔 115～460m 的林下或林缘

短刺虎刺 *Damnacanthus giganteus*（Makino）Nakai　见于街头、三合、石梁；生于海拔 115～345m 的林下或林缘

虎刺 *Damnacanthus indicus* C. F. Gaertn.　见于街头、南屏；生于海拔 230m 左右的山地林下或灌丛中

狗骨柴 *Diplospora dubia*（Lindl.）Masam.　见于赤城、街头、龙溪；生于海拔 165～410m 的山坡、山谷沟边、丘陵的林中或灌丛

香果树 *Emmenopterys henryi* Oliv.　见于赤城、龙溪、石梁、泳溪；生于海拔 135～930m 的山谷林中

四叶葎 *Galium bungei* Steud.　全县广布；生于海拔 70～950m 的林缘、山坡路旁等阴湿的地方

狭叶四叶葎 *Galium bungei* Steud. var. *angustifolium*（Loes.）Cufod.　见于赤城、洪畴、街头、龙溪、石梁；生于海拔 180～630m 的林缘、山坡路旁等阴湿的地方

阔叶四叶葎 *Galium bungei* Steud. var. *trachyspermum*（A. Gray）Cufod.　见于石梁；生于海拔 800m 左右的林缘、山坡路旁等阴湿的地方

浙江拉拉藤 *Galium chekiangense* Ehrend.　见于石梁、泳溪；生于海拔 300～800m 的林缘

猪殃殃 *Galium spurium* L.　全县广布；生于海拔 45～800m 的沟边、山地林缘、草坡、灌丛

小叶猪殃殃 *Galium trifidum* L.　见于始丰、坦头；生于海拔 100～250 的沟边、山地林缘

蓬子菜 *Galium verum* L.　见于白鹤、平桥；生于海拔 204m 左右的路旁

栀子 *Gardenia jasminoides* J. Ellis　全县广布；生于海拔 50～665m 的山坡林下、林缘

白蟾 * *Gardenia jasminoides* J. Ellis var. *fortuniana*（Lindl.）H. Hara　全县广泛栽培

水栀子 * *Gardenia jasminoides* J. Ellis var. *radicans*（Thunb.）Makino　全县广泛栽培

金毛耳草 *Hedyotis chrysotricha*（Palib.）Merr.　全县广布；生于海拔 60～960m 的林下或山坡灌丛

白花蛇舌草 *Hedyotis diffusa* Willd.　全县广布；生于海拔 35～720m 的山坡或田边

纤花耳草 *Hedyotis tenelliflora* Blume　见于白鹤、赤城、三合、石梁、始丰、坦头、泳溪；生于海拔 95～

435m 的山坡或田边

日本粗叶木 *Lasianthus japonicus* Miq. 见于街头、石梁；生于海拔 270～800m 的林下

羊角藤 *Morinda umbellata* L. 全县广布；生于海拔 80～595m 的林缘、林下、路旁灌丛

大叶白纸扇 *Mussaenda shikokiana* Makino 全县广布；生于海拔 120～675m 的林缘或林下

卷毛新耳草 *Neanotis boerhavioides*（Hance）W. H. Lewis 见于石梁；生于海拔 400m 左右的荒废水田中

薄叶新耳草 *Neanotis hirsuta*（L. f.）W. H. Lewis 见于赤城、街头、龙溪、石梁、始丰、泳溪；生于海拔 251～523m 的林下或溪旁湿地上

日本蛇根草 *Ophiorrhiza japonica* Blume 全县广布；生于海拔 110～580m 的林下阴湿处

长序鸡矢藤 *Paederia cavaleriei* H. Lév. 全县广布；生于海拔 50～900m 的林缘、路旁或田边

鸡矢藤 *Paederia foetida* L. 全县广布；生于海拔 40～960m 的林缘、路旁或田边

毛鸡矢藤 *Paederia foetida* L. var. *tomentosa*（Blume）Hand.-Mazz. 见于平桥、始丰；生于海拔 245m 左右的林下、林缘、路旁

金剑草 *Rubia alata* Wall. 见于龙溪、平桥、石梁、始丰、泳溪；生于海拔 200～539m 的山坡林缘或灌丛

东南茜草 *Rubia argyi*（H. Lév. et Vaniot）H. Hara ex Lauener et D. K. Ferguson 全县广布；生于海拔 51～742m 的林缘、灌丛

卵叶茜草 *Rubia ovatifolia* Z. Ying Zhang 调查未及，《浙江植物志（新编）》有记载

六月雪 *Serissa japonica*（Thunb.）Thunb. 见于白鹤、街头、雷峰、平桥、始丰、泳溪；生于海拔 95～700m 的河溪边、林下、林缘

白马骨 *Serissa serissoides*（DC.）Druce 全县广布；生于海拔 50～580m 的河溪边、林下、林缘

阔叶丰花草 *Spermacoce alata* Aubl. 见于福溪、龙溪、平桥；生于海拔 55～285m 的荒地

白花苦灯笼 *Tarenna mollissima*（Hook. et Arn.）B. L. Rob. 见于赤城、街头、龙溪、南屏；生于海拔 130～445m 的林下或灌丛

钩藤 *Uncaria rhynchophylla*（Miq.）Miq. ex Havil. 见于赤城、街头、龙溪、平桥、泳溪；生于海拔 140～485m 的山谷溪边的疏林或灌丛

138. 假繁缕科 Theligonaceae

日本假繁缕 *Theligonum japonicum* Ôkubo et Makino 见于石梁；生于海拔 900m 左右的林下湿润地

139. 忍冬科 Caprifoliaceae

大花六道木 *Abelia × grandiflora*（Rovelli ex André）Rehder 公园常见栽培

糯米条 *Abelia chinensis* R. Br. 见于龙溪、平桥；生于海拔 165m 左右的林缘

浙江七子花 *Heptacodium miconioides* Rehder subsp. *jasminoides*（Airy Shaw）Z. H. Chen，X. F. Jin et P. L. Chiu 见于龙溪、石梁；生于海拔 400～830m 的林缘或林下

淡红忍冬 *Lonicera acuminata* Wall. 见于雷峰；生于海拔 178m 左右的林下

郁香忍冬 *Lonicera fragrantissima* Lindl. et Paxton 调查未及，《浙江植物志（新编）》有记载

苦糖果 *Lonicera fragrantissima* Lindl. et Paxton subsp. *standishii*（Carr.）Hsu et H. J. Wang 见于平桥；生于海拔 90m 左右的林下、林缘

灰毡毛忍冬 *Lonicera guillonii* H. Lév. et Vaniot var. *macranthoides*（Hand.-Mazz.）Z. H. Chen et X. F. Jin 见于街头、雷峰、龙溪、三合、石梁；生于海拔 170～595m 的林下或灌丛

菰腺忍冬 *Lonicera hypoglauca* Miq. 见于赤城、洪畴、街头、龙溪、平桥、石梁、始丰、泳溪；生于海拔 115～525m 的灌丛或林中

忍冬 Lonicera japonica Thunb. 全县广布;生于海拔 50～805m 的山坡灌丛、林下、林缘、路旁、田边

下江忍冬 Lonicera modesta Rehder 见于雷峰、龙溪、石梁;生于海拔 240～875m 的林下或灌丛

无毛忍冬 Lonicera omissa P. L. Chiu,Z. H. Chen et Y. L. Xu 见于平桥;生于海拔 205m 左右的林缘

毛萼忍冬 Lonicera trichosepala (Rehder) Hsu 见于石梁;生于海拔 900～1000m 的山坡林缘

倒卵叶忍冬 Lonicera webbiana Wall. ex DC. subsp. hemsleyana (Kuntze) Z. H. Chen,G. Y. Li et W. Y. Xie 见于石梁;生于海拔 690～955m 的林下或灌丛

接骨草 Sambucus javanica Reinw. ex Blume subsp. chinensis (Linedl.) Fukuoka 全县广布;生于海拔 40～790m 的山坡林下、沟边和草丛

接骨木 Sambucus williamsii Hance 见于龙溪、平桥、石梁;生于海拔 215～910m 的山坡林下、灌丛、沟边、路旁等

金腺荚蒾 Viburnum chunii Hsu 见于雷峰、龙溪、石梁;生于海拔 295m 左右的林下

荚蒾 Viburnum dilatatum Thunb. 见于洪畴、街头、龙溪、平桥、三合、三州、石梁、始丰、泳溪;生于海拔 120～925m 的林下、林缘或灌丛

宜昌荚蒾 Viburnum erosum Thunb. 全县广布;生于海拔 135～965m 的林下、林缘或灌丛

琼花荚蒾 * Viburnum keteleeri Carr. 公园常见栽培

长叶荚蒾 Viburnum lancifolium Hsu 见于街头、雷峰、龙溪、平桥;生于海拔 160～486m 的林下、林缘或灌丛

绣球荚蒾 * Viburnum macrocephalum Fortune 公园常见栽培

黑果荚蒾 Viburnum melanocarpum Hsu 见于石梁;生于海拔 800m 左右的林下、林缘或灌丛

日本珊瑚树 * Viburnum odoratissimum Ker Gawl. var. awabuki (K. Koch) Zabel ex Rümpler 广泛栽培

浙江荚蒾 Viburnum schensianum Maxim. subsp. chekiangense Hsu et P. L. Chiu ex Hsu 见于赤城;生于海拔 300m 左右的林下、林缘或灌丛

具毛常绿荚蒾 Viburnum sempervirens K. Koch var. trichophorum Hand.-Mazz. 见于街头、石梁;生于海拔 225m 左右的林下、灌丛或沟边

饭汤子 Viburnum setigerum Hance 见于街头、平桥、三州、石梁、始丰;生于海拔 165～405m 的林下或林缘

沟核饭汤子 Viburnum setigerum Hance var. sulcatum Hsu 调查未及,《浙江植物志(新编)》有记载

合轴荚蒾 Viburnum sympodiale Graebn. 见于石梁;生于海拔 800m 以上的林下或灌丛

蝴蝶戏珠花 Viburnum thunbergianum Z. H. Chen et P. L. Chiu 见于白鹤、石梁;生于海拔 285～875m 的林下或林缘

粉团荚蒾 * Viburnum thunbergianum Z. H. Chen et P. L. Chiu 'Plenum' 公园常见栽培

水马桑 Weigela japonica Thunb. var. sinica (Rehder) Bailey 见于白鹤、赤城、洪畴、街头、雷峰、龙溪、石梁、泳溪;生于海拔 120～930m 的林下或林缘

南方六道木 Zabelia dielsii (Graebn.) Makino 见于龙溪、石梁;生于海拔 280m 左右的林下或林缘

140. 败酱科 Valerianaceae

异叶败酱 Patrinia heterophylla Bunge 见于白鹤、赤城、平桥、石梁;生于海拔 900m 以下的林下或林缘

少蕊败酱 Patrinia monandra C. B. Clarke 见于石梁;生于海拔 755～830m 的林下或林缘

败酱 Patrinia scabiosifolia Fisch. ex Trev. 见于石梁、始丰、坦头;生于海拔 200～800m 的林缘、路边

白花败酱 *Patrinia villosa* (Thunb.) Juss. 全县广布;生于海拔 40～970m 的林缘、路边

柔垂缬草 *Valeriana flaccidissima* Maxim. 调查未及,《浙江植物志(新编)》有记载

141. 菊科 Asteraceae

下田菊 *Adenostemma lavenia* (L.) Kuntze 全县广布;生于海拔 120～520m 的水边、路旁、林下及山坡灌丛

宽叶下田菊 *Adenostemma lavenia* (L.) O. Kuntze var. *latifolium* (D. Don) Hand.-Mazz. 见于街头、龙溪、泳溪;生于海拔 245～950m 的水边、路旁、林下及山坡灌丛

藿香蓟 *Ageratum conyzoides* L. 全县广布;生于海拔 45～720m 的山谷、山坡林下或林缘、河边或山坡草地、田边或荒地上

杏香兔儿风 *Ainsliaea fragrans* Champ. ex Benth. 全县广布;生于海拔 60～815m 的林下、林缘或灌丛

灯台兔儿风 *Ainsliaea kawakamii* Hayata 全县广布;生于海拔 425～695m 的林下、林缘或灌丛

豚草 *Ambrosia artemisiifolia* L. 见于平桥、石梁;生于海拔 130～385m 的路边

香青 *Anaphalis sinica* Hance 见于白鹤、赤城、雷峰、平桥、石梁、坦头;生于海拔 140～815m 的灌丛、草地、山坡或林缘

牛蒡 * *Arctium lappa* L. 偶见栽培

木茼蒿 * *Argyranthemum frutescens* (L.) Sch. Bip. 全县零星栽培

黄花蒿 *Artemisia annua* L. 全县广布;生于海拔 160m 左右的路旁、荒地、山坡、林缘等

奇蒿 *Artemisia anomala* S. Moore 全县广布;生于海拔 115～835m 的路旁、荒地、山坡、林缘等

艾蒿 * *Artemisia argyi* H. Lév. et Vaniot 全县广泛栽培

暗绿蒿 *Artemisia atrovirens* Hand.-Mazz. 见于白鹤、洪畴、街头、龙溪、平桥、三合、石梁、始丰;生于海拔 65～410m 的山坡、草地、路旁等

青蒿 *Artemisia caruifolia* Buch.-Ham. ex Roxb. 调查未及,《浙江植物志(新编)》有记载

五月艾 *Artemisia indica* Willd. 全县广布;生于海拔 75～610m 的路旁、林缘、山坡灌丛

牡蒿 *Artemisia japonica* Thunb. 全县广布;生于海拔 135～380m 的林缘林下、灌丛、丘陵、山坡、路旁等

白苞蒿 *Artemisia lactiflora* Wall. ex DC. 全县广布;生于海拔 105～610m 的林下、林缘、灌丛

矮蒿 *Artemisia lancea* Vaniot 见于白鹤、福溪、三州、始丰;生于海拔 50～400m 的林下、林缘、灌丛、草地

野艾蒿 *Artemisia lavandulifolia* DC. 全县广布;生于海拔 40～745m 的林下、林缘、灌丛、草地

红足蒿 *Artemisia rubripes* Nakai 见于石梁;生于海拔 600m 左右的荒坡、草坡、灌丛、林缘、路旁等

猪毛蒿 *Artemisia scoparia* Waldst. et Kit. 见于白鹤、赤城、平桥、始丰;生于海拔 185～320m 的河岸、裸岩、路旁

三脉紫菀 *Aster ageratoides* Turcz. 全县广布;生于海拔 55～940m 的林下、林缘、灌丛及山谷湿地

微糙三脉紫菀 *Aster ageratoides* Turcz. var. *scaberulus* (Miq.) Ling 全县广布;生于海拔 135～730m 的林下、林缘、灌丛及山谷湿地

仙百草 *Aster chekiangensis* (C. Ling ex Ling) Y. F. Lu et X. F. Jin 见于赤城、平桥、石梁、始丰;生于海拔 110～815m 的林下、林缘阴湿处

琴叶紫菀 *Aster panduratus* Nees ex Walp. 见于赤城、街头、雷峰、三合、石梁;生于海拔 100～355m 的山坡灌丛、草地、溪岸、路旁及紫砂岩上

陀螺紫菀 *Aster turbinatus* S. Moore 全县广布;生于海拔 75～830m 的林下、林缘阴湿处

苍术 * *Atractylodes lancea* (Thunb.) DC. 偶见栽培

白术 * *Atractylodes macrocephala* Koidz.　偶见栽培

雏菊 * *Bellis perennis* L.　全县广泛栽培

婆婆针 *Bidens bipinnata* L.　见于白鹤、赤城、福溪、洪畴、街头、龙溪、平桥、石梁、始丰、坦头；生于海拔 45～780m 的路边荒地、山坡及田间

金盏银盘 *Bidens biternata*（Lour.）Merr. et Sherff　全县广布；生于海拔 50～640m 的路边、村旁及荒地

大狼杷草 *Bidens frondosa* L.　全县广布；生于海拔 45～920m 的田边、路边、林缘

鬼针草 *Bidens pilosa* L.　全县广布；生于海拔 40～960m 的田边、路边、林缘

白花鬼针草 *Bidens pilosa* L. var. *radiata* Sch.-Bip.　全县广布；生于海拔 100～450m 的路边荒地、山坡及田间

狼杷草 *Bidens tripartita* L.　见于白鹤、街头、南屏、平桥、三合、石梁、始丰；生于海拔 100～780m 的田边、路边、林缘

台湾艾纳香 *Blumea formosana* Kitam.　见于赤城、街头、龙溪、石梁、始丰；生于海拔 175～410m 的路边、林缘

金盏菊 * *Calendula officinalis* L.　公园绿地零星栽培

翠菊 * *Callistephus chinensis*（L.）Nees　公园绿地零星栽培

天名精 *Carpesium abrotanoides* L.　全县广布；生于海拔 85～780m 的路边荒地及山坡、沟边等处

烟管头草 *Carpesium cernuum* L.　见于龙溪、平桥；生于海拔 195～480m 的路边荒地及山坡、沟边等处

金挖耳 *Carpesium divaricatum* Sieb. et Zucc.　全县广布；生于海拔 75～930m 的路旁及山坡灌丛

石胡荽 *Centipeda minima*（L.）A. Braun et Asch.　全县广布；生于海拔 40～745m 的路旁、田间阴湿地

野菊 *Chrysanthemum indicum* L.　全县广布；生于海拔 45～900m 的山坡草地、灌丛、田边及路旁

甘菊 *Chrysanthemum lavandulifolium*（Fisch. ex Trautv.）Makino　见于赤城、福溪、街头、雷峰、平桥、三州、石梁、始丰、泳溪；生于海拔 75～385m 的山坡草地、灌丛、田边及路旁

菊花 * *Chrysanthemum morifolium* Ramat.　全县广泛栽培

刺儿菜 *Cirsium arvense*（L.）Scop. var. *integrifolium* Wimm. et Grab.　见于白鹤、街头；生于海拔 120～180m 的山坡、河旁或荒地、田间

蓟 *Cirsium japonicum* DC.　全县广布；生于海拔 75～910m 的林缘

条叶蓟 *Cirsium lineare* Sch. Bip.　见于石梁；生于海拔 700 左右的林缘

浙江垂头蓟 *Cirsium zhejiangense* Z. H. Chen et X. F. Jin　见于赤城、街头、龙溪、石梁；生于海拔 205～920m 的林缘或林下

金鸡菊 * *Coreopsis drummondii* Torr. et Gray　公园绿地零星栽培

大花金鸡菊 * *Coreopsis grandiflora* Hogg ex Sweet　公园绿地零星栽培

秋英 * *Cosmos bipinnatus* Cav.　公园绿地广泛栽培

野茼蒿 *Crassocephalum crepidioides*（Benth.）S. Moore　全县广布；生于海拔 45～930m 的山坡草地、荒地、路旁

黄瓜假还阳参 *Crepidiastrum denticulatum*（Houtt.）Pak et Kawano　全县广布；生于海拔 60～920m 的山坡草地、荒地、路旁及紫砂岩上

尖裂假还阳参 *Crepidiastrum sonchifolium*（Maxim.）Pak et Kawano　见于白鹤、赤城、街头、南屏、平桥、三合、石梁、始丰、坦头；生于海拔 75～540m 的山坡草地、荒地、路旁

矢车菊 * *Cyanus segetum* Hill　公园绿地零星栽培

大丽菊 * *Dahlia pinnata* Cav.　全县广泛栽培

鱼眼草 Dichrocephala integrifolia（L. f.）Kuntze 见于泳溪；生于海拔 335m 左右的山坡、林下、田边、荒地或沟边

东风菜 Doellingeria scabra（Thunb.）Nees 见于赤城、龙溪、石梁、始丰；生于海拔 300～760m 的山谷坡地、草地和灌丛中

鳢肠 Eclipta prostrata（L.）L. 全县广布；生于海拔 35～925m 的河边、田边或路旁

小一点红 Emilia prenanthoidea DC. 见于石梁；生于海拔 749m 左右的山坡路旁、林缘

一点红 Emilia sonchifolia DC. 全县广布；生于海拔 40～1200m 的山坡荒地、田埂、路旁

梁子菜 Erechtites hieraciifolius（L.）Raf. ex DC. 见于石梁；生于海拔 390～820m 的山坡、林下、灌丛

一年蓬 Erigeron annuus（L.）Pers. 全县广布；生于海拔 45～955m 的路边、荒地、田边或山坡林缘

香丝草 Erigeron bonariensis L. 全县广布；生于海拔 45～745m 的荒地、田边、路旁

小蓬草 Erigeron canadensis L. 全县广布；生于海拔 40～785m 的荒地、田边、路旁

春飞蓬 Erigeron philadelphicus L. 见于赤城、福溪、街头、龙溪、南屏、平桥、三合、三州、始丰；生于海拔 50～405m 的荒地、田边、路旁

粗糙飞蓬 Erigeron strigosus Muhl. ex Willd. 见于始丰；生于海拔 50m 左右的河滩、林缘

苏门白酒草 Erigeron sumatrensis Retz. 全县广布；生于海拔 60～955m 的山坡草地、荒地、路旁

白酒草 Eschenbachia japonica（Thunb.）J. Kost. 见于赤城、洪畴、雷峰、南屏、平桥、石梁、坦头、泳溪；生于海拔 130～385m 的山谷田边、山坡草地或林缘

大麻叶泽兰 Eupatorium cannabinum L. 见于石梁；生于海拔 310m 左右的林缘

华泽兰 Eupatorium chinense L. 全县广布；生于海拔 70～965m 的林缘或路旁

佩兰 * Eupatorium fortunei Turcz. 偶见栽培

林泽兰 Eupatorium lindleyanum DC. 见于白鹤、街头、石梁；生于海拔 155～720m 的山谷、林下阴湿处

梳黄菊 * Euryops pectinatus Cass. 公园绿地零星栽培

大吴风草 * Farfugium japonicum（L.）Kitam. 公园绿地常见栽培

睫毛牛膝菊 Galinsoga parviflora Cav. 全县广布；生于海拔 40～910m 的山坡林缘、路旁、田边

匙叶合冠鼠麴草 Gamochaeta pensylvanica（Willd.）Cabrera 全县广布；生于海拔 65～950m 的山坡林缘、路旁、田边

细叶鼠麴草 Gnaphalium japonicum Thunb. 全县广布；生于海拔 200～925m 的山坡林缘、路旁、田边

多茎鼠麴草 Gnaphalium polycaulon Pers. 全县广布；生于海拔 45～615m 的山坡林缘、路旁、田边

红凤菜 * Gynura bicolor（Roxb. ex Willd.）DC. 全县广泛栽培

菊三七 * Gynura japonica（Thunb.）Juel 全县广泛栽培

向日葵 * Helianthus annuus L. 全县广泛栽培

菊芋 * Helianthus tuberosus L. 全县广泛栽培

泥胡菜 Hemisteptia lyrata（Bunge）Fisch. et C. A. Mey. 全县广布；生于海拔 45～780m 的林缘、林下、草地、荒地、田间、河边、路旁

狗娃花 Heteropappus hispidus（Thunb.）Less. 见于白鹤、石梁；生于海拔 265～530m 的林缘

旋覆花 Inula japonica Thunb. 见于白鹤、赤城、街头、南屏；生于海拔 200～290m 的山坡路旁、河岸

线叶旋覆花 Inula linariifolia Turcz. 见于白鹤；生于海拔 120m 左右的山坡路旁、河岸

小苦荬 Ixeridium dentatum（Thunb.）Tzvelev 全县广布；生于海拔 80～935m 的山坡、山坡林下或田边

褐冠小苦荬 *Ixeridium laevigatum*（Blume）Pak et Kawano　全县广布；生于海拔 50～955m 的山坡林缘、林下或草丛

中华苦荬菜 *Ixeris chinensis*（Thunb.）Nakai　见于石梁；生于海拔 100～1000m 的林缘

光滑苦荬菜 *Ixeris chinensis*（Thunb.）Nakai subsp. *strigosa*（H. Lév. et Vaniot）Kitam.　调查未及，《浙江植物志（新编）》有记载

深裂苦荬菜 *Ixeris dissecta*（Makino）Shih　见于始丰；生于林缘

苦荬菜 *Ixeris polycephala* Cass.　全县广布；生于海拔 55～970m 的山坡林缘、灌丛、草地、田野路旁

马兰 *Kalimeris indica*（L.）Sch. Bip.　全县广布；生于海拔 65～750m 的林缘、路旁

台湾翅果菊 *Lactuca formosana* Maxim.　见于赤城、雷峰、平桥、三合、始丰、泳溪；生于海拔 95～240m 的山坡林缘及田间、路旁

翅果菊 *Lactuca indica* L.　全县广布；生于海拔 40～950m 的山坡林缘及林下、灌丛或沟边、田间

毛脉翅果菊 *Lactuca raddeana* Maxim.　见于街头、龙溪、平桥、三州、石梁；生于海拔 180～910m 的林下

莴苣 * *Lactuca sativa* L.　全县广泛栽培

莴笋 * *Lactuca sativa* L. var. *angustata* Irish ex Bremer　全县广泛栽培

生菜 * *Lactuca sativa* L. var. *ramosa* Hort.　全县广泛栽培

稻槎菜 *Lapsanastrum apogonoides*（Maxim.）Pak et K. Bremer　全县广布；生于海拔 70～775m 的田野、荒地及路边

岩生薄雪火绒草 *Leontopodium japonicum* Miq. var. *saxatile* Y. S. Chen　见于石梁；生于海拔 1000m 左右的林缘

蹄叶橐吾 *Ligularia fischeri*（Ledeb.）Turcz.　见于石梁；生于海拔 600m 左右的水边、山坡、灌丛、林缘及林下

窄头橐吾 *Ligularia stenocephala*（Maxim.）Matsum. et Koidz.　见于石梁；生于海拔 922m 左右的山坡、水边、林中

白晶菊 * *Mauranthemum paludosum*（Poir.）Vogt et Oberpr.　公园绿地零星栽培

窄叶裸菀 *Miyamayomena angustifolia* Y. L. Chen　见于石梁；生于海拔 435～535m 的沟边

假福王草 *Paraprenanthes sororia*（Miq.）Shih　见于街头、龙溪、平桥、三合、三州、石梁、始丰、坦头；生于海拔 75～920m 的山坡、山谷灌丛、林下

黄山蟹甲草 *Parasenecio hwangshanicus*（Ling）C. I. Peng et S. W. Chung　调查未及，《浙江植物志（新编）》有记载

天目山蟹甲草 *Parasenecio matsudae*（Kitam.）Y. L. Chen　见于石梁；生于海拔 490～805m 的林缘或林下

长花帚菊 *Pertya glabrescens* Sch. Bip.　见于赤城；生于海拔 100m 左右的林缘

多花帚菊 *Pertya multiflora* Cai F. Zhang et T. G. Gao　见于赤城；生于海拔 155m 左右的林缘

腺叶帚菊 *Pertya pubescens* Ling　见于赤城；生于海拔 240m 左右的林缘

蜂斗菜 * *Petasites japonicus*（Sieb. et Zucc.）Maxim.　零星栽培

宽叶拟鼠麴草 *Pseudognaphalium adnatum*（DC.）Y. S. Chen　见于赤城、三合、始丰；生于海拔 100～440m 的林缘

拟鼠麴草 *Pseudognaphalium affine*（D. Don）Anderb.　全县广布；生于海拔 55～1217m 的山坡、草地、林下、灌丛、荒地

秋拟鼠麴草 *Pseudognaphalium hypoleucum*（DC.）Hilliard et B. L. Burtt　见于福溪、龙溪、平桥、石梁、始丰、坦头；生于海拔 95～760m 的山坡、草地、林下、灌丛、荒地

黑心金光菊 * *Rudbeckia hirta* L. 公园绿地零星栽培

金光菊 * *Rudbeckia laciniata* L. 公园绿地零星栽培

庐山风毛菊 *Saussurea bullockii* Dunn 见于龙溪、石梁；生于海拔 380～725m 的山坡草地、林下及山谷溪边

三角叶风毛菊 *Saussurea deltoidea* (DC.) Sch. Bip. 见于白鹤、龙溪、石梁；生于海拔 475～525m 的山坡、草地、林下、灌丛、荒地

风毛菊 *Saussurea japonica* (Thunb.) DC. 见于白鹤、平桥、石梁；生于海拔 210～530m 的林缘或路旁

千里光 *Senecio scandens* Buch.-Ham. ex D. Don 全县广布；生于海拔 45～785m 的林缘、灌丛或溪边

虾须草 *Sheareria nana* S. Moore 见于福溪、始丰；生于海拔 35m 左右的河边

毛梗豨莶 *Sigesbeckia glabrescens* (Makino) Makino 全县广布；生于海拔 50～910m 的路边、荒地和山坡灌丛

豨莶 *Sigesbeckia orientalis* L. 全县广布；生于海拔 270～370m 的荒地、灌丛、田边、林缘及林下

腺梗豨莶 *Sigesbeckia pubescens* Makino 全县广布；生于海拔 100～925m 的荒地、灌丛、田边、林缘及林下

蒲儿根 *Sinosenecio oldhamianus* (Maxim.) B. Nord. 全县广布；生于海拔 45～940m 的林缘、溪边、路旁及草坡、田边

菊薯 * *Smallanthus sonchifolius* (Poeppig et Endlicher) H. Robinson 全县广泛栽培

加拿大一枝黄花 *Solidago canadensis* L. 全县广布；生于海拔 40～960m 的荒地

一枝黄花 *Solidago decurrens* Lour. 全县广布；生于海拔 90～955m 的林缘、林下、灌丛及山坡草地

裸柱菊 *Soliva anthemifolia* (Juss.) R. Br. 全县广布；生于海拔 50～240m 的荒地、田间

续断菊 *Sonchus asper* (L.) Hill 全县广布；生于海拔 45～785m 的路旁、林缘、田边

苦苣菜 *Sonchus oleraceus* L. 全县广布；生于海拔 45～770m 的路旁、林缘、田边

苣荬菜 *Sonchus wightianus* DC. 见于白鹤、赤城、福溪、龙溪、三合、坦头；生于海拔 85～410m 的路旁、林缘、田边

甜叶菊 * *Stevia rebaudiana* (Bertoni) Bertoni 偶见栽培

夏威夷紫菀 *Symphyotrichum squamatum* (Spreng.) G. L. Nesom 全县广布；生于海拔 45～410m 路边、荒地、田间、林缘

钻形紫菀 *Symphyotrichum subulatum* (Michx.) G. L. Nesom 全县广布；生于海拔 45～100 的路边、荒地、田间、林缘

南方兔儿伞 *Syneilesis australis* Ling 全县广布；生于海拔 250～1040m 的林缘、林下

山牛蒡 *Synurus deltoides* (Aiton) Nakai 见于石梁；生于海拔 480m 左右的林下

孔雀草 * *Tagetes patula* L. 全县广泛栽培

蒲公英 *Taraxacum mongolicum* Hand.-Mazz. 全县广布；生于海拔 45～750m 的山坡草地、路边、田野、河滩

药用蒲公英 *Taraxacum officinale* F. H. Wigg. 见于白鹤、平桥；生于海拔 205～265m 的田间、路边

狗舌草 *Tephroseris kirilowii* (Turcz. ex DC.) Holub 见于石梁；生于山坡草地

夜香牛 *Vernonia cinerea* (L.) Less. 见于赤城、街头、龙溪、平桥、石梁；生于海拔 135～520m 的山坡、荒地、田边、路旁

苍耳 *Xanthium strumarium* L. 全县广布；生于海拔 35～925m 的林缘、路边、田边

红果黄鹌菜 *Youngia erythrocarpa* (Vaniot) Babc. et Stebbins 见于赤城、街头、平桥、石梁、始丰、

坦头、泳溪；生于海拔 80～320m 的林缘、路边、田边

异叶黄鹌菜 *Youngia heterophylla*（Hemsl.）Babc. et Stebbins 见于坦头；生于海拔 200m 左右的林缘

黄鹌菜 *Youngia japonica*（L.）DC. 全县广布；生于海拔 45～895m 的林缘、路边、田边

卵裂黄鹌菜 *Youngia japonica*（L.）DC. var. *elstonii* Hochr. 全县广布；生于海拔 70～785m 的林缘、路边、田边

多裂黄鹌菜 *Youngia rosthornii*（Diels）Babc. et Stebbins 见于白鹤、赤城、洪畴、街头、龙溪、平桥、三州、石梁、始丰、泳溪；生于海拔 80～895m 的林缘、路边、田边

百日菊 * *Zinnia elegans* Jacq. 全县广泛栽培

（二）单子叶植物纲 Monocotyledoneae（31 科,210 属,494 种）

1. 泽泻科 Alismataceae

窄叶泽泻 *Alisma canaliculatum* A. Braun et C. D. Bouché 见于白鹤、石梁；生于海拔 715～960m 的水田或沟边

东方泽泻 * *Alisma orientale*（Sam.）Juz. 公园湿地零星栽培

小慈姑 *Sagittaria potamogetifolia* Merr. 见于石梁；生于水田或沟边

矮慈姑 *Sagittaria pygmaea* Miq. 见于白鹤、赤城、南屏、平桥、三州、石梁；生于海拔 125～345m 的沼泽、水田、沟溪浅水处

野慈姑 *Sagittaria trifolia* L. 见于龙溪；生于海拔 448m 左右的湖泊、池塘、沼泽、沟渠、水田等

华夏慈姑 * *Sagittaria trifolia* L. subsp. *leucopetala*（Miq.）Q. F. Wang 零星栽培

2. 水鳖科 Hydrocharitaceae

无尾水筛 *Blyxa aubertii* Rich. 见于石梁、坦头；生于海拔 237m 左右的水田及水沟中

水筛 *Blyxa japonica* Maxim. ex Asch. et Gürke 调查未及，《浙江植物志（新编）》有记载

黑藻 *Hydrilla verticillata*（L. f.）Royle 见于白鹤、福溪、街头、龙溪、南屏、平桥、三合、三州、始丰、坦头、泳溪；生于海拔 40～460m 的淡水中

水车前 *Ottelia alismoides*（L.）Pers. 见于三合、三州、坦头；生于海拔 45～345m 的淡水中

密刺苦草 *Vallisneria denseserrulata*（Makino）Makino 见于福溪、龙溪、始丰；生于海拔 30～115m 的溪沟和湖泊中

苦草 *Vallisneria natans*（Lour.）H. Hara 见于福溪、始丰；生于海拔 30m 左右的溪沟、河流、池塘、湖泊中

3. 眼子菜科 Potamogetonaceae

菹草 *Potamogeton crispus* L. 全县广布；生于海拔 50～172m 的池塘、水沟、水稻田、灌渠及缓流河水中

鸡冠眼子菜 *Potamogeton cristatus* Regel et Maack 见于龙溪、平桥、石梁、始丰、坦头；生于海拔 45～777m 的池塘及水稻田中

眼子菜 *Potamogeton distinctus* A. Benn. 见于石梁、始丰；生于池塘、水田和水沟等水流缓处

南方眼子菜 *Potamogeton octandrus* Poir. 见于龙溪；生于海拔 90m 左右的池塘

尖叶眼子菜 *Potamogeton oxyphyllus* Miq 见于三合、石梁、始丰；生于海拔 80～970m 的灌渠、池塘、河流等静、流水体

小眼子菜 *Potamogeton pusillus* L. 见于福溪、平桥、三合、三州、石梁、始丰、坦头；生于海拔 50～960m 的灌渠、池塘、河流等静、流水体

竹叶眼子菜 *Potamogeton wrightii* Morong 见于白鹤、福溪、龙溪、三合、始丰；生于海拔 50～130m

的灌渠、池塘、河流等静、流水体

篦齿眼子菜 *Stuckenia pectinata*（L.）Börner 见于始丰；生于灌渠、池塘、河流等静、流水体

4. 茨藻科 Najadaceae

纤细茨藻 *Najas gracillima*（A. Braun ex Engelm.）Magnus 见于三州；生于海拔 365m 左右的稻田、水沟和池塘的浅水处

小茨藻 *Najas minor* All. 见于福溪、三州、石梁；生于海拔 55～720m 的池塘的浅水处

5. 霉草科 Triuridaceae

多枝霉草 *Sciaphila ramosa* Fukuy. et T. Suzuki 见于龙溪、泳溪；生于海拔 230m 左右的毛竹林下

6. 棕榈科 Arecaceae

棕竹 * *Rhapis excelsa*（Thunb.）A. Henry 全县零星室内栽培

棕榈 * *Trachycarpus fortunei*（Hook.）H. Wendl. 全县广泛分布，栽培或逸生

7. 菖蒲科 Acoraceae

菖蒲 *Acorus calamus* L. 见于福溪、洪畴、平桥、三合、石梁、始丰；生于海拔 40～920m 的田边

石菖蒲 *Acorus tatarinowii* Schott 全县广布；生于海拔 75～750m 的湿地或溪旁石上

8. 天南星科 Araceae

海芋 * *Alocasia odora*（Roxb. ex Lodd，G. Lodd et W. Lodd）Spach 零星栽培

东亚魔芋 *Amorphophallus kiusianus*（Makino）Makino 见于赤城、街头、石梁、泳溪；生于海拔 500m 左右的林缘

灯台莲 *Arisaema bockii* Engl. 见于石梁；生于海拔 570～695m 的林下、灌丛、草坡

一把伞南星 *Arisaema erubescens*（Wall.）Schott 全县广布；生于海拔 535～920m 的林下、灌丛、草坡

天南星 *Arisaema heterophyllum* Blume 见于白鹤、赤城；生于海拔 100～310m 的林下、灌丛、草坡

云台南星 *Arisaema silvestrii* Pamp 见于石梁；生于海拔 590m 左右的林下

芋 * *Colocasia esculenta*（L.）Schott 广泛栽培

龟背竹 * *Monstera deliciosa* Liebm. 室内零星栽培

滴水珠 *Pinellia cordata* N. E. Br. 见于街头、雷峰、龙溪、始丰；生于海拔 130～295m 的林下溪旁、潮湿草地、岩石边、岩隙或岩壁上

掌叶半夏 *Pinellia pedatisecta* Schott 见于福溪、南屏、石梁、始丰；生于海拔 40～130m 的林缘

半夏 *Pinellia ternata*（Thunb.）Makino 全县广布；生于海拔 75～935m 的草坡、荒地、田边或林下

大薸 * *Pistia stratiotes* L. 零星栽培

9. 浮萍科 Lemnaceae

兰氏萍 *Landoltia punctata*（G. Mey.）Les et D. J. Crawford 见于白鹤、南屏、平桥、坦头；生于海拔 60～280m 的稻田、池沼或其他静水水域

浮萍 *Lemna minor* L. 全县广布；生于海拔 45～755m 的稻田、池沼或其他静水水域

紫萍 *Spirodela polyrhiza*（L.）Schleid. 全县广布；生于海拔 40～745m 的稻田、池沼或其他静水水域

10. 鸭跖草科 Commelinaceae

饭包草 *Commelina benghalensis* L. 全县广布；生于海拔 45～590m 的路边、荒地、田边

鸭跖草 *Commelina communis* L. 全县广布；生于海拔 50～960m 的路边、荒地、田边

紫鸭跖草 * *Commelina purpurea* C. B. Clarke 宅旁零星栽培

裸花水竹叶 *Murdannia nudiflora*（L.）Brenan　全县广布；生于海拔 35～750m 的水边潮湿处、草丛

水竹叶 *Murdannia triquetra*（Wall. ex C. B. Clarke）Brückn.　全县广布；生于海拔 35～805m 的稻田边或湿地上

杜若 *Pollia japonica* Thunb.　见于龙溪、平桥；生于海拔 287m 左右的林下、林缘

白花紫露草 *Tradescantia fluminensis* Vell.　宅旁零星栽培

紫竹梅 *Tradescantia pallida*（Rose）D. R. Hunt　宅旁零星栽培

11. 谷精草科 Eriocaulaceae

谷精草 *Eriocaulon buergerianum* Körn.　见于白鹤、赤城、龙溪、南屏、石梁、泳溪；生于海拔 135～945m 的稻田、水边

白药谷精草 *Eriocaulon cinereum* R. Br　见于龙溪；生于海拔 200～400m 的稻田、水边

长苞谷精草 *Eriocaulon decemflorum* Maxim.　见于龙溪、石梁；生于海拔 235～745m 的稻田、水边

四国谷精草 *Eriocaulon miquelianum* Körn.　见于石梁；生于海拔 750m 左右的稻田、水边

12. 凤梨科 Bromeliaceae

凤梨 *Ananas comosus*（L.）Merr.　室内零星栽培

13. 灯心草科 Juncaceae

翅茎灯心草 *Juncus alatus* Franch. et Sav.　全县广布；生于海拔 65～700m 的水边、田边、湿草地和山坡林下阴湿处

星花灯心草 *Juncus diastrophanthus* Buchenau　全县广布；生于海拔 65～795m 的水边、田边、湿草地和山坡林下阴湿处

灯心草 *Juncus effusus* L.　全县广布；生于海拔 40～950m 的水边、田边、湿草地和山坡林下阴湿处

江南灯心草 *Juncus prismatocarpus* R. Br.　见于龙溪、石梁；生于海拔 280～770m 的水边、田边、湿草地和山坡林下阴湿处

野灯心草 *Juncus setchuensis* Buchenau　全县广布；生于海拔 40～915m 的水边、田边、湿草地和山坡林下阴湿处

假灯心草 *Juncus setchuensis* Buchenau var. *effusoides* Buchenau　调查未及，《浙江植物志（新编）》有记载

坚被灯心草 *Juncus tenuis* Willd.　调查未及，《浙江植物志（新编）》有记载

多花地杨梅 *Luzula multiflora*（Ehrh.）Lej.　见于白鹤、龙溪、三州、石梁；生于海拔 240～965m 的林下

14. 禾本科 Poaceae

孝顺竹 *Bambusa multiplex*（Lour.）Raeusch. ex Schult. et Schult. f.　公园、宅旁零星栽培

观音竹 *Bambusa multiplex*（Lour.）Raeuschel ex J. A. et J. H. Schult. var. *riviereorum* R. Maire　公园、宅旁零星栽培

凤尾竹 *Bambusa multiplex*（Lour.）Raeuschel ex J. A. et J. H. Schult. 'Fernleaf'　公园、宅旁零星栽培

青皮竹 *Bambusa textilis* McClure　公园、宅旁零星栽培

佛肚竹 *Bambusa ventricosa* McClure　偶见栽培

黄金间碧竹 *Bambusa vulgaris* Schrader 'Vittata'　公园绿地偶见栽培

寒竹 *Chimonobambusa marmorea*（Mitford）Makino　偶见栽培

方竹 *Chimonobambusa quadrangularis*（Fenzi）Makino　偶见栽培

阔叶箬竹 *Indocalamus latifolius*（Keng）McClure 全县广布；生于海拔 50～955m 的山坡、山谷林下

半耳箬竹 *Indocalamus longiauritus* Hand.-Mazz. var. *semifalcatus* H. R. Zhao 调查未及,《浙江植物志（新编）》有记载

箬竹 *Indocalamus tessellatus*（Munro）Keng f. 全县广布；生于海拔 100～900m 的山坡、山谷林下

四季竹 *Oligostachyum lubricum*（T. H. Wen）Keng f 见于福溪、街头、平桥、三州、始丰；生于海拔 35～405m 的山坡林缘

黄古竹 *Phyllostachys angusta* McClure 调查未及,《浙江植物志（新编）》有记载

罗汉竹 * *Phyllostachys aurea* Carriere ex Rivière et C. Rivière 赤城、石梁等地零星栽培

黄槽竹 * *Phyllostachys aureosulcata* McClure 零星栽培

黄秆京竹 * *Phyllostachys aureosulcata* McClure 'Aureocarlis' 零星栽培

斑竹 * *Phyllostachys bambusoides* Sieb. et Zucc. f. *lacrima-deae* Keng f. et Wen 零星栽培

桂竹 *Phyllostachys bambusoides* Sieb. et Zucc. 见于赤城、始丰；生于陡崖的林缘或林下

白哺鸡竹 * *Phyllostachys dulcis* McClure 零星栽培

毛竹 *Phyllostachys edulis*（Carriere）J. Houz. 全县广布；生于海拔 45～875m 的林缘或林下

龟甲竹 * *Phyllostachys edulis*（Carrière）J. Houz. 'Heterocycla' 零星栽培

角竹 *Phyllostachys fimbriligula* T. H. Wen 调查未及,《浙江植物志（新编）》有记载

淡竹 *Phyllostachys glauca* McClure 见于石梁、始丰、平桥；生于海拔 100m 左右的山坡林下、路旁、林缘

水竹 *Phyllostachys heteroclada* Oliv 全县广布；生于海拔 45～920m 的山坡林缘、沟边路旁

红哺鸡竹 * *Phyllostachys iridescens* C. Y. Yao et S. Y. Chen 零星栽培

美竹 *Phyllostachys mannii* Gamble 调查未及,《浙江植物志（新编）》有记载

毛环竹 *Phyllostachys meyeri* McClure 调查未及,《浙江植物志（新编）》有记载

篌竹 *Phyllostachys nidularia* Munro 调查未及,标本记载（PE,0113）

光箨篌竹 *Phyllostachys nidularia* Munro f. *glabrovagina*（McClure）Wen 见于福溪、洪畴、街头、龙溪、三州、石梁；生于海拔 45～735m 的山坡林下、林缘

紫竹 * *Phyllostachys nigra*（Lodd. ex Lindl.）Munro 零星栽培

毛金竹 *Phyllostachys nigra*（Lodd. ex Lindl.）Munro var. *henonis*（Mitford）Stapf ex Rendle 见于石梁、始丰、泳溪；生于海拔 280～940m 的山坡林缘、林下

灰竹 *Phyllostachys nuda* McClure 见于始丰；生于林下

雷竹 * *Phyllostachys praecox* C. D. Chu 'Prevernalis' 广泛栽培

高节竹 *Phyllostachys prominens* W. Y. Xiong 见于白鹤、福溪、街头、平桥、始丰；生于海拔 50～350m 的宅旁、路边

早园竹 * *Phyllostachys propinqua* McClure 偶见栽培

河竹 *Phyllostachys rivalis* H. R. Zhao et A. T. Liu 见于始丰；生于海拔 50m 的河滩

红边竹 *Phyllostachys rubromarginata* McClure 见于始丰；生于山坡

刚竹 *Phyllostachys sulphurea*（Carriere）Riviere et C. Riviere var. *viridis* R. A. Young 见于白鹤、赤城、街头、龙溪、平桥、三合、三州、石梁、始丰、坦头、泳溪；生于海拔 100～785m 的山坡林缘或平地栽培

早竹 * *Phyllostachys violascens*（Carrière）Rivière et C. Rivière 广泛栽培

苦竹 *Pleioblastus amarus*（Keng）Keng f. 全县广布；生于海拔 60～700m 的山坡荒地、林缘

实心苦竹 *Pleioblastus solidus* S. Y. Chen 见于石梁；生于海拔 500m 左右的山坡荒地、林缘

面竿竹 *Pseudosasa orthotropa* S. L. Chen et T. H. Wen 调查未及,《浙江植物志（新编）》有记载

短穗竹 *Semiarundinaria densiflora*（Rendle）T. H. Wen 见于始丰；生于山坡

鹅毛竹 * *Shibataea chinensis* Nakai 偶见栽培

唐竹 *Sinobambusa tootsik*（Sieb.）Makino 见于始丰；生于海拔 70m 左右的河滩边

大叶直芒草 *Achnatherum coreanum*（Honda）Ohwi 见于石梁；生于海拔 320～725m 的林缘

剪股颖 *Agrostis clavata* Trin. 见于白鹤、赤城、街头、三合、石梁、始丰、坦头；生于海拔 75～930m 的草地、林下、路边、田边、溪旁等

看麦娘 *Alopecurus aequalis* Sobol. 全县广布；生于海拔 50～775m 的田边

日本看麦娘 *Alopecurus japonicus* Steud. 全县广布；生于海拔 70～610m 的田边

弗吉尼亚须芒草 *Andropogon virginicus* L 见于三合、石梁，逸生于海拔 120～575m 的荒地或山坡草丛

大花楔颖草 *Apocopis wrightii* Munro var. *macrantha* S. L. Chen 见于白鹤；生于海拔 200m 左右的裸岩荒地

荩草 *Arthraxon hispidus*（Thunb.）Makino 全县广布；生于海拔 35～765m 的山坡路旁、田边、荒地

匿芒荩草 *Arthraxon hispidus*（Thunb.）Makino var. *cryptatherus*（Hack.）Honda 见于赤城、石梁、始丰；生于海拔 135m 左右的路旁

野古草 *Arundinella hirta*（Thunb.）Tanaka 全县广布；生于海拔 55～825m 的山坡、路旁或灌丛

庐山野古草 *Arundinella hirta*（Thunb.）Tanaka var. *hondana* Koidz. 见于龙溪；生于海拔 930m 左右的山坡、路旁或灌丛

刺芒野古草 *Arundinella setosa* Trin. 见于白鹤、赤城、福溪、洪畴、龙溪、平桥、三合、始丰、坦头；生于海拔 75～265m 的山坡草地、灌丛、林下

芦竹 *Arundo donax* L. 全县广布；生于海拔 40～350m 的河岸

野燕麦 *Avena fatua* L 见于白鹤、赤城、洪畴、平桥、三合、石梁、始丰；生于海拔 80～460m 的田间

菵草 *Beckmannia syzigachne*（Steud.）Fernald 全县广布；生于海拔 65～455m 的沟边、田间

白羊草 *Bothriochloa ischaemum*（L.）Keng 见于平桥；生于海拔 130m 左右的草丛

毛臂形草 *Brachiaria villosa*（Lam.）A. Camus 全县广布；生于海拔 85～770m 的田间和山坡草地

日本短颖草 *Brachyelytrum japonicum*（Hack.）Matsum. ex Honda 见于石梁；生于海拔 300m 以上的林下或林缘

银鳞茅 * *Briza minor* L. 公园绿化地偶见栽培

雀麦 *Bromus japonicus* Thunb 见于赤城、街头、雷峰、南屏、平桥、三州、石梁、始丰；生于海拔 50～435m 的山坡林缘、路旁、河漫滩湿地

疏花雀麦 *Bromus remotiflorus*（Steud.）Ohwi 全县广布；生于海拔 50～760m 的山坡林缘、路旁、河边草地

拂子茅 *Calamagrostis epigeios*（L.）Roth 全县广布；生于海拔 130～710m 的田间、路旁、山坡阴湿处

硬秆子草 *Capillipedium assimile*（Steud.）A. Camus 见于龙溪、平桥、始丰、坦头；生于海拔 50～400m 的河边、林缘

细柄草 *Capillipedium parviflorum*（R. Br.）Stapf 全县广布；生于海拔 40～495m 的山坡草地、河边、灌丛、路边

朝阳隐子草 *Cleistogenes hackelii*（Honda）Honda 全县广布；生于海拔 55～835m 的山坡林缘、路旁及紫砂岩上

薏苡 *Coix lacryma-jobi* L. 全县广布；生于海拔 40～450m 的水沟边、溪流边

橘草 *Cymbopogon goeringii*（Steud.）A. Camus 全县广布；生于海拔 50～800m 的山坡草地、林缘、石壁

狗牙根 *Cynodon dactylon*（L.）Pers. 全县广布；生于海拔 45～750m 的路旁、荒地

疏花野青茅 *Deyeuxia effusiflora* Rendle 全县广布；生于海拔 315m 左右的山坡草地、林缘

野青茅 *Deyeuxia pyramidalis*（Host）Veldkamp 全县广布；生于海拔 85～925m 的山坡草地、林缘

升马唐 *Digitaria ciliaris*（Retz.）Koeler 全县广布；生于海拔 40～770m 的路旁、荒地

毛马唐 *Digitaria ciliaris*（Retz.）Koeler var. *chrysoblephara*（Fig. et De Not.）R. R. Stewart 见于白鹤、龙溪、南屏、石梁、始丰；生于海拔 100～490m 的路旁、荒地、裸岩

红尾翎 *Digitaria radicosa*（J. Presl）Miq. 全县广布；生于海拔 30～580m 的田间、路旁

紫马唐 *Digitaria violascens* Link 见于白鹤、赤城、福溪、街头、龙溪、平桥、三合、石梁、始丰、坦头、泳溪；生于海拔 95～955m 的山坡草地、路边

具脊鸭嘴草 *Dimeria ornithopoda* Trin. subsp. *subrobusta*（Hack.）S. L. Chen et G. Y. Sheng 见于白鹤、街头、龙溪、三合、石梁；生于海拔 115～695m 的路边、林间草地、岩石缝的较阴湿处

华鸭嘴草 *Dimeria sinensis* Rendle 见于街头；生于林缘或溪边石缝

长芒稗 *Echinochloa caudata* Roshev. 全县广布；生于海拔 35～120m 的田边、路旁及河边湿处

光头稗 *Echinochloa colona*（L.）Link 全县广布；生于海拔 40～700m 的田边、路旁及河边湿处

稗 *Echinochloa crusgalli*（L.）P. Beauv. 全县广布；生于海拔 70～785m 的田边、路旁及河边湿处

无芒稗 *Echinochloa crusgalli*（L.）P. Beauv. var. *mitis*（Pursh）Peterm. 见于白鹤、福溪、街头、雷峰、龙溪、南屏、平桥、三合、三州；生于海拔 45～680m 的田边、路旁及河边湿处

西来稗 *Echinochloa crusgalli*（L.）P. Beauv. var. *zelayensis*（Kunth）Hitchc. 全县广布；生于海拔 40～770m 的田边、路旁及河边湿处

䅟子 ＊*Eleusine coracana*（L.）Gaertn 偶见栽培

牛筋草 *Eleusine indica*（L.）Gaertn. 全县广布；生于海拔 45～960m 的田边、路旁及河边湿处

秋画眉草 *Eragrostis autumnalis* Keng 见于白鹤、始丰、泳溪；生于海拔 205～495m 的田边、路旁及河边湿处

大画眉草 *Eragrostis cilianensis*（All.）Vignolo ex Janch. 见于赤城、始丰；生于海拔 380m 左右的田边、路旁及河边湿处

珠芽画眉草 *Eragrostis cumingii* Steud. 见于白鹤；生于海拔 165m 左右的路边、田边

知风草 *Eragrostis ferruginea*（Thunb.）P. Beauv. 全县广布；生于海拔 50～755m 的路边、山坡草地

乱草 *Eragrostis japonica*（Thunb.）Trin. 见于赤城、街头、龙溪、平桥、三合、石梁、始丰、泳溪；生于海拔 90～485m 的田边路旁、河边及潮湿地

画眉草 *Eragrostis pilosa*（L.）P. Beauv. 全县广布；生于海拔 40～700m 的路旁、荒地、田边

无毛画眉草 *Eragrostis pilosa*（L.）P. Beauv. var. *imberbis* Franch. 见于石梁；生于路旁

假俭草 *Eremochloa ophiuroides*（Munro）Hack 全县广布；生于海拔 75～780m 的潮湿草地及河岸、路旁

野黍 *Eriochloa villosa*（Thunb.）Kunth 全县广布；生于海拔 50～700m 的山坡、路旁

四脉金茅 *Eulalia quadrinervis*（Hack.）Kuntze 全县广布；生于海拔 100～490m 的山坡

金茅 *Eulalia speciosa*（Debeaux）Kuntze 见于洪畴、三合、始丰；生于海拔 130m 左右的山坡草地

苇状羊茅 ＊*Festuca arundinacea* Schreb. 公园绿化地偶见栽培

高羊茅 ＊*Festuca elata* Keng ex E. Alexeev 公园绿化地偶见栽培

小颖羊茅 *Festuca parvigluma* Steud. 见于赤城；生于海拔 300m 左右的山坡草地、林下、河边草丛、灌丛、路旁

甜茅 *Glyceria acutiflora* Torr. subsp. *japonica*（Steud.）T. Koyama et Kawano 见于雷峰、始丰；生于海拔 100m 左右的田边、路旁

球穗草 *Hackelochloa granularis*（L.）Kuntze　见于街头；生于海拔 120m 左右的草丛

大牛鞭草 *Hemarthria altissima*（Poir.）Stapf et C. E. Hubb　见于赤城、福溪、南屏、平桥、三合、始丰、坦头；生于海拔 40～430m 的沟边或草丛

猬草 *Hystrix duthiei*（Stapf ex Hook. f.）Bor　见于石梁；生于海拔 950m 左右的林缘或沟边

大白茅 *Imperata cylindrica*（L.）Raeusch. var. *major*（Nees）C. B. Hubb.　全县广布；生于海拔 35～770m 的路旁、林缘、荒地、河流边等

柳叶箬 *Isachne globosa*（Thunb.）Kuntze　全县广布；生于海拔 60～580m 的山谷或山坡潮湿草地

矮小柳叶箬 *Isachne pulchella* Roth ex Roem. et Schult.　见于石梁；生于海拔 400m 左右的山坡

有芒鸭嘴草 *Ischaemum aristatum* L.　全县广布；生于海拔 45～790m 的山坡路旁

粗毛鸭嘴草 *Ischaemum barbatum* Retz.　调查未及，《浙江植物志（新编）》有记载

细毛鸭嘴草 *Ischaemum ciliare* Retz.　调查未及，《浙江植物志（新编）》有记载

假稻 *Leersia japonica* Makino　全县广布；生于海拔 35～495m 的池塘、水田、溪沟湖旁湿地

秕壳草 *Leersia sayanuka* Ohwi　见于赤城、街头、龙溪、三合、三州、石梁、始丰、坦头；生于海拔 65～415m 的林下或溪旁、湖边水湿草地

千金子 *Leptochloa chinensis*（L.）Nees　全县广布；生于海拔 40～710m 的田间、路旁

多花黑麦草 * *Lolium multiflorum* Lam.　公路旁绿化带常见栽培

黑麦草 * *Lolium perenne* L.　公路旁绿化带常见栽培

淡竹叶 *Lophatherum gracile* Brongn.　全县广布；生于海拔 45～825m 的山坡、林下或林缘、路旁阴处

大花臭草 *Melica grandiflora* Koidz.　见于石梁；生于海拔 610～955m 的林下、灌丛、山坡或路旁草地

广序臭草 *Melica onoei* Franch. et Sav.　见于龙溪、石梁；生于海拔 535～830m 的林下、灌丛、山坡或路旁草地

竹叶茅 *Microstegium nudum*（Trin.）A. Camus　全县广布；生于海拔 80～970m 的林下、山坡沟边、田间或路旁

柔枝莠竹 *Microstegium vimineum*（Trin.）A. Camus　全县广布；生于海拔 45～955m 的林下、山坡沟边、田间或路旁

粟草 *Milium effusum* L.　见于龙溪、石梁；生于海拔 895～970m 的林下

五节芒 *Miscanthus floridulus*（Labill.）Warb. ex K. Schum. et Lauterb　全县广布；生于海拔 45～750m 的荒地、丘陵谷地、山坡或草地

荻 *Miscanthus sacchariflorus*（Maxim.）Hack.　见于石梁；生于海拔 440m 左右的山坡草地、平原荒地、河岸湿地

芒 *Miscanthus sinensis* Andersson　全县广布；生于海拔 60～790m 的荒地、丘陵谷地、山坡或草地

沼原草 *Molinia japonica* Hack.　见于龙溪、石梁；生于海拔 456～907m 的林缘

乱子草 *Muhlenbergia huegelii* Trin.　见于始丰；生于海拔 400m 以上的林缘

日本乱子草 *Muhlenbergia japonica* Steud.　调查未及，《浙江植物志（新编）》有记载

多枝乱子草 *Muhlenbergia ramosa*（Hack. ex Matsum.）Makino　见于石梁；生于海拔 700～1000m 的林缘、路边草丛中

山类芦 *Neyraudia montana* Keng　全县广布；生于海拔 80～900m 的山坡路旁

类芦 *Neyraudia reynaudiana*（Kunth）Keng ex Hitchc.　全县广布；生于海拔 90～790m 的河边、山坡或草地

求米草 *Oplismenus undulatifolius*（Ard.）P. Beauv.　全县广布；生于海拔 40～970m 的林下或林缘

狭叶求米草 *Oplismenus undulatifolius*（Ard.）P. Beauv. var. *imbecillis*（R. Br.）Hack. 全县广布；生于海拔 285～780m 的林下或林缘

日本求米草 *Oplismenus undulatifolius*（Ard.）P. Beauv. var. *japonicus*（Steud.）Koidz. 全县广布；生于海拔 165～830m 的林下或林缘

稻 * *Oryza sativa* L. 全县广泛栽培

糠稷 *Panicum bisulcatum* Thunb. 全县广布；生于海拔 55～500m 的田间、路旁

细柄黍 *Panicum sumatrense* Roth ex Roem. et Schult. 见于始丰、坦头；生于海拔 300m 左右的路旁或荒地

毛花雀稗 *Paspalum dilatatum* Poir 见于赤城；生于海拔 640m 左右的路旁

双穗雀稗 *Paspalum distichum* L 全县广布；生于海拔 30～770m 的田边路旁

圆果雀稗 *Paspalum scrobiculatum* L. var. *orbiculare*（G. Forst.）Hack. 全县广布；生于海拔 75～700m 的荒坡、草地、路旁及田间

雀稗 *Paspalum thunbergii* Kunth ex Steud. 全县广布；生于海拔 75～800m 的田边路旁、山坡路旁

狼尾草 *Pennisetum alopecuroides*（L.）Spreng. 全县广布；生于海拔 55～790m 的田边、荒地、路旁

御谷 * *Pennisetum glaucum*（L.）R. Br. 偶见栽培

显子草 *Phaenosperma globosum* Munro ex Benth 全县广布；生于海拔 90～770m 的山坡林下、山谷溪旁及路边草丛

虉草 *Phalaris arundinacea* L 见于始丰；生于海拔 40m 左右的林下、潮湿草地或水湿处

芦苇 *Phragmites australis*（Cav.）Trin. ex Steud. 全县广布；生于海拔 45～690m 的湖泊、池塘沟渠沿岸和低湿地

白顶早熟禾 *Poa acroleuca* Steud. 全县广布；生于海拔 45～965m 的田边、路旁

早熟禾 *Poa annua* L. 全县广布；生于海拔 40～825m 的田边、路旁

华东早熟禾 *Poa faberi* Rendle 见于白鹤、赤城、石梁、始丰；生于海拔 75～785m 的田边、路旁

硬质早熟禾 *Poa sphondylodes* Trin. 见于平桥；生于海拔 100m 左右的林缘路边、松林下

金丝草 *Pogonatherum crinitum*（Thunb.）Kunth 见于白鹤、洪畴、街头、龙溪、平桥、石梁、始丰、坦头、泳溪；生于海拔 110～340m 的山坡、路旁、田边及石缝

棒头草 *Polypogon fugax* Nees ex Steud. 全县广布；生于海拔 40～760m 的山坡、田边

长芒棒头草 *Polypogon monspeliensis*（L.）Desf 见于平桥；生于海拔 60m 左右的路旁、田中

刺叶笔草 *Pseudopogonatherum koretrostachys*（Trin.）Henrard 见于洪畴；生于瘠薄山坡上

瘦瘠伪针茅 *Pseudoraphis sordida*（Thwaites）S. M. Phillips et S. L. Chen 见于三合；生于海拔 111m 左右的浅水池塘

竖立鹅观草 *Roegneria japonensis*（Honda）Keng 全县广布；生于海拔 80～390m 的山坡、路边

鹅观草 *Roegneria kamoji*（Ohwi）Keng et S. L. Chen 全县广布；生于海拔 50～835m 的山坡、路边

斑茅 *Saccharum arundinaceum* Retz 全县广布；生于海拔 35～585m 的山坡和河岸两侧

竹蔗 * *Saccharum sinense* Roxb. 偶见栽培

囊颖草 *Sacciolepis indica*（L.）Chase 全县广布；生于海拔 75～810m 的田边、林下

裂稃草 *Schizachyrium brevifolium*（Sw.）Nees ex Buse 见于福溪、龙溪、南屏、平桥、三合、石梁、始丰、坦头；生于海拔 70～470m 的阴湿山坡、草地

大狗尾草 *Setaria faberi* R. A. W. Herrm. 全县广布；生于海拔 45～770m 的林边、山坡、路边和荒地

小米 * *Setaria italica*（L.）P. Beauv. 偶见栽培

棕叶狗尾草 *Setaria palmifolia*（J. Koenig）Stapf 全县广布；生于海拔 125～555m 的山坡林下或路旁阴湿处

皱叶狗尾草 *Setaria plicata*（Lamk.）T. Cooke 全县广布；生于海拔 75～575m 的山坡林下或路旁阴湿处

金色狗尾草 *Setaria pumila*（Poir.）Roem. et Schult. 全县广布；生于海拔 50～806m 的林边、山坡、路边和荒地

狗尾草 *Setaria viridis*（L.）P. Beauv 全县广布；生于海拔 40～580m 的林边、山坡、路边和荒地

高粱 * *Sorghum bicolor*（L.）Moench 零星栽培

油芒 *Spodiopogon cotulifer*（Thunb.）Hack. 见于白鹤、福溪、街头、龙溪、平桥、石梁、泳溪；生于海拔 45～600m 的山坡、山谷和路旁

大油芒 *Spodiopogon sibiricus* Trin. 全县广布；生于海拔 115～930m 的山坡、路旁

鼠尾粟 *Sporobolus fertilis*（Steud.）Clayton 全县广布；生于海拔 45～815m 的田边、路边、山坡草地、山谷湿处和林下

黄背草 *Themeda triandra* Forssk. 全县广布；生于海拔 50～750m 的海山坡、草地、路旁、林缘

线形草沙蚕 *Tripogon filiformis* Nees ex Steud 见于赤城；生于海拔 260m 左右的山坡草地、河滩灌丛、路边

三毛草 *Trisetum bifidum*（Thunb.）Ohwi 见于街头、平桥、石梁；生于海拔 160m 左右的山坡路旁、林缘及沟边湿草地

玉米 * *Zea mays* L. 广泛栽培

菰 * *Zizania latifolia*（Griseb.）Turcz. ex Stapf 广泛栽培

细叶结缕草 * *Zoysia pacifica*（Goudsw.）M. Hotta et S. Kuroki 广泛栽培

15. 莎草科 Cyperaceae

扁秆藨草 *Bolboschoenus planiculmis*（Fr. Schmidt）T. V. Egorova 见于始丰；生于河滩上

球柱草 *Bulbostylis barbata*（Rottb.）C. B. Clarke 见于白鹤、赤城、福溪、街头、平桥、始丰；生于海拔 40～185m 的田边、路旁

丝叶球柱草 *Bulbostylis densa*（Wall.）Hand.-Mazz. 见于白鹤、福溪、街头、龙溪、三合、石梁、始丰；生于海拔 85～815m 的河边沙地、荒坡、路边及林下

禾状薹草 *Carex alopecuroides* D. Don ex Tilloch et Taylor 见于街头；生于海拔 270m 左右的路旁或林缘

安徽薹草 *Carex anhuiensis* S. W. Su et S. M. Xu 见于街头、雷峰、南屏、平桥；生于海拔 150～330m 的路旁或林缘

宜昌薹草 *Carex ascotreta* C. B. Clarke ex Franch. 见于赤城；生于林缘

百里薹草 *Carex blinii* H. Lév. et Vaniot 见于石梁；生于山坡林下或草丛中

滨海薹草 *Carex bodinieri* Franch. 调查未及,《浙江植物志（新编）》有记载

青绿薹草 *Carex breviculmis* R. Br. 全县广布；生于海拔 70～640m 的山坡草地、路边、山谷沟边

短尖薹草 *Carex brevicuspis* C. B. Clarke 见于福溪、街头、石梁、泳溪；生于海拔 40～420m 的山坡林下、溪旁

褐果薹草 *Carex brunnea* Thunb. 全县广布；生于海拔 55～930m 的林下或灌丛、河边、路旁

天台薹草 *Carex cercidascus* C. B. Clarke 见于始丰、石梁；生于林缘湿润处、溪沟两侧

中华薹草 *Carex chinensis* Retz. 见于白鹤、街头、雷峰、龙溪、南屏、平桥、石梁、始丰、泳溪；生于海拔 100～515m 的山谷阴处、溪边岩石和草丛

仲氏薹草 *Carex chungii* Z. P. Wang 见于龙溪、平桥、三合、始丰；生于海拔 120～610m 的山坡林下、路旁

毛崖棕 *Carex ciliatomarginata* Nakai 见于龙溪、石梁、坦头；生于海拔 280～600m 的林下

灰化薹草 *Carex cinerascens* Kük. 见于石梁；生于海拔 900m 的路边林下

二型鳞薹草 *Carex dimorpholepis* Steud. 见于街头、石梁、始丰；生于海拔 400m 左右的溪边

签草 *Carex doniana* Spreng. 全县广布；生于海拔 65～560m 的溪边、沟边、林下、灌丛或草丛阴湿处

穿孔薹草 *Carex foraminata* C. B. Clarke 全县广布；生于海拔 215～700m 的林下、路边阴处或草丛

穹隆薹草 *Carex gibba* Wahlenb. 全县广布；生于海拔 85～790m 的山谷湿地、山坡草地或林下

禾秆薹草 *Carex graminiculmis* T. Koyama 见于街头、石梁；生于海拔 890m 左右的路旁、山坡阴处

湖北薹草 *Carex henryi* (C.B. Clarke) T. Koyama 调查未及,《浙江植物志(新编)》有记载

狭穗薹草 *Carex ischnostachya* Steud. 全县广布；生于海拔 45～725m 的山坡路旁

弯喙薹草 *Carex laticeps* C. B. Carke ex Franch. 见于白鹤、平桥；生于海拔 80～125m 的山坡林下、路旁、水沟边

舌叶薹草 *Carex ligulata* Nees ex Wight 全县广布；生于海拔 125～925m 的山坡林下或草地、山谷沟边或河边湿地

斑点果薹草 *Carex maculata* Boott 调查未及,《浙江植物志(新编)》有记载

弯柄薹草 *Carex manca* Boott 见于赤城；生于海拔 125～165m 的山坡林下

套鞘薹草 *Carex maubertiana* Boott 全县广布；生于海拔 35～550m 的山坡林下或路边阴湿处

乳突薹草 *Carex maximowiczii* Miq. 调查未及,《浙江植物志(新编)》有记载

锈果薹草 *Carex metallica* H. Lév. 见于赤城；生于海拔 75m 左右的山坡林下或路边阴湿处

柔果薹草 *Carex mollicula* Boott 见于石梁；生于海拔 825～970m 的林下

条穗薹草 *Carex nemostachys* Steud. 全县广布；生于海拔 85～920m 的溪旁、沼泽地、林下阴湿处

鸦落薹草 *Carex otaruensis* Franch. 调查未及,《浙江植物志(新编)》有记载

镜子薹草 *Carex phacota* Spreng. 全县广布；生于海拔 145～450m 的沟边草丛、水边或路旁潮湿处

豌豆型薹草 *Carex pisiformis* Boott 调查未及,《浙江植物志(新编)》有记载

粉被薹草 *Carex pruinosa* Boott 全县广布；生于海拔 20～1200m 的山谷、溪旁潮湿处、草地

松叶薹草 *Carex rara* Boott 见于石梁；生于海拔 950m 左右的林下、林缘、溪旁、阴湿草地

远穗薹草 *Carex remotistachya* Y. Y. Zhou et X. F. Jin 调查未及,《浙江植物志(新编)》有记载

反折果薹草 *Carex retrofracta* Kük. 见于始丰；生于海拔 400m 以下的林下阴湿处

书带薹草 *Carex rochebrunii* Franch. et Sav. 见于街头；生于海拔 167m 左右的溪边

糙叶薹草 *Carex scabrifolia* Steud. 见于始丰；生于湿地

相仿薹草 *Carex simulans* C. B. Clarke 见于赤城、洪畴、街头、雷峰、平桥、三州、石梁、始丰；生于海拔 85～575m 的山坡路旁、林下或溪边

柄果薹草 *Carex stipitinux* C. B. Clarke 见于石梁；生于海拔 629m 左右的林下

似柔果薹草 *Carex submollicula* Tang et F. T. Wang ex L. K. Dai 见于石梁；生于海拔 1350m 左右的公路草丛

肿胀果薹草 *Carex subtumida* (Kük.) Ohwi 调查未及,《浙江植物志(新编)》有记载

长柱头薹草 *Carex teinogyna* Boott 见于赤城；生于海拔 152m 左右的山坡林下、溪旁

藏薹草 *Carex thibetica* Franch. 见于石梁；生于海拔 615～700m 的林下、或阴湿石隙中

横果薹草 *Carex transversa* Boott 见于始丰；生于山坡林下或草丛或阴湿处

三穗薹草 *Carex tristachya* Franch. 全县广布；生于海拔 55～1059m 的山坡路边、林下潮湿处

合鳞薹草 *Carex tristachya* Franch. var. *pocilliformis* (Boott) Kük. 见于石梁；生于林下

截鳞薹草 *Carex truncatigluma* C. B. Clarke 见于街头、石梁；生于海拔 235～400m 的林中、山坡草地或溪旁

单性薹草 *Carex unisexualis* C. B. Clarke　见于始丰；生于海拔 60m 左右的湖边、池塘、沼泽地

阿穆尔莎草 *Cyperus amuricus* Maxim.　见于街头、平桥、石梁；生于海拔 280m 左右的湿地

扁穗莎草 *Cyperus compressus* L.　全县广布；生于海拔 40～445m 的田间

长尖莎草 *Cyperus cuspidatus* Kunth　见于福溪、平桥、始丰；生于海拔 80m 左右的沙地

异型莎草 *Cyperus difformis* L.　全县广布；生于海拔 35～750m 的稻田中或水边潮湿处

畦畔莎草 *Cyperus haspan* L.　全县广布；生于海拔 35～750m 的水田或浅水塘等多水的地方

旱伞草 *Cyperus involucratus* Rottb.　公园、湿地常见栽培

碎米莎草 *Cyperus iria* L.　全县广布；生于海拔 35～755m 的田间、山坡、路旁阴湿处

旋鳞莎草 *Cyperus michelianus*（L.）Link　见于福溪、三合；生于海拔 45～115m 的水边潮湿空旷的地方、路旁

具芒碎米莎草 *Cyperus microiria* Steud.　全县广布；生于海拔 40～760m 的河岸边、路旁湿处

直穗莎草 *Cyperus orthostachys* Franch. et Sav.　见于石梁；生于海拔 500m 左右的水田边、溪沟边

毛轴莎草 *Cyperus pilosus* Vahl　全县广布；生于海拔 45～700m 的水田边、河边潮湿处

香附子 *Cyperus rotundus* L.　全县广布；生于海拔 50～570m 的山坡草丛、水边潮湿处或荒地

窄穗莎草 *Cyperus tenuispica* Steud.　见于福溪、三合、石梁；生于海拔 45～690m 的荒地或林下

裂颖茅 *Diplacrum caricinum* R. Br.　见于福溪；生于海拔 100m 左右的路边草丛

荸荠 *Eleocharis dulcis*（N. L. Burm.）Trin. ex Henschel　偶见栽培

透明鳞荸荠 *Eleocharis pellucida* J. Presl et C. Presl　见于龙溪、平桥、三合、石梁；生于海拔 95～425m 的稻田、水塘和湖边湿地

永康荸荠 *Eleocharis pellucida* J. Presl et C. Presl var. *yongkangensis* Y. F. Lu，W. Y. Xie et X. F. Jin　见于石梁；生于海拔 300m 的路边池塘中

龙师草 *Eleocharis tetraquetra* Nees　全县广布；生于海拔 90～960m 的水塘边或沟旁水边

羽毛鳞荸荠 *Eleocharis wichurae* Boeckeler　见于石梁；生于海拔 850m 左右的沟边

牛毛毡 *Eleocharis yokoscensis*（Franch. et Sav.）Tang et F. T. Wang　见于赤城、龙溪、始丰；生于海拔 70～440m 的水田、池塘边、或湿黏土中

矮扁鞘飘拂草 *Fimbristylis complanata*（Retz.）Link var. *exalata*（T. Koyama）Y. C. Tang ex S. R. Zhang et T. Koyama　全县广布；生于海拔 65～810m 的路旁湿处

两歧飘拂草 *Fimbristylis dichotoma*（L.）Vahl　全县广布；生于海拔 50～790m 的田间或荒地

面条草 *Fimbristylis diphylloides* Makino　见于白鹤、赤城、街头、龙溪、南屏、平桥、三合、石梁；生于海拔 95～525m 的田间

金色飘拂草 *Fimbristylis hookeriana* Boeckeler　见于白鹤、福溪、洪畴、三合、石梁；生于海拔 120～595m 的田间

日照飘拂草 *Fimbristylis littoralis* Gaudich.　全县广布；生于海拔 35～750m 的田间

独穗飘拂草 *Fimbristylis ovata*（Brum. f.）J. Kern.　见于平桥、石梁；生于海拔 130～255m 的田间

五棱秆飘拂草 *Fimbristylis quinquangularis*（Vahl）Kunth　见于街头；生于海拔 95～245m 的田间

匍匐茎飘拂草 *Fimbristylis stolonifera* C. B. Clarke　见于平桥；生于海拔 140m 左右的田间

双穗飘拂草 *Fimbristylis subbispicata* Nees et Meyen　见于赤城、街头、三合、石梁、始丰、坦头、泳溪；生于海拔 70～745m 的沟边

水莎草 *Juncellus serotinus*（Rottb.）C. B. Clarke　见于南屏；生于海拔 280m 左右的水田中、池塘边、溪边等潮湿处

短叶水蜈蚣 *Kyllinga brevifolia* Rottb.　全县广布；生于海拔 35～965m 的山坡荒地、路旁草丛、田边草地、溪边

光鳞水蜈蚣 *Kyllinga brevifolia* Rottb. var. *leiolepis*（Franch. et Sav.）Hara　调查未及，《浙江植

物志（新编）》有记载

湖瓜草 *Lipocarpha microcephala* （R. Br.）Kunth 见于石梁；生于海拔 240m 左右的沟边

砖子苗 *Mariscus umbellatus* Vahl 见于白鹤、南屏、平桥、石梁、始丰、坦头、泳溪；生于海拔 130～500m 的山坡阳处、路旁草地、溪边及林下

直球穗扁莎 *Pycreus flavidus* （Retz.）T. Koyama var. *strictus* C. Y. Wu ex Karthik. 调查未及，《浙江植物志（新编）》有记载

球穗扁莎 *Pycreus flavidus* （Retz.）T. Koyama 全县广布；生于海拔 100～525m 的水田中、池塘边、溪边等潮湿处

红鳞扁莎 *Pycreus sanguinolentus* （Vahl）Nees 见于福溪、龙溪、石梁、始丰；生于海拔 45～530m 的水田中、池塘边、溪边等潮湿处

禾状扁莎 *Pycreus unioloides* （R. Br.）Urban 调查未及，《浙江植物志（新编）》有记载

华刺子莞 *Rhynchospora chinensis* Nees et Meyen 见于赤城、福溪、龙溪、三合、石梁、泳溪；生于海拔 100～580m 的沼泽或潮湿的地方

细叶刺子莞 *Rhynchospora faberi* C. B. Clarke 见于始丰；生于海拔 80m 左右的草地、沼泽或潮湿的地方

刺子莞 *Rhynchospora rubra* （Lour.）Makino 见于白鹤、赤城、洪畴、平桥、三合、始丰、坦头；生于海拔 100～210m 的田边、路旁、林缘

萤蔺 *Schoenoplectus juncoides* （Roxb.）Palla 见于赤城、福溪、龙溪、石梁；生于海拔 50～750m 的水田中、池塘边、溪边等潮湿处

水葱 * *Schoenoplectus tabernaemontani* （C. C. Gmel.）Palla 公园、湿地偶见栽培

水毛花 *Schoenoplectus triangulatus* （Roxb.）Soják 见于赤城、福溪、龙溪、平桥、三合、石梁、始丰；生于海拔 30～240m 的水田中、池塘边、溪边等潮湿处

华东藨草 *Scirpus karuizawensis* Makino 见于龙溪、石梁；生于海拔 400m 左右的池塘边

庐山藨草 *Scirpus lushanensis* Ohwi 见于龙溪、石梁；生于海拔 525m 左右的池塘边

百球藨草 *Scirpus rosthornii* Diels 见于街头、石梁；生于海拔 200m 左右的溪边

毛果珍珠茅 *Scleria levis* Retz. 全县广布；生于海拔 50～685m 的山坡草地

小型珍珠茅 *Scleria parvula* Steud. 见于街头、石梁、始丰、坦头；生于海拔 100～575m 的山坡草地

毛垂序珍珠茅 *Scleria rugosa* R. Br. var. *pubigera* Ohwi 见于平桥、三合、坦头；生于海拔 100～145m 的山坡

断节莎 *Torulinium ferax* （Rich.）Urb. 见于始丰；生于海拔 60m 左右的平地、河滩

三棱针蔺 *Trichophorum mattfeldianum* （Kük.）S. Yun Liang 见于洪畴、石梁；生于海拔 100～385m 的山坡、石缝

玉山针蔺 *Trichophorum subcapitatum* （Thwaites et Hook.）D. A. Simpson 见于石梁；生于海拔 320～560m 的山坡石壁、石缝或水湿处

16. 黑三棱科 Sparganiaceae

曲轴黑三棱 *Sparganium fallax* Graebn. 见于石梁、始丰；生于海拔 900～975m 的山坡

17. 香蒲科 Typhaceae

水烛 *Typha angustifolia* L. 全县广布；生于海拔 35～410m 的湖泊、河流、池塘浅水处

香蒲 *Typha orientalis* C. Presl 见于白鹤、福溪、洪畴、街头、龙溪、平桥、三合、三州、石梁、始丰；生于海拔 50～410m 的湖泊、池塘、沟渠、沼泽及河流缓流带

18. 芭蕉科 Musaceae

芭蕉 * *Musa basjoo* Sieb. et Zucc. 偶见栽培

地涌金莲 * *Musella lasiocarpa*（Franch.）C. Y. Wu ex H. W. Li 国清寺、高明寺有栽培

19. 姜科 Zingiberaceae

山姜 *Alpinia japonica*（Thunb.）Miq. 见于石梁；生于海拔 465m 左右的林下阴湿处

姜花 * *Hedychium coronarium* J. Koenig 赤城有栽培

蘘荷 * *Zingiber mioga*（Thunb.）Rosc. 偶见栽培

姜 * *Zingiber officinale* Roscoe 常见栽培

绿苞蘘荷 *Zingiber viridibractea* Z. H. Chen et G. Y. Li 见于龙溪、石梁；生于林下或林下

20. 美人蕉科 Cannaceae

大花美人蕉 * *Canna* × *generalis* L. H. Bailey 公园、湿地常见栽培

蕉芋 * *Canna edulis* Ker Gawl. 偶见栽培

粉美人蕉 * *Canna glauca* L. 公园、湿地常见栽培

美人蕉 * *Canna indica* L. 常见栽培

斑花美人蕉 * *Canna orchioides* L. H. Bailey 公园、湿地常见栽培

21. 竹芋科 Marantaceae

再力花 * *Thalia dealbata* Fraser 公园、湿地常见栽培

22. 雨久花科 Pontederiaceae

凤眼蓝 *Eichhornia crassipes*（Mart.）Solms 全县广布；生于海拔 35～400m 的池塘或水田

鸭舌草 *Monochoria vaginalis*（Burm. f.）C. Presl ex Kunth 全县广布；生于海拔 35～755m 的平稻田、沟旁、浅水池塘等水湿处

23. 百合科 Liliaceae

粉条儿菜 *Aletris spicata*（Thunb.）Franch. 全县广布；生于海拔 85～570m 的山坡、路边、灌丛或草地上

薤头 *Allium chinense* G. Don 见于街头、龙溪、石梁、始丰；生于海拔 135～920m 的山坡、路边、灌丛或草地上

葱 * *Allium fistulosum* L. 常见栽培

宽叶韭 * *Allium hookeri* Thwaites 偶见栽培

薤白 *Allium macrostemon* Bunge 全县广布；生于海拔 45～755m 的山坡、丘陵、山谷或草地

蒜 * *Allium sativum* L. 常见栽培

韭 * *Allium tuberosum* Rottl. ex Spreng. 常见栽培

茖葱 *Allium victorialis* L. 见于龙溪；生于海拔 1100m 左右的山坡阴湿处、沟边

老鸦瓣 *Amana edulis*（Miq.）Honda 全县广布；生于海拔 102～1112m 的山坡路旁

宽叶老鸦瓣 *Amana erythronioides*（Baker）D. Y. Tan et D. Y. Hong 见于石梁；生于海拔 675～885m 的林缘或开阔地

天门冬 *Asparagus cochinchinensis*（Lour.）Merr. 全县广布；生于海拔 50～570m 的山坡、路旁、林下

蓬莱松 * *Asparagus retrofractus* L. 庭院偶见栽培

蜘蛛抱蛋 * *Aspidistra elatior* Bl. 庭院偶见栽培

绵枣儿 *Barnardia japonica*（Thunb.）Schult. et Schult. f. 全县广布；生于海拔 90～670m 的山坡、草地、路旁或林缘

荞麦叶大百合 *Cardiocrinum cathayanum*（E. H. Wilson）Stearn 见于石梁；生于海拔 530～925m 的山坡林下阴湿处

君子兰 * *Clivia miniata* Regel 庭院偶见栽培

文殊兰 * *Crinum asiaticum* L. var. *sinicum* (Roxb. ex Herb.) Baker 庭院偶见栽培

仙茅 *Curculigo orchioides* Gaertn. 见于始丰;生于林下、草地或荒坡上

少花万寿竹 *Disporum uniflorum* Baker 见于龙溪、平桥、三州、石梁;生于海拔 225～965m 的林下或林缘

大花萱草 * *Hemerocallis* × *hybrida* Hort. 公园绿化栽培

黄花菜 * *Hemerocallis citrina* Baroni 村宅旁常见栽培

萱草 *Hemerocallis fulva* (L.) L. 全县广布;生于海拔 70～1075m 的路旁、沟边、溪边

朱顶红 * *Hippeastrum vittatum* (L'Hér.) Herb. 庭院零星栽培

野百合 *Lilium brownii* F. E. Br. ex Miellez 见于街头、龙溪、石梁、始丰;生于海拔 135～540m 的山坡、林下、路边、溪旁或石缝中

百合 * *Lilium brownii* F. E. Br. ex Miellez var. *viridulum* Baker 庭院零星栽培

条叶百合 *Lilium callosum* Sieb. et Zucc. 见于街头、石梁;生于海拔 195～245m 的林缘崖壁

卷丹 *Lilium lancifolium* Thunb. 见于雷峰、龙溪;生于海拔 600m 左右的山溪石缝中,也见庭院零星栽培

药百合 *Lilium speciosum* Thunb. var. *gloriosoides* Baker 见于雷峰、龙溪、三州、石梁;生于海拔 290～745m 的山坡、林下、路边、溪旁或石缝中

禾叶山麦冬 *Liriope graminifolia* (L.) Baker 见于街头、平桥、石梁;生于海拔 150～425m 的山坡、林下、路边、溪旁、林缘

长梗山麦冬 *Liriope longipedicellata* F. T. Wang et Tang 见于赤城;生于海拔 220m 左右的林中、乱石堆中

金边阔叶山麦冬 * *Liriope muscari* (Decne.) Bailey 'Variegata' 零星栽培

阔叶山麦冬 *Liriope muscari* (Decne.) L. H. Bailey 全县广布;生于海拔 90～830m 的林下

山麦冬 *Liriope spicata* Lour. 全县广布;生于海拔 50～950m 的林下

浙江山麦冬 * *Liriope zhejiangensis* G. H. Xia et G. Y. Li 石梁有栽培

石蒜 *Lycoris radiata* (L'Hér.) Herb. 全县广布;生于海拔 95～935m 的阴湿山坡和溪沟边

黄水仙 * *Narcissus pseudonarcissus* L. 公园零星栽培

水仙 * *Narcissus tazetta* L. var. *chinensis* Roem. 常见栽培

麦冬 *Ophiopogon japonicus* (Thunb.) Ker-Gawl. 全县广布;生于海拔 35～960m 的山坡阴湿处、林下或溪旁

华重楼 *Paris polyphylla* Sm. var. *chinensis* (Franch.) H. Hara 见于龙溪、石梁;生于海拔 280～755m 的林下

多花黄精 *Polygonatum cyrtonema* Hua 全县广布;生于海拔 95～980m 的林下、灌丛或山坡阴处

长梗黄精 *Polygonatum filipes* Merr. ex C. Jeffrey et McEwan 见于白鹤、街头、雷峰、龙溪、石梁、泳溪;生于海拔 190～800m 的林下、灌丛或山坡阴处

玉竹 * *Polygonatum odoratum* (Mill.) Druce 偶见栽培

吉祥草 * *Reineckia carnea* (Andrews) Kunth 常见栽培

万年青 * *Rohdea japonica* (Thunb.) Roth 常见栽培

银边万年青 * *Rohdea japonica* (Thunb.) Roth 'Variegata' 零星栽培

油点草 *Tricyrtis chinensis* Hiroshi Takahashi 全县广布;生于海拔 140～1200m 的林下、草丛、林缘

紫娇花 * *Tulbaghia violacea* Harv. 公园常见栽培

郁金香 * *Tulipa gesneriana* L. 公园常见栽培

牯岭藜芦 *Veratrum schindleri* O. Loes. 见于龙溪、石梁;生于海拔 310～1185m 的山坡林下阴湿处

葱莲 * *Zephyranthes candida* （Lindl.）Herb. 常见栽培

韭莲 * *Zephyranthes carinata* Herb. 常见栽培

24. 鸢尾科 Iridaceae

射干 *Belamcanda chinensis* （L.）Redouté 见于赤城、洪畴、平桥、三合、石梁、坦头、泳溪；生于海拔100～500m 的山坡林下,常见栽培

雄黄兰 * *Crocosmia* × *crocosmiflora* （Nichols.）N. E. Br. 公园零星栽培

蝴蝶花 * *Iris japonica* Thunb. 公园绿化带常见栽培

白花马蔺 * *Iris lactea* Pall. 公园零星栽培

黄菖蒲 * *Iris pseudacorus* L. 公园零星栽培

小花鸢尾 *Iris speculatrix* Hance 见于白鹤、龙溪、石梁；生于海拔310～880m 的山地、路旁、林缘或林下

鸢尾 * *Iris tectorum* Maxim. 零星栽培

25. 芦荟科 Aloeaceae

芦荟 * *Aloe vera* （L.）Burm. f. 室内常见栽培

26. 龙舌兰科 Agavaceae

龙舌兰 * *Agave americana* L. 偶见栽培

金边宽叶吊兰 * *Chlorophytum capense* （L.）Voss var. *marginata* Hort. 常见栽培

银边吊兰 * *Chlorophytum comosum* （Thunb.）Jacq. 'Varigatum' 常见栽培

吊兰 * *Chlorophytum comosum* （Thunb.）Jacques 常见栽培

朱蕉 * *Cordyline fruticosa* （L.）A. Chev. 庭院、室内偶见栽培

花叶玉簪 * *Hosta plantaginea* （Lam.）Aschers. 'Fairy Variegata' 公园绿化带常见栽培

玉簪 * *Hosta plantaginea* Asch. 公园绿化带常见栽培

紫萼 *Hosta ventricosa* （Salisb.）Stern 见于街头、龙溪、石梁；生于海拔415～960m 的林下、草坡或路旁

凤尾兰 * *Yucca gloriosa* L. 零星栽培

27. 百部科 Stemonaceae

金刚大 *Croomia japonica* Miq. 见于石梁；生于海拔1030m 左右的林下

百部 *Stemona japonica* （Bl.）Miq. 见于白鹤、赤城、雷峰、三州、石梁、始丰；生于海拔60～780m 的林下

28. 菝葜科 Smilacaceae

尖叶菝葜 *Smilax arisanensis* Hayata 见于福溪、街头、龙溪、南屏、平桥、三合、石梁；生于海拔110～875m 的林中、灌丛或山谷溪边

浙南菝葜 *Smilax austrozhejiangensis* C. Ling 见于街头、雷峰、龙溪、平桥；生于海拔80～525m 的林下、林缘

菝葜 *Smilax china* L. 全县广布；生于海拔40～980m 的林下、灌丛、路旁

小果菝葜 *Smilax davidiana* A. DC. 全县广布；生于海拔50～760m 的林下、灌丛或山坡、路边阴处

土茯苓 *Smilax glabra* Roxb. 全县广布；生于海拔75～780m 的林中、灌丛、林缘

黑果菝葜 *Smilax glaucochina* Warb. 见于街头、龙溪、平桥、石梁、始丰；生于海拔120～960m 的林下、灌丛或山坡

暗色菝葜 *Smilax lanceifolia* Roxb. var. *opaca* A. DC. 见于平桥；生于海拔300m 左右的林下、灌

丛或山坡阴处

细齿菝葜 *Smilax microdonta* Z. S. Sun et C. X. Fu 见于白鹤、赤城、福溪、平桥、三合、三州、石梁、始丰、坦头、泳溪;生于海拔 90～415m 的林下或林缘

缘脉菝葜 *Smilax nervomarginata* Hayata 见于福溪、街头、雷峰、龙溪、平桥、三州、石梁、始丰;生于海拔 60～610m 的林中、灌丛或路旁

白背牛尾菜 *Smilax nipponica* Miq. 见于龙溪、石梁;生于海拔 450～915m 的林下、水旁或山坡草丛

牛尾菜 *Smilax riparia* A. DC. 全县广布;生于海拔 120～970m 的林下、灌丛、山沟或山坡草丛

华东菝葜 *Smilax sieboldii* Miq. 见于龙溪、石梁;生于海拔 555～965m 的林下、灌丛或山坡草丛

肖菝葜 *Smilax stemonifolia* H. Lév. et Vaniot 见于石梁;生于海拔 265m 左右的林下或林缘

29. 薯蓣科 Dioscoreaceae

参薯 * *Dioscorea alata* L. 平桥偶见栽培

黄独 *Dioscorea bulbifera* L. 全县广布;生于海拔 35～700m 的沟边、林缘、路旁

薯莨 *Dioscorea cirrhosa* Lour. 见于赤城;生于海拔 160m 左右的山坡路旁、河边林缘

粉背薯蓣 *Dioscorea collettii* Hook. f. var. *hypoglauca* (Palib.) Péi et C. T. Ting 见于龙溪、石梁、始丰、泳溪;生于海拔 120～965m 的山坡和沟谷的林下和灌丛

纤细薯蓣 *Dioscorea gracillima* Miq. 见于洪畴、街头、龙溪、石梁、泳溪;生于海拔 185～500m 的山坡林下、山谷阴处

日本薯蓣 *Dioscorea japonica* Thunb. 全县广布;生于海拔 80～960m 的向阳山坡、山谷、溪沟边、路旁林下或草丛

穿龙薯蓣 *Dioscorea nipponica* Makino 见于龙溪、石梁;生于林下或林缘

薯蓣 *Dioscorea polystachya* Turcz. 全县广布;生于海拔 60～965m 的山坡林下、溪边、路旁灌丛或草丛

绵萆薢 *Dioscorea spongiosa* J. Q. Xi，M. Mizuno et W. L. Zhao 见于龙溪;生于林下或灌丛

细柄薯蓣 *Dioscorea tenuipes* Franch. et Sav. 见于福溪、龙溪、石梁;生于海拔 65～810m 的林下、林缘或灌丛

山萆薢 *Dioscorea tokoro* Makino 见于龙溪、平桥、石梁、泳溪;生于海拔 245～930m 的林下或林缘

30. 水玉簪科 Burmanniaceae

头花水玉簪 *Burmannia championii* Thwaites 见于石梁;生于海拔 460m 左右的林缘或林下

31. 兰科 Orchidaceae

无柱兰 *Amitostigma gracile* (Blume) Schltr. 见于龙溪、石梁;生于海拔 610m 左右的林下阴湿岩石上或山坡林下

大花无柱兰 *Amitostigma pinguicula* (Rchb. f. et S. Moore) Schltr. 见于赤城、街头、雷峰、龙溪、平桥、石梁、始丰、泳溪;生于海拔 75～465m 的林下阴湿岩石上或石缝中

白及 *Bletilla striata* Rchb. f. 见于街头;生于海拔 55～165m 的岩石缝中

广东石豆兰 *Bulbophyllum kwangtungense* Schltr. 见于赤城、街头、雷峰、龙溪、南屏、平桥、始丰;生于海拔 100～340m 的岩石上

齿瓣石豆兰 *Bulbophyllum levinei* Schltr. 见于福溪、平桥、始丰;生于海拔 100～140m 的树干或沟谷岩石上

斑唇卷瓣兰 *Bulbophyllum pecten-veneris* (Gagnep.) Seidenf. 调查未及,《浙江植物志(新编)》有记载

钩距虾脊兰 *Calanthe graciliflora* Hayata 见于福溪、龙溪、石梁;生于海拔 85～960m 的山谷溪边、林下等阴湿处

银兰 *Cephalanthera erecta* (Thunb.) Blume 调查未及,《浙江植物志(新编)》有记载

蜈蚣兰 *Cleisostoma scolopendrifolium* (Makino) Garay 见于白鹤、福溪、街头、雷峰、龙溪、南屏、平桥、三合、始丰、坦头;生于海拔 40～340m 的崖石上或树干上

建兰 * *Cymbidium ensifolium* Sw. 偶见栽培

蕙兰 *Cymbidium faberi* Rolfe 见于白鹤、赤城、石梁;生于海拔 125～385m 的林下

多花兰 *Cymbidium floribundum* Lindl. 见于南屏;生于海拔 135m 左右的岩石或岩壁上

春兰 *Cymbidium goeringii* (Rchb. f.) Rchb. f. 见于赤城、街头、龙溪、平桥、石梁、坦头;生于海拔 100～460m 的林下

铁皮石斛 *Dendrobium officinale* Kimura et Migo 调查未及,《浙江植物志(新编)》有记载

尖叶火烧兰 *Epipactis thunbergii* A. Gray 见于石梁;生于海拔 500m 左右的林下

天麻 * *Gastrodia elata* Blume 石梁有栽培

斑叶兰 *Goodyera schlechtendaliana* Rchb. f. 见于龙溪、石梁;生于海拔 900m 左右的山坡或沟谷林下

绿花斑叶兰 *Goodyera viridiflora* (Blume) Lindl. ex D. Dietr. 见于石梁;生于海拔 510m 左右的林下、沟边阴湿处

鹅毛玉凤花 *Habenaria dentata* (Sw.) Schltr. 见于赤城;生于海拔 190m 左右的山坡林下或沟边

十字兰 *Habenaria schindleri* Schltr. 见于石梁;生于海拔 530m 左右的山坡林下或沟谷草丛

见血青 *Liparis nervosa* (Thunb.) Lindl. 见于赤城、洪畴;生于海拔 120m 左右的林下、溪旁、草丛阴处或覆土岩石上

香花羊耳蒜 *Liparis odorata* (Willd.) Lindl. 见于龙溪;生于林下

长唇羊耳蒜 *Liparis pauliana* Hand.-Mazz. 见于石梁;生于海拔 680～775m 的林下阴湿处或岩石缝中

纤叶钗子股 *Luisia hancockii* Rolfe 见于白鹤、福溪、街头、雷峰、龙溪、南屏、平桥、石梁、始丰、泳溪;生于海拔 100～340m 的树干上

小沼兰 *Malaxis microtatantha* (Schltr.) Tang et F. T. Wang 见于龙溪;生于海拔 800m 以下的阴湿岩石上

长须阔蕊兰 *Peristylus calcaratus* (Rolfe) S. Y. Hu 见于石梁;生于海拔 500m 左右的山坡草地或林下

细叶石仙桃 *Pholidota cantonensis* Rolfe 见于街头、雷峰、龙溪、平桥、三合、石梁、始丰;生于海拔 100～190m 的岩石上

舌唇兰 *Platanthera japonica* (Thunb.) Lindl. 见于龙溪;生于山坡林下

小舌唇兰 *Platanthera minor* (Miq.) Rchb. f. 见于石梁;生于海拔 1160m 左右的山坡林下

东亚舌唇兰 *Platanthera ussuriensis* (Regel et Maack) Maxim 见于石梁;生于海拔 460m 左右的林下

台湾独蒜兰 *Pleione formosana* Hayata 见于龙溪;生于岩石上

朱兰 *Pogonia japonica* Rchb. f. 见于石梁;生于湿地

香港绶草 *Spiranthes hongkongensis* S. Y. Hu et Barretto 见于龙溪、石梁;生于海拔 320～570m 的山溪水沟边、石缝、林缘

绶草 *Spiranthes sinensis* (Pers.) Ames 调查未及,《浙江植物志(新编)》有记载

带唇兰 *Tainia dunnii* Rolfe 见于街头;生于海拔 470m 左右的林下或溪边